U0142345

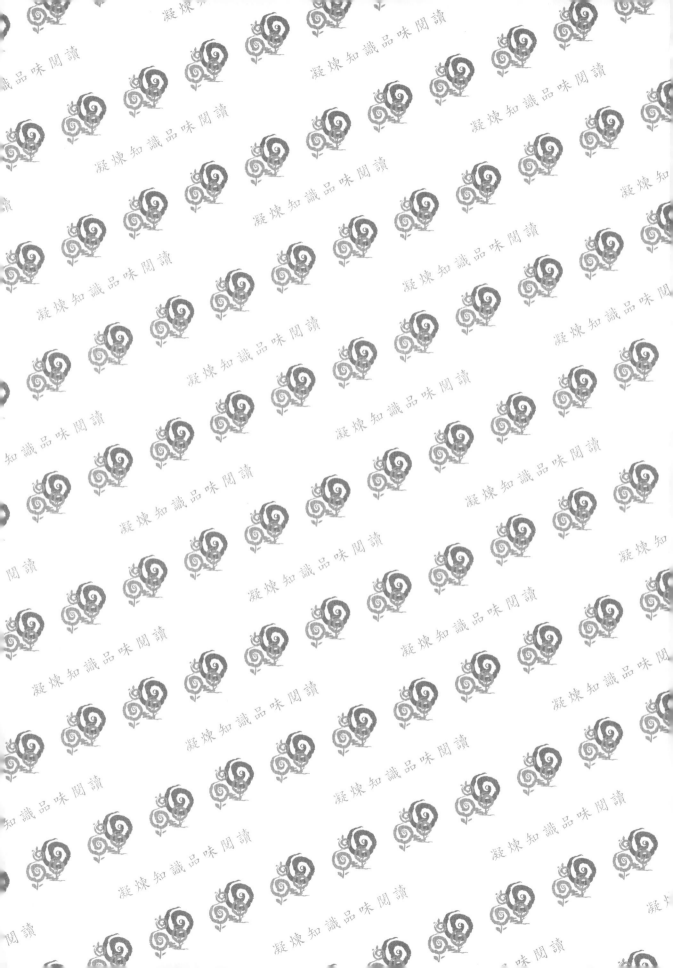

# PCR之原理與應用

What & Why PCR?

吳游源 編著

五南圖書出版公司 印行

　　吳老師是嘉義技術學院與嘉義師範學院合併成嘉義大學後，第一批招聘的新教師，於 2001 年 2 月加入新成立的「分子與生物化學系」（現今的「生化科技學系」）教學團隊。他是美國普渡大學生化博士，專長包括生物化學、藥劑毒物學與分子生物學。於 1995 年由普渡大學藥劑毒物學系結束博士後研究返國，進入預防醫學研究所（疾病管制局的前身）服務，從事疫苗研發。由於對教學有著更高的興趣與熱忱，他在工作五年多後便毅然決然地離開上述純研究的機構，投入教導後進的百年大業。我聽說他回國時，為了在將來從事教職時可能需要參考，在所租的貨櫃中同時運回十幾個大紙箱的 hard copy 的 papers，其中有很多是他在美國期間自己所整理出來跟教學有關的文獻，但礙於當時並沒有類似 USB 的東西，只好將文件原稿全部運回臺灣，雖然多所費力，可見熱愛教學的種子很早就深植其心。

　　我認識吳老師已逾 14 年，由多次的接觸與討論中，可以清楚知道他對生物化學、分子生物學，及生物醫學都有很深入的見解。這當然要歸因於他在博士階段的紮實基礎、訓練與豐富的知識。甚且，在嘉大多年的教學經驗，更使得他練就出闡述相關課題時都能達到使學生清晰易懂的功力。也因為他在分子生物學的努力教導，系上有很多學生在考取優質研究所時都曾受到他很大的幫忙。吳老師的教學熱情與努力付出當然也受到學校的肯定，他曾四度獲得全校教學績優獎表揚。

　　吳老師的另一門課「PCR 的原理與應用」，更是一門在學生間口碑不錯的課程。包括我的幾個研究生也都曾修過這門課，對生物機電學系的學生而言，雖有點難，但也能有相當程度的收穫。PCR（聚合酶鏈鎖反應）這門技術大約在 1980 年代初便具雛型，而吳老師在 1989 年就開始使用第一代的 PCR 機器（聽說是用水冷卻的循環方式）。時至今日，他對 PCR 的理論與實作經驗堪稱既深且廣，他不但熟稔很多 PCR 的細節與特性，再加上多年教學所累積豐富的 PCR 相關之應用方法與實驗經驗，已幫忙解決了很多學生在 PCR 實驗上的疑難雜症。在兩年前一次與

吳老師的談話中，我建議他何不將這累積將近 20 年的知識與寶貴經驗寫成一本專業的工具書，供學者參考。過了一年多，這本著作在吳老師的積極寫作下，於焉誕生。

這是一本以中文寫作（專有名詞也附有英文翻譯）的書，書中收納吳老師過去對 PCR 的所有學習經驗與精闢認知。仔細閱讀便不難發現，其內容條理分明、鉅細靡遺、深入淺出，由基本 PCR 原理解說到較深入的應用，不但書寫流暢，且敘述清晰。對於一個初學者，應該可以由本書的 Part I 章節去了解 PCR 的特性與基本運作，也就是「What is PCR?」；已經具有這些基礎的研究者，則可進一步由本書 Part II 章節去擴展對 PCR 的多項應用的了解，清楚這些應用方法可以幫他們做什麼？解決何種實驗問題？這就是「Why PCR?」。整本書的寫作除了內容豐富，蘊含吳老師一貫的用心、仔細的教學精神外，我覺得最難得的是，為了使讀者易懂好學，吳老師還親手精心繪製了超過 100 個圖表來闡述較複雜的理論；此外，書中所述原理及方法也都特別附有很多適切的對應參考文獻。相信每位讀者將發現，它是一本仔細研讀就會有豐碩收穫的好書。

艾群

國立嘉義大學校長
生物機電工程學系終身特聘教授

# CONTENTS · 目錄

# PART 1

## 聚合酶鏈鎖反應（Polymerase Chain Reaction, PCR）之緣起與原理

# CHAPTER 1

## PCR 發展之背景與歷史
### Historical Background of PCR Development

　　聚合酶鏈鎖反應（**polymerase chain reaction; PCR**）是一個被高度依賴、且被普遍應用的分子生物學技術，它可以將一特定 DNA 片段（或基因）由構造複雜的染色體或其他 DNA 來源（或樣品）中大量增幅出來。這就好像是一個超炫的戲法，可以由一堆如山的黃沙中，將其內所埋藏的幾顆金沙子篩選出來，並且複製成幾百萬顆金沙。如此，不但可以證明沙堆中確有金沙子的存在，並可以因此獲得大量的金沙。換句話說，PCR 是一個分析型（**analytical**）也是一個製備型（**preparative**）的研究工具，它不但可以藉由強效的增幅機制，來偵測一個 DNA 樣品中是否含有某一特定 DNA 片段（或基因），而且藉由增幅可以大量製取（有時也可加以修飾）此 DNA 片段，以作為多種生技應用研究之材料，例如 DNA 定序、基因選殖、重組蛋白表現等。此項技術可說是現今分子生物學研究中最重要的分析工具之一，同時也是多數從事生物醫學、分子遺傳分析，及基因診斷等相關領域研究所不可或缺的技術。

## 1-1　PCR：一個二十世紀分子生物學研究的突破性技術

　　在 20 世紀前，科學界對核酸性質及染色體結構了解很有限，更遑論如何在實驗室中產製或操作 DNA 以進行分子生物學之研究。當時遺傳學的實驗僅停留在孟德爾（G. Mendel）所提倡的「**傳輸遺傳學**」（**transmission genetics**），有些人稱之為「古典遺傳學」。此時期的研究，主要是著重於了解生物體的外表型態特徵（例如孟德爾所研究的豌豆）的遺傳現象，探究它們是如何有條理地由上一代傳給下一代。雖然在 1869 年，邁歇爾（F. Miescher）便率先發現了現今所稱的「基因」，但對於生物體的外表特性如何藉由這種特定的分子，由母代傳遞給下一代，並無足夠的知識及技術可以提供相關機制的佐證與合理的解釋。一直到 1900 年後，科學家們才逐漸對染色體結構與基因複製有了較清晰的認知，此期間所倡導的**染色體遺傳理論**（**chromosome theory of inheritance**），實質上已促使了孟德爾的遺傳學說更容易被科學界所了解與接受。這個理論的倡始人是摩根（T. H. Morgan），他由果蠅的突變研究中提出了包括性聯遺傳等多項重要發現。除此之外，這個時期的多項相關研究成果，也對之後的分子生物學發展有著舉足輕重的影

響。例如，比多與達頓（Beadle & Tatum）發現基因突變會造成代謝酵素的活性缺失，證明了一個基因會解碼一個酵素。以現今的觀點來說，這個結論其實並不完全正確，但他們的實驗結果已清楚地提示蛋白與基因的關聯性，基因的密碼提供了蛋白建構的藍圖。藉由肺炎鏈球菌之致病性研究，格雷費（F. Griffith）及艾弗瑞（O. Avery）證實了 DNA 是遺傳物質；之後，在 1952 年，荷西與確斯（Hershey & Chase）也確認了基因是由 DNA 組成，而非蛋白質。

然而，這些早期的研究仍然無法解開 DNA 結構之謎，而這在核酸的研究上成為一個必須突破的瓶頸。一直到 1953 年，精確合理的 DNA 雙股螺旋結構才由諾貝爾獎得主華生與克里克（Watson & Crick）解開面紗。由於他們的努力，讓原先 DNA 相關研究（主要是分子生物學）的遲緩腳步邁出一大步，也使得之後的二十幾年當中，DNA 的相關研究獲致爆發性豐碩的成果。在此期間，分子生物學的另一項大突破，應為 DNA 核苷酸定序方法的改進，這項由桑格斯（Sangers）所發明的 dideoxy chain termination DNA 定序方法，更大大地提升了研究者對 DNA 分析的能力。科學家可以在獲得一段 DNA 後輕易地將其核苷酸的序列解出來。很多基因，包括其解碼的蛋白質的胺基酸序列，也因此獲得解密。即便有這些突破，DNA 的相關研究卻一直存在著另一個先前多數科學家都曾遭遇的重大困難，如何將一段 DNA，或一個基因，在體外大量複製，以進行其他的實驗？千年暗室，一燈即明，這個困境在 1980 年代，總算被一項新技術所破解，它就是目前很多實驗室都在使用的聚合酶鏈鎖反應（PCR）。有一點不容懷疑的是，它絕對是現今分子生物學與生物醫學能蓬勃發展的主因之一。

## 1-2 PCR 技術的發展簡史

其實，PCR 的理論概念最早是由克萊皮（K. Kleppe）等於 1971 年提出的，他們根據 DNA 複製的原理（圖 1.1），提出一個能在細胞外，以寡核苷酸引子及 DNA 聚合酶來複製一個短鏈 DNA 片段的方法；可惜的是，這個發現在當時並沒有受到應有的重視。而現今廣為人們使用的 PCR 技術則是由穆勒斯（K.B. Mullis）於 1983 年發展出來的，相關技術的第一篇論文也是由他與沙奇（Saiki）於 1985 年

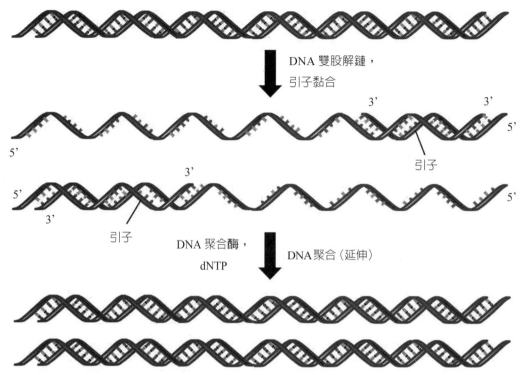

DNA 雙股解鏈,
引子黏合

3'　　　　3'
　　　　5'

引子

5'　　　　　　5'
3'

引子

DNA 聚合酶,
dNTP

DNA 聚合(延伸)

**圖 1.1　PCR 增幅其實是一種細胞外的 DNA 複製程序**

PCR 增幅一樣需使用 DNA 聚合酶,但不需解鏈酶,靠高溫解鏈;也不使用 RNA 引子,而是一對寡核苷酸之引子。

發表的。由於 PCR 技術日趨廣泛的應用性,及其對生物生醫無可取代的重要性,讓穆勒斯於 1993 年戴上化學諾貝爾獎桂冠。有趣的是,聽說穆勒斯發現可以利用 PCR 來增幅 DNA 的原理,是某個晚上駕車馳騁於加州沿太平洋高速公路上時的偶然概念,當時的構想就如圖 1.2 所示。若仔細思考細節,就不難發現,這個技術流程其實具有兩項技術上的問題,是 PCR 邁向自動化必須被克服的。一是如何以機器操作來精確地控制溫度與時間、節省人力、增進效率?這個問題最早也是經由穆勒斯服務的 Cetus 公司所發明設計出的第一代 PCR 機器來加以克服,而現今的 PCR 增幅儀器當然在精緻性及應用性上更加進步。第二個瓶頸則是必須尋求一個具有耐熱性的 DNA 聚合酶。穆勒斯所提出的 PCR 方法中所使用的 DNA 聚合酶,早期是使用一種由大腸菌中純化製備而來的聚合酶(稱為 **Klenow fragment**)。它在 37℃ 時具有最佳活性,但不具有熱穩定性,在每個增幅循環中的解鏈步驟(加

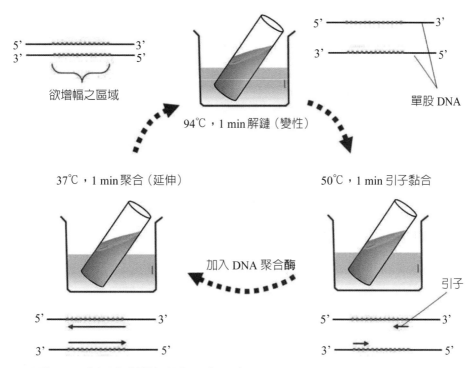

圖 1.2　早期 DNA 循環複製增幅的概念與設計

早期已知，若欲增幅一個 DNA 片段（如圖中之 ～～～～ 區域），需設計一對引子（→ 和 ←）及三個恆溫槽：設定為 94、50（假定）及 37℃。設若在每個溫度下之作用時間為 1 min，只需在適當緩衝溶液中加入模板 DNA、引子和四種去氧核醣核苷酸三磷酸（dNTPs），由 94℃解鏈開始，接著進行 50℃引子黏合，最後加入聚合酶，並於 37℃下完成 DNA 聚合；之後，又進行下一循環，解鏈、黏合、加聚合酶聚合 DNA，如此重複循環多次便能大量獲得欲增幅的 DNA 片段。

熱～94℃將雙股 DNA 分開成單股）時會失去活性，使得每個循環在此步驟之後便要再加一劑量的聚合酶，不但步驟繁瑣，耗費人力，且已失活的酵素累積在反應溶液中，也可能造成 DNA 的增幅效率下降。

　　慶幸的是，這項困難後來獲得突破，其中有一部分要歸功於來自臺灣的先進錢嘉韻博士（陽明大學神經科學研究所教授）的努力。她在 1976 年留美期間，由黃石公園的熱泉中發現一種細菌（水生棲熱菌，*Thermus aquaticus*），此細菌在進行 DNA 複製時所用的聚合酶（*Taq* DNA polymerase）就具有耐高熱的特性。穆勒斯及其公司的研發團隊更由她所發表的文章中輕而易舉地獲得有關此聚合酶的純化與最佳反應條件等資訊，並於 1988 年再次發表文章，強調利用 *Taq* 聚合酶的 PCR 方法與應用，由此，PCR 幾乎變成大多數生化及生醫廚房中的烹調必備工具。

# 參考文獻

1.  Panet, A., Kleppe, R., Kleppe, K., and Khorana, H.G. (1976). Total synthesis of the structural gene for the precursor of a tyrosine suppressor transfer RNA from *Escherichia coli*. 9. Enzymatic joining of chemically synthesized deoxyribopolynucleotide segments corresponding to nucleotide sequence 57-94. *J. Biol. Chem.* **251**: 651-7.

2.  Chien, A., Edgar, D.B., and Trela, J.M. (1976). Deoxyribonucleic acid polymerase from the extreme thermophile *Thermus aquaticus*. *J. Bacteriol.* **127**: 1550-7.

3.  Mullis, K.B. and Faloona, F.A. (1987). Specific synthesis of DNA *in vitro* via a polymerase-catalyzed chain reaction. *Methods Enzymol.* **155**: 335-50.

4.  Saiki, R.K., Gelfand, D.H., Stoffel, S., Scharf, S., Higuchi, R., Horn, G.T., Mullis, K.B., and Erlich, H.A. (1988). Primer-directed enzymatic amplification of DNA with a thermstable DNA polymerase. *Science* **239**: 487-91.

5.  Kaledin, A.S., Slyusarenko, A.G., and Gorodetskii, S.I., (1980). Isolation and properties of DNA polymerase from extremely thermophilic bacterium *Thermus aquaticus* YT1. *Biokhimiya* **45**: 644-51.

6.  Saiki, R.K., Scharf, S., Faloona, F., Mullis, K.B., Horn, G.T., Erlich, H.A., and Arnheim, N. (1985). Enzymatic amplification of P-globin genomic sequences and restriction site analysis for diagnosis of sickle cell anemia. *Science* **230**: 1350-4.

# CHAPTER 2

# 典型 PCR 的反應成分與條件設定
## Recipe and Condition Setup for a Typical PCR

　　爲使一段 DNA 或一個基因能在經過幾十個溫度循環後，被增幅數十萬到數百萬倍，當然需要提供充分的 PCR 反應所需之必要化學成分，並且需對其熱循環參數（包括溫度及時間）做最適切之設定。欠缺任何 PCR 關鍵成分，或 PCR 成分物質的品質不佳，都有可能影響增幅效率，甚至導致失敗。同樣的道理，反應的條件不佳，也可能造成相同後果。然而，並非所有 PCR 實驗都單純地只爲了增幅 DNA，有些研究中，被增幅出來的 DNA 產物還需具有某種「修飾」，例如，使用 PCR 來做隨機突變，此 PCR 的反應成分或條件便需做某種特定的改變或調整。因此，端視個別實驗需求，PCR 之反應成分與條件並非一成不變的。本章先就一般 PCR 增幅的典型成分（溶液配方）與條件做說明，對於特殊應用所需做的調整則在後續各章節中分別描述。

## 2-1　典型的 PCR 反應成分

　　現今使用 *Taq* 聚合酶所進行的 PCR，其成分基本上是以能使此酵素獲得最佳活性爲考量，就如表 2-1 所示，是個總體積 50 μL 的典型 PCR 反應基本成分。增幅的進行需在含有能提供聚合酶催化反應之適當鹽類濃度與 pH 值的緩衝溶液中進行（1 倍濃度通常爲：50 mM KCl，10 mM Tris-HCl pH 8.4，0.01% gelatin，0.1% Triton X-100）。一般在購買聚合酶時，廠商都會附帶提供一管五倍或十倍濃度的緩衝溶液；也有一些市售的聚合酶是被配製成 2x Master Mix，內含除了引子與模板 DNA 外的所有 PCR 配方成分（兩倍濃度）。$Mg^{2+}$ 是 PCR 絕對不可或缺的，它不但是包括 *Taq* 聚合酶在內的大多數 DNA 聚合酶活性所必需的**輔助因子**（**cofactor**），也會與 dNTP 以 1：1 螯合，媒介每一個 dNTP 進入聚合酶的活化中心（圖 2.1）。有時製造商所提供的緩衝溶液內已含有 $Mg^{2+}$，便不需額外再添加。值得注意的是，$Mg^{2+}$ 的量要稍微高過 dNTP 的總量，一般而言，$[Mg^{2+}] - [dNTP] = 0.5 \sim 2.5$ mM 便可以得到好的 PCR 結果；$Mg^{2+}$ 濃度太低，將使聚合酶因欠缺輔助因子，活性減低，PCR 產率嚴重下降；有趣的是，若其濃度太高也經常會影響產率，理由是每個循環中模板 DNA 兩股必須完全解鏈分開，方能有利於引子的黏合，過多的 $Mg^{2+}$ 所帶的正電荷，會抵銷有利於兩股分開時 DNA 負電荷的排斥力，造成兩股分開不完

表 2.1　典型 PCR 之成分（50 μl）

| 成分 | 最終濃度 |
| --- | --- |
| $H_2O$ | |
| 緩衝溶液（5 或 10 倍濃度） | 1 倍濃度 |
| $MgCl_2$ | 1.5-2.5 mM |
| 4 種 dNTP | 各 0.1-0.2 mM |
| 正向引子 | 1 μM |
| 逆向引子 | 1 μM |
| 模板 DNA | 適當量 |
| *Taq* 或其他聚合**酶** | 以產品說明添加 |

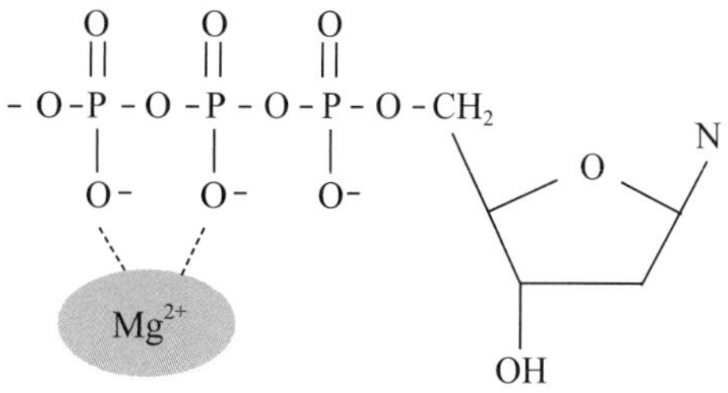

N: G, A, T, or C

圖 2.1　$Mg^{2+}$ 螯合 dNTP

$Mg^{2+}$ 會與 dNTP 之 β 和 γ 磷酸螯合

全，引子黏合不佳，產率也就可能下降。除此之外，高濃度的鎂離子也經常會使得 PCR 增幅時產生非專一性的產物（專一性下降），或序列發生錯誤（忠誠度下降），這些影響在本書的第三章及第四章都會有更詳細的說明。

　　PCR 反應中所使用的「模板 DNA」（template DNA），指的是含有我們要增幅的 DNA 片段（或基因）的來源 DNA，例如自細菌或人類細胞萃取而來的染色體 DNA（chromosomal DNA，或稱基因體 DNA: genomic DNA）。若欲增幅的 DNA 片段，剛好存在於一個商品化或他人已建構好的質體（plasmid）中，這質體 DNA 當然也可作為 PCR 的模板。較特殊的是，有些研究中我們甚至可以使用含有 DNA 的實體樣品，例如以少量培養的細胞或受病原菌汙染的食品，直接做 PCR，而不用純化 DNA 做模板。這樣雖然較快速，但無庸置疑的，這些實體樣品中所含非 DNA 的汙染，很有可能導致增幅效果不如預期。值得注意的是，即便以萃取來的模板 DNA 做 PCR，效果仍取決於它的品質與用量，若品質不佳，或汙染到會抑制聚合酶活性的物質，都會嚴重影響 PCR 的產出。雖然我們經常用吸光度比值 $A_{260}/A_{280} = 1.8 - 2.0$ 來作為一個高純度 DNA 的指標，但若汙染強效的抑制劑（第三章 3-2 節有詳細說明），即便量少仍會大大地影響 PCR。另一個較難預料的問題是，DNA 的純度雖然很高，但其完整性（**integrity**）不佳，意思是萃取的模板 DNA 因某種原因造成斷裂，例如在製備基因體 DNA 時，誤以試管震盪器過度震盪，或以小針頭注射針重複抽吸，都很容易造成 DNA 斷裂。若有些 DNA 斷裂的位置剛好

發生在兩個引子所欲增幅的區間，這個 DNA 模板就無法被增幅。可想見的是，放大愈長的基因或 DNA 片段時，模板在引子之間的區域 DNA 斷裂的機率就愈高，愈可能造成增幅產率下降，或沒有產物。先前就有實驗證實過，相同模板 DNA 以音波震盪不同時間，然後以兩對引子來同時增幅兩個長短不同的目標 DNA 片段（圖 2.2），震盪時間稍久（模板 DNA 樣品 1：超音波震盪時間最短），產率就有明顯下降，長時間的震盪對較長產物的產出影響更是顯而易見的，斷裂嚴重時，增幅產物甚至落空（第 6、7 號樣品）。

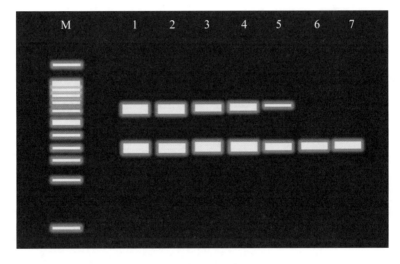

**圖 2.2　模板 DNA 的完整性（integrity）對 PCR 的影響**

相同的 DNA 樣品經逐次加長音波震盪時間（樣品 1 到 7）後取等量做 PCR。增幅時同時加入兩對引子，一對增幅約 300 bp，另一對則增幅約 600 bp 產物。

另一個有關模板 DNA 的問題，在 PCR 反應中，它一般應使用多少？照理論來說，一個模板分子理應就可以在 PCR 中被大量增幅，但實際情形可能沒有這般理想性。根據實驗經驗，一個 PCR 增幅反應只要在反應中有 $10^4$-$10^5$ 個模板 DNA 分子，通常就能成功地增幅出目標 DNA。以人類的基因體 DNA 為例，我們想增幅的基因（或 DNA 片段）經常在一組染色體 DNA（～$3×10^9$ 鹼基對）中為單一 copy，且每對鹼基的平均分子量為 660 Da，若以 1 μg 純化的基因體 DNA 做計算：$1\ μg ÷ 3×10^9 ÷ 660 × 6.02 × 10^{23}$，目標基因約為 $3.04 × 10^5$ 分子（或 copies），因此 1 μg 基因體 DNA 理論上就足以讓我們獲得理想的 PCR 增幅。當然也並非每次

PCR 都一定要精準地使用這個量，稍多或稍少量在很多實驗中亦能成功放大產物，但使用量若少到某種程度時（底限值不可考），則會造成引子不易「尋獲」及黏合到模板 DNA 的目標區段（碰撞頻率的道理），造成 PCR 產物產量減少；有趣的是，若模板 DNA 用量太高，又會產生另一個問題。模板 DNA 兩股解鏈後，會在引子黏合前自我黏合回雙股，且這種**再黏合**（**reannealing**）的速率，與模板 DNA 之濃度成正相關。因此，過高模板濃度會使引子黏合的效率大大減低，反而影響產率。另外，若模板 DNA 製備時汙染了微量 PCR 所用聚合酶的抑制劑，在一定的反應體積中，若加高模板 DNA 的用量，無疑地也增加了抑制劑的總含量，反而造成 PCR 失敗。這也提醒我們，一味地認為加高模板 DNA 的量對 PCR 會有幫助，很多時候是不切實際的。

就像所有 DNA 聚合酶的 DNA 合成機制一般，PCR 所用的聚合酶在 DNA 聚合（或延伸）時亦需使用一小段的寡核苷酸（**oligonucleotide**）作爲引子（**primer**）（圖 2.3 左下之短鏈序列）。它會在適當的溫度下（PCR 的**黏合階段：annealing**

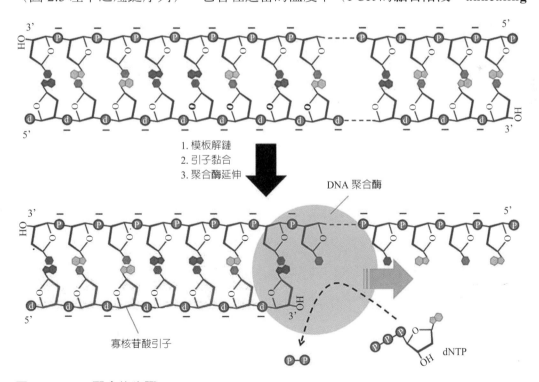

**圖 2.3　DNA 聚合的步驟**

作爲模板的 DNA 需先加熱解鏈，之後降溫使引子（寡核苷酸）黏合在互補股，聚合酶再沿著引子的 3'端將 dNTP 一個一個以 dNMP 的方式加入到延伸中的 DNA。

step）黏合或互補（**complementary**）上特定的模板 DNA 序列，這一點其實很類似核酸雜交的機制。而 *Taq* 聚合酶（圖中之 DNA 聚合酶）則在引子黏合上模板 DNA 後會結合在引子的 3' 端，然後以模板 DNA 之序列為依據，由 5' 端往 3' 端（圖中箭頭方向）依序加入 dNMP，即所謂聚合（或延伸）。

一般 PCR 需使用一對引子，且除了某些特殊應用的實驗（例如**不對稱 PCR：asymmetric PCR**）外，其用量應相等，各 1 μM（也就是 1 pmol/μL）就足夠了；但也有報告指出，增加引子用量到 5-25 μM，有時會增進 PCR 的成功率。引子的序列是根據欲放大的目標 DNA 區段的兩側序列來設計的，設計的原則如下：

1. 典型的 PCR 引子長度約 18-24 個核苷酸，兩個引子不需等長，視其必要，可稍長或稍短。

2. 引子序列需互補於欲放大的 DNA 區段的兩側序列，但 100% 互補也並非絕對必要，不完全互補也經常可以成功的增幅出我們要的 DNA 片段，只是在 PCR 黏合階段時，所用的黏合溫度必須適度降低（即是雜交時使用較低的**嚴謹度**（**stringency**））。根據先前的一項實驗測試結果顯示（表 2.2），若黏合溫度夠低，即便引子序列與模板的互補性不高，只要 3' 端的最後 3 個鹼基與模板互補，

表 2.2　引子不完全互補也可在低溫黏合，產製 PCR 產物

| | | | |
|---|---|---|---|
| | TCGCAACATCGCAGCTA-3' | | CTGGCCGGCAGCTTGAG |
| a. | - - - - C - - - - - T - - - - G　　　– | g. | GC - - - - A - - - T - - G - - -　　++ |
| | | h. | AG - - TGTC - - - - - - - - -　　++ |
| | CCTCCCGACGCAAGGGT | | CTGGCCGGCAGCTTGAG |
| b. | - - - - GA - - - - - - - - - - A　　　– | | |
| c. | GTGG - - AT - A - C - A - - -　　+ | i. | TCCT - - TC - - C - - - - - - -　　+ |
| d. | ATCA - - AT - TG - T - - - -　　+ | j. | G - CC - TT - - GT - - C - - -　　+ |
| | ATACTGATAGACGGAGC | | AAGTATGGTCACAAGCC |
| e. | G - - - - - - - - - C - - A - - A -　　– | k. | - - A - - - - - - - - - - - - - - -　　++ |
| | TCCCAAGGAACGCCAGT | | TTGTGGAGGCAGATGTGGGC |
| f. | - - A - - G - - C - - - - C - -　　　– | m. | A - - - - - GT - - G - G - - - - C - -　　– |

註：此實驗是以一個質體做模板，PCR 之黏合溫度設爲 37℃，–, +, ++ 則表示 PCR 產物之產量。完整核苷酸序列的引子是會完全互補於模板的序列；故意製備有錯誤的引子（a-m）則僅顯示不互補的鹼基，例如引子 a 與其上所列完全互補之序列相比，有三個錯誤鹼基（C, T, G；- - : 相同之鹼基），PCR 結果是沒產物。（資料來源：*Nucleic Acids Res.* 17: 6749）

有時也能成功增幅產物。這也同時說明了，當 PCR 使用的黏合溫度過低時，引子有可能會黏到錯誤的模板位置，生成非專一性（或錯誤）的產物。

3. 有選擇餘地時，設計的這對 PCR 引子最好有大致相等的 GC 含量（40-60%）；若無從選擇，例如，欲放大的 DNA 區域長度及兩側序列起端因實驗目的受到限定，便不易達到 GC 含量相當的要求；但我們仍可以適度增減引子的長度，使得兩引子 $T_m$ 值相當即可。〔註：$T_m$ 值是雙股 DNA 一半解鏈（denaturation）的溫度，將於本節中詳加討論〕

4. 兩個引子的序列要避免相互間有太高的互補性，尤其是它們 3' 端的核苷酸序列，這是避免它們在黏合步驟時，互相黏合，卻不與模板黏合。

5. 設計好的個別引子應檢視是否會自我形成高度的二級結構（secondary structure）？是否有重複序列？這些都容易造成 PCR 失敗。另外，有可能的話，儘量避免序列中含有連續多個嘌呤，或連續數個嘧啶，例如：5'---GGGGG---3'。

6. 以作者的經驗而言，引子的最 3' 端的鹼基最好是 G 或 C，增幅效果可能會較佳。理由是引子黏合後，聚合酶需以此為起端進行延伸，這個位置的鹼基與模板若有較穩定的互補（i.e. G/C 配對）將有助於延伸的啟動。有些研究相信，最 3' 端最好不要是 T，因在此位置 T 最易形成錯誤配對。

　　DNA 聚合酶的特性與選擇也是做 PCR 時需事先有所認知的。最早被應用於 PCR 的熱穩定性聚合酶為來自嗜熱菌 *Thermus aquaticus* 的 **Taq** DNA 聚合酶，後續也從其他高度抗熱性的古生菌中發現酵素性質稍有不同的聚合酶，包括 **Tth** DNA 聚合酶（來自古生菌，*Thermus thermophiles*）、**Pfu** DNA 聚合酶（源自 *Pyrococcus furiosus* 菌）及 **Vent** DNA 聚合酶（來自古生菌 *Thermococcus litoralis*）。目前市面上銷售的 PCR 聚合酶多半衍生自上述這幾種聚合酶，是生技廠商經由基因工程大量產製，同時也可能加上些許胺基酸之取代或化學修飾，使其更具應用性，最後註冊上自家之商品名。然而不論使用何種聚合酶，有幾項酵素之重要特性是我們使用前必須知道的：

1. **熱穩定（thermal stability）**：包括上述幾種聚合酶在內，多半的 PCR 聚合酶在 95℃下，半衰期約為 40-90 分鐘。

2. **延續性（processivity）**：指的是聚合酶黏附在引子的 3' 端後，將之延伸多長才

會由模板上脫離，亦即它的持續延伸的能力。不同 DNA 聚合酶之延續性有所不同，這與特定聚合酶是否適合於用來增幅較長的目標 DNA 有關。

3. **忠誠性（fidelity）**：意指聚合酶聚合的正確性（或出錯率）。到目前為止，並無任何 PCR 聚合酶具有 100% fidelity。也就是說，每種 DNA 聚合酶皆會在增幅時加入錯的核苷酸，只是出錯率高低而已（表 2.3），即便如 *Pfu* 和 *Vent* 聚合酶，它們雖具有 3' → 5' **核酸外切酶（exonuclease）**的校正活性，也會在聚合時出錯，產生與模板序列有差異的 PCR 產物。

表 2.3　PCR 所用之 DNA 聚合酶的忠誠度

| DNA 聚合酶 | 錯誤率／核苷酸 ×10$^6$ | 正確率：×10$^5$ bp |
|---|---|---|
| *Taq* 聚合酶 | 8.0 + 3.9 | 1.3 |
| *Pfu* 聚合酶 | 1.3±0.2 | 3.7 |
| *Vent* 聚合酶 | 2.7±0.2 | 7.7 |

註：不同作者的分析方法若不同，有可能得到相當不同的錯誤率數據。（資料來源：*Nucleic Acids Res.* 24: 3546-51.）

4. **額外多加一鹼基（plus one addition）**：*Pfu* 及 *Vent* 聚合酶所增幅之 PCR 產物基本上為平頭（或稱鈍頭）端之雙股 DNA；而 *Taq* 聚合酶生成的 PCR 產物經常在產物的 3' 端會額外加上一個鹼基，且多半時候被加入的鹼基是腺嘌呤（adenosine）（圖 2.4）。根據數個研究顯示，除了所用不同的聚合酶會影響加或不加額外鹼基，反應條件及 DNA 模板與引子黏合的區域序列差異，也會影響 *Taq* 聚合酶此項活性的效率。

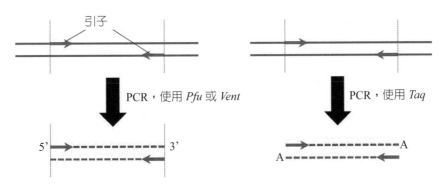

**圖 2.4　PCR 增幅出之產物並非一定是兩瑞平頭的產物**

PCR 若使用具有 3'→5' 核酸外切酶校正活性之聚合酶，如 *Pfu* 或 *Vent*，增幅出的產物為兩瑞平頭的雙股 DNA；若使用無校正活性的 *Taq* 聚合酶，產物在 3' 端經常會額外多加一個鹼基，且經常是 A。垂直虛線是標明平頭 DNA 界線。

## 2-2　典型的 PCR 反應條件

一個典型的 PCR 含有 3 個步驟，先期解鏈（**preliminary denaturation**）、熱循環（**thermal cycling**），及最後延伸（**final extension**）。它們的一般設定就如表 2.4 所示，除了熱循環中的黏合溫度（X）及延伸時間（Y）之外，其餘的參數設定對一般的 PCR 幾乎都很固定。茲就每一步驟說明如下：

表 2.4　典型 PCR 之熱循環條件

| 步驟 | 步驟名稱 | 參數設定 | | |
|------|----------|----------|------|------|
| 1 | 先期解鏈 | 94℃，2-5 分鐘 | | |
| 2 | 熱循環 | 25-35 循環 | 解鏈 | 94℃，20-30 秒 |
| | | | 黏合 | X℃，20-30 秒 |
| | | | 延伸 | 72℃，Y 分鐘 |
| 3 | 最後延伸 | 72℃，5-10 分鐘 | | |

人家說「好的開始是成功的一半」，先期解鏈（有人稱之為先期變性）的目的就是利用高溫（經常用 94 或 95℃）將模板 DNA 在進入熱循環前完全解鏈，使引子在一進入第一個循環，就有較高的機會黏合上模板的互補序列，後續的循環增幅

就能水到渠成。若模板為染色體 DNA，要完全解鏈，就需較長時間（5 分鐘）；但若所使用的模板是質體或較短的 DNA，那麼 2 分鐘應該就足夠，除非特殊情形，一般並不建議使用過長的解鏈時間，那會造成聚合酶活性明顯降低，產率減少，也較會產生 PCR 產物的鹼基發生突變（在第四章會詳細說明）。

第二步驟熱循環其實是三個反應重複循環，一般循環 25-35 次就可以得到相當不錯的結果。值得注意的是，循環次數愈多，產物當然會增加；但別顧此失彼，cycle 數愈多，專一性會下降，且出錯率也愈高。茲簡述這三個反應如下：

1. **解鏈（denaturation）**：進入循環後，其實雙股 DNA 的解鏈是立即性的，94℃，20-30 秒是例行實驗的常用設定，除非是要增幅很長的 PCR 產物，這個步驟的反應時間也不建議太長。

2. **黏合（annealing）**：解鏈後反應的溫度應下降到適當的溫度（表 2.4 中之 **X**℃），使得引子可以，而且只會黏合上增幅目標 DNA 區域之一端。**黏合溫度（annealing temperature）**若設定太高，只要兩個引子中有一個不黏合，便無法有效獲得欲增幅的 DNA 片段；若設定太低，又會使得引子因部分互補於非目標的序列，造成非專一性（錯誤）的產物生成。因此，這個溫度的設定可說是整個 PCR 增幅成功與否的關鍵。如何設定呢？目前有些電腦軟體，可將我們輸入的引子序列做計算，得出適當的溫度來做 PCR；但以作者的經驗，可能還有一些溫度以外的因素，使得實際上很多 PCR 仍然宣告失敗。有些特定的 PCR 機器可以做**梯度 PCR（gradient PCR）**來獲得最佳的黏合溫度，主要是這些機器中的不同樣品槽可以設定不同熱循環參數（使不同樣品槽可以做黏合溫度之梯度性增高或降低），多個相同配方之 PCR 反應一起進行，最後由產物之分析來得到最佳的溫度值；問題是，若沒有此種較昂貴的 PCR 機器，又該如何做呢？其實，此溫度是讓單股的引子 DNA 黏合上互補的另一單股 DNA（模板 DNA），是雙股 DNA 解鏈的逆反應。黏合與解鏈本身都與溫度有關，使得雙股 DNA 一半解鏈的溫度稱為**熔解溫度（melting temperature; $T_m$）**（圖 2.5），它也可被視為使兩個互補的單股 DNA 黏合 50% 的溫度，粗略的 $T_m$ 值是可以由引子的序列計算獲得，雖然有不少的計算公式可採用，但我們建議可遵循一個較簡單的公式：**華勒斯法則（Wallace rule）**來計算：$T_m = 4 \times ((G + C)$ 的數目$) + 2 \times ((A + T)$ 的數目$)$，

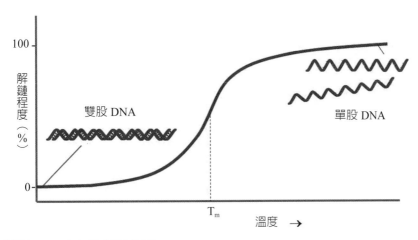

**圖 2.5　雙股 DNA 之加熱解鏈曲線**

雙股 DNA 會隨著溫度增加而由局部到完全解鏈成單股 DNA。此曲線為溫度與解鏈程度（可用 $A_{260}$ 的值做評估）的關係曲線，有時又稱 "melting curve"。$T_m$ 稱為溶解溫度（melting temperature）。

而第一次 PCR 設定的黏合溫度就設定為 $T_m$ −（4 或 5）℃。雖然此設定只根據 GC 含量，但依過往經驗，此溫度的適切性相當高，成功率也相當高，除非一些特殊原因，例如模板 DNA 的品質不佳；若以上述計算方式之黏合溫度做第一次 PCR 後發現，完全沒有預期的增幅產物，當然有可能是此溫度對真正適當黏合仍太高，可降低幾度再試第二次；但若得到的是很多非專一性產物，那就可能是溫度設定太低，可增高幾度黏合溫度，重複再做。至於黏合反應的時間不需過長，因為黏合一個短的**寡核苷酸**（**oligonucleotide**）引子到互補序列，本就是一個立即且快速的程序，20-30 秒就足夠了。

3. **延伸**（**extension**）：引子在黏合反應時互補於模板的 DNA，此時聚合酶會結合在引子的 3' 端，然後根據模板的 DNA 序列，一個一個的加入核苷酸。多半的聚合酶最佳活性大約是 65-75℃，因此 PCR 的延伸溫度多設為 70～72℃。我們需設定的是延伸時間（表 2.4 中之 Y 分鐘）。這個時間是取決於聚合酶延伸的速度（多半 ≥ 1 kb/min）及增幅的 DNA 長度，一般增幅 1000 鹼基對（1 kb）的 DNA 平均需 1 分鐘，長度愈長設定的時間就需加長。

這叫**三步驟 PCR**（**three-step PCR**），熱循環中有三個小步驟，但有個例外的情形，若引子很長或 GC 含量很高，使得計算出的 $T_m$ 值 > 72℃，我們便可以將上

述三個循環反應中之黏合與延伸合併成一個反應（溫度 72℃），使得熱循環中只有兩個溫度的循環，這叫**兩步驟 PCR**（**two-step PCR**）。

在完成這麼多個熱循環後，酵素的活性將有很大的折損，最後數個循環所延伸生成的 DNA 很可能因此聚合不完全，所以典型的 PCR 都要加上一個最後延伸的反應（72℃，5-10 分鐘）；若不如此，可能會有相當比例的 PCR 產物其實並不是完整的雙股目標 DNA。

## 2-3 循環增幅的細節（Details of Cycling Amplification）

早期剛認識 PCR 的人多半會認為，一個 DNA 模板分子在經由 n 個增幅循環後，會生成 $2^n$ 個產物，若 n = 30，總產物的分子數 = $1.07 \times 10^9$ 個。其實若我們能進一步地了解 PCR 增幅的細節，也就是每個循環的增幅過程，便不難知道一個模板分子經過 n 個循環的 PCR 增幅後，理論上是不會獲得 $2^n$ 個產物分子，而且也沒有任何一次的 PCR，只會單獨地得到我們所要放大的目標 DNA 產物。就如圖 2.6 中所揭露的事實，只有在非常理想的條件下，我們所使用的引子才會在第一個循環就順利的找到，並黏合上目標 DNA 區域的兩側；但在實際分子碰撞過程中，誰都無法保證會是如此。而且，也只有在此理想的情形下，我們要放大的 DNA 片段（也就是由這對引子所夾出的序列）才會在第三個循環中生成（以陰影標示之雙股 DNA），然後被對數性的增幅。第三個循環產生 2 個分子，第四個循環生成 8 個分子，第五個循環會得到 22 個分子，如此增幅到最後一個循環或酵素已無法有效作用、催化合成 DNA 為止；而增幅過程中，雙股中有一股過長的產物，例如圖中打勾的雙股，卻只能被線性增幅（也就是每個循環增加一個分子）。所以，在 PCR 做完後，這些 DNA 因量太少（< 50 個分子），在洋菜膠電泳分析時，無法被觀察到。我們稱呼 PCR 在獲得第一次產物及之前的循環階段為「**篩選階段**」（**screening phase**）（圖 2.6 第 1 到 3 循環），而之後對數性增幅的階段為「**放大階段**」（**amplification phase**）（圖 2.6 第 4 個循環之後）。可想見的是，一個 PCR 反應若能在愈早的循環中（例如到第 5 個循環）就達成篩選階段，產率就傾向會愈高；反之，若總共做 30 個循環的 PCR 反應，在第 25 個循環才第一次產出我們要放大

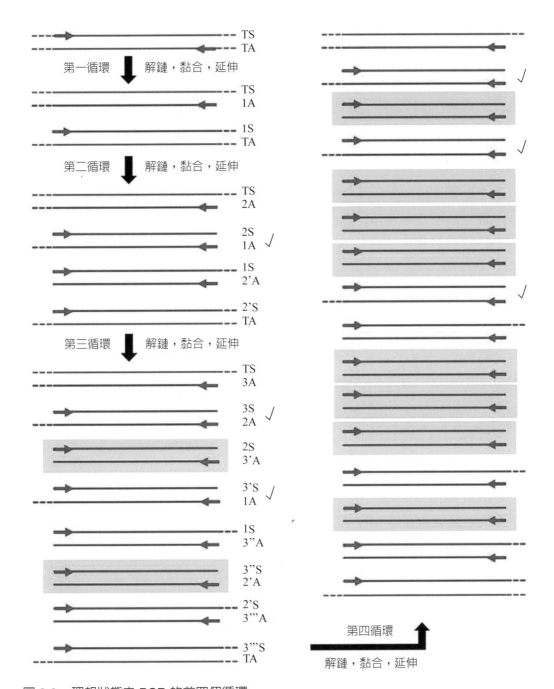

## 圖 2.6　理想狀態之 PCR 的前四個循環

若增幅前只有一個 copy 的模板 DNA（TS：模板的意涵股；TA：模板的反意股），需經過三個循環的解鏈、黏合、再延伸才會產生由引子界定長度的產物 DNA（背景反黑的雙股 DNA）。為易於辨認每一股的 DNA，前三循環中的單股 DNA 都給予標記，例如：2A：第二循環中生成之反意股。

➡ 和 ⬅：引子

的正確 DNA 片段，產率自然少得可憐。由於達成篩選階段要靠所設計的這一對引子，在茫茫的模板 DNA 大海中找到，並雜交上專一性的互補序列，除了要有適當的反應成分及增幅條件外，分子間的碰撞頻率何嘗不是一個關鍵因素。可惜的是，這最後一項卻非常難控制，每一次的 PCR 達成篩選階段所需的循環次數可能都會有差異。因此，PCR 並不具有很高的精確性，相同實驗條件的兩次 PCR，產率也很可能會有明顯的差異。

　　PCR 的運作絕不是像使用微波爐一般，在機器上按幾個鍵，就有令人滿意的結果。每次 PCR 反應需視模板 DNA 來源、引子序列及長度、增幅之 PCR 產物的後續用途等來做最佳的條件設定與成分調整。不會有單一組的熱循環條件可適用於所有的 PCR 反應，也沒有任何一個特定的熱循環參數經調整後，就能保證可以得到成功的 PCR，因為 PCR 的失敗是多元的，引子設計不良、模板製備時汙染到聚合酶的抑制劑，或是增幅區間的 **GC 含量**（**GC content**）太高等都可能是致敗因素。舉例來說，我們常由血液製取染色體 DNA，或直接使用全血來增幅或放大一個基因（或 DNA 片段），此類模板就很可能會汙染到 *Taq* 聚合酶的強效抑制劑，**血紅素**（**hemoglobin**）及抗凝劑肝素（**heparin**）。若不試圖去除其抑制性（例如增進模板 DNA 的製備純度），卻一味的改變熱循環的參數，恐怕只會一次又一次地得到失望的 PCR 結果。

　　最後要特別提醒的是，本章中所提出的典型 PCR 反應條件的設定，應可適用於大多數 PCR 增幅反應，除了表 2.4 中之黏合溫度（**X**）及延伸時間（**Y**）會因不同 PCR 反應有所不同外，其他參數其實都蠻固定的；然而對於某些特殊的情形，例如針對高 GC 含量的 PCR 產物，用典型的 PCR 反應條件經常不易成功增幅。有實驗證明，若先使用 0.4N NaOH 解鏈模板 DNA，再用酸中和，跳過先期解鏈步驟，直接進入熱循環便可迎刃而解。另外，也有實驗發現，在增幅小片段的 DNA（< 100 bp）時，熱循環中的解鏈小步驟可使用較低的溫度（例如 87 或 90℃），產率可以明顯提升。這是因為稍低的解鏈溫度，並不會對小片段 DNA 的解鏈的效率造成影響，但可使酵素的活性獲得延長，產率因此比典型使用 94℃時要增進很多。這兩個例子顯示，典型的 PCR 條件實際上仍具有調整的彈性，切中問題所做的修正，往往能逆轉不成功的 PCR。

## 2-4　PCR 偵測實驗的對照組

　　PCR 可以用來大量增幅產製一段 DNA 以進行後續的實驗，例如基因選殖及雜交實驗等。然而，一個 PCR 的實驗若能將一段 DNA 專一性地增幅，它其實也證明了模板 DNA 中含有這一 DNA 片段。由一個 DNA 樣品中若能成功的增幅一個病原菌的某個基因片段，當然也代表此樣品中含有此病原菌，這即是 PCR 的偵測（分析）功能。值得一提的是，以 PCR 來偵測特定 DNA 片段時，要留意**偽陰性（false negative）**或**偽陽性（false positive）**的結果出現。偽陰性意指樣品 DNA 中明明含有可被增幅的 DNA 片段，但 PCR 卻沒增幅出產物；而偽陽性指的是樣品 DNA 中並未含有可被專一性增幅的 DNA 片段，但結果卻是陽性的。造成偽陰性的原因包括模版 DNA 品質不佳（斷裂或抑制劑汙染）、引子設計不良、PCR 條件不適當等等；而造成偽陽性最可能的原因是 **carry-over contamination**，也就是 PCR 所用的成分試劑、聚合酶，或取樣所用的微量分注器（micropipette）汙染了含有目標 DNA 片段的樣品。舉例來說，當一個檢驗人員對 8 個檢體做 PCR 檢測，鑑定哪幾個有沙門氏桿菌的汙染。若根據沙門氏菌特定基因的序列，設計一對引子來做偵測，得到如圖 2.7A 的 PCR 結果。這個結果的可信度如何？其實有些或許是偽陰性的結果（或許第 3 或 4 號樣品），也有些或許是偽陽性的結果（或許是第 5 或 8 號樣品）。有時甚至會有較極端的結果，若 8 個樣品全部都能增幅出產物，這就代表

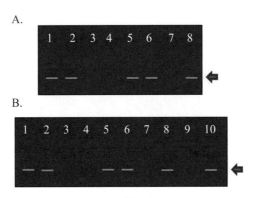

**圖 2.7　PCR 偵測實驗經常需使用正面及負面對照組**

A. 八個檢測樣品的 PCR 結果，箭頭：預期產物；B. 將一負面對照組的樣品（樣品 9）及一正面對照組的樣品（樣品 10）與八個測試樣品一起做 PCR。

眞的全部樣品都有沙門氏菌汙染嗎？又若 8 個樣品無任何一個能被增幅出 PCR 產物，這又眞的表示沒有任何一個樣品含沙門氏菌？我們應如何評斷這些結果的正確性及可信度？一般在進行分析時需加入兩個對照樣品，陪同分析樣品一起做 PCR：一個作爲**正面對照組或控制組**（**positive control**），例如圖 2.7B 中之第 10 個樣品，它是一個已被確認含有，或被刻意加入沙門氏菌的樣品，照理說它應該能被成功增幅，如此才能證明此次鑑定實驗所採用的 PCR 條件是沒問題的。另一個對照樣品則作爲**負面對照組或控制組**（**negative control**），就如圖 2.7B 中第 9 個樣品，常用的負面對照組是以 ddH$_2$O 代替樣品（模版）DNA 進行 PCR。理論上，此對照組不應產生 PCR 產物；如若不是這樣，既說明其他樣品的 PCR 增幅也可能有偽陽性結果的發生，這個測試的結果當然也變成不可信。文獻中曾報導了幾種根除偽陽性的方法，然而筆者以爲最直接的解決辦法就是使用全新的一套試劑，包括聚合酶與緩衝溶液（或引子），更換新的 pipet tips 及 PCR 反應管，同時將實驗用的 pipet 加以清潔（例如：以 0.1 N HCl 浸泡吸管塑膠頭部，去除管內可能殘留的 DNA）後再試一遍。

最後還需注意的，藉由 PCR 能否增幅一段特定長度 DNA 片段來鑑定樣品中是否含有一特定基因或病原生物，有一個很重要的原則，就是這段 PCR 產物的長度最好不要太長，約 < 400 bp 即可，但也不要太短，應大於 100 bp。如本章 2-1 節所述，放大愈長的產物，愈容易因模板 DNA 製備時斷裂在引子間之區域而導致偽陰性；而擴增太短的產物，有無產物卻很容易受到 PCR 常產生的引子**雙倍體**（**primer dimer**）誤導。PCR 增幅後的產物在洋菜膠電泳分析時經常可看到一些 < 100 bp 的非專一性產物，就如圖 2.8 箭頭標示，這種引子雙倍體很可能是因引子間複雜性的結合或聚集所致。因此，若我們要增幅的產物也 < 100 bp，那麼在洋菜膠上觀察到的訊號條帶就很難區別它是專一性增幅的產物，抑或是引子雙倍體，容易造成錯誤的判讀。

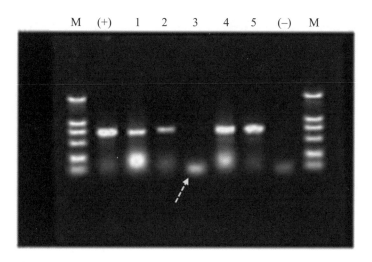

圖 2.8　引子雙倍體（primer dimer）

## 參考文獻

1. Williams, J.F. (1989). Optimization strategies for the polymerase chain reaction. *BioTechniques* **7**: 762-9.

2. Marmur, J., and Doty, P. (1962). Determination of the base composition of deoxyribonucleic acid from its thermal denaturation temperature. *J. Mol. Biol.* **5**: 109-18.

3. Saiki, R.K. (1989). The design and optimization of the PCR. In *PCR Technology, Principles and Applications for DNA Amplification*, pp. 7-16. Stockton Press, New York.

4. Erlich, H.A., Gelfand, D., and Sninsky, J.J. (1991). Recent advances in the polymerase chain reaction. *Science* **252**: 1643-51.

5. Innis, M.A., and Gelfand D.H. (1990). Optimization of PCRs. *In PCR protocol.* pp. 3-12. (M.A. Innis, D.H. Gelfand, J.J. Sninsky, and T.J. White Eds.), Acadeemic Press, San Diego.

6.  Rajeev, K., Agarwal, I, and Andras P. (1993). PCR amplification of highly GC-rich DNA template after denaturation by NaOH. *Nucleic Acids Res.* **21**: 5283–4.

7.  Sommer, R., and Tautz, D. (1989). Minimal homology requirements for PCR primers. *Nucleic Acids Res.* **17**: 6749.

8.  Czerny, T. (1996). High primer concentration improves PCR amplification from random pools. *Nucleic Acids Res.* **24**: 985-6.

9.  Yap, E.P.H. and McGee, J.O'D. (1991). Short PCR product yields improved by lower denaturation temperatures. *Nucleic Acids Res.* **19**: 1713.

10. Gustafson, C.E., Alm, R.A., and Trust, T.J. (1993). Effect of heat denaturation of target DNA on the PCR amplification. *Gene* **123**: 241-4.

11. Abramson, R.D. (1995). Thermostable DNA polymerases. *In PCR Strategies*（M. A. Innis, D.H. Gelfand, and J.J. Sninsky Eds.）, pp. 39-57. Academic Press, San Diego.

12. de Silva, D. and Wittwer, C.T. (2000). Monitoring hybridization during polymerase chain reaction. *J. Chromatogr.* **741**: 3-13.

13. Rychlik, W., Spencer, W.J., and Rhoads, R.E. (1990). Optimization of the annealing temperature for DNA amplification *in vitro*. [published erratum appears in Nucleic Acids Res 1991;19:698]. *Nucleic Acids Res.* **18**: 6409-12.

14. Owczarzy, R., Vallone, P.M., Gallo, F.J., Paner, T.M., Lane, M.J., and Benight, A.S. (1997). Predicting sequence-dependent melting stability of short duplex DNA oligomers. *Biopolymers* **44**: 217-39.

15. Schütz, E., and von Ahsen, N. (1999). Spreadsheet software for thermodynamic melting point prediction of oligonucleotide hybridization with and without mismatches. *BioTechniques* **27**: 1218-24.

16. Blake, R.D., and Delcourt, S.G. (1998). Thermal stability of DNA. *Nucleic Acids Res.* **26**: 3323-32.

17. Wu, D.Y., Ugozzoli, L., Pal, B.K., Qian, J., and Wallace, R.B. (1991). The effect of temperature and oligonucleotide primer length on the specificity and efficiency of amplification by the polymerase chain reaction. *DNA Cell Biol.* **10**: 233-8.

18. Rychlik, W. (1993). In Methods in Molecular Biology, vol. 15: *PCR protocols*: *Current Methods and Applications* (B.A. White, Ed.), pp. 31-40. Humana Press, Totowa, NJ.

19. Breslauer, K.J., Frank, R., Blocker, H., and Marky, L.A. (1986). Predicting DNA duplex stability from the base sequence. *Proc. Natl. Acad. Sci. USA* **83**: 3746-50.

20. Mathus, E.J., Adams, M.W.W., Callen, W.N., and Cline, J.M. (1991). The DNA polymerase gene from the hyperthermophilic marine archaebacterium, *Pyrococcus furiosus*, shows sequence homology with a-like DNA polymerases. *Nucleic Acids Res.* **19**:6952.

21. Lundberg, K.S., Shoemaker, D.D., Adams, M.W.W., Short, J.M., Sorge, J.A., and Mathur, E.J. (1991). High-fidelity amplification using a thermostable DNA polymerase isolated from *Pyrococcus furiosus. Gene* **108**: 1-6.

22. Uemori, T., Sato, Y., Kato, I., Doi, H. and Ishino, Y. (1997). A novel DNA polymerase in the hyperthermophilic archaeon, *Pyrococcus furiosus*: Gene cloning, expression, and characterization. *Genes Cells* **2**: 499-512.

23. Ramson, R.D., Stoffel, S., and Gelfand, D.H. (1990). Extension rate and processivity of *Thermus aquaticus* DNA polymerase. *FASEB J.* **4**: A2293.

24. Laywer, F.C., Stoffel, S., Saiki, R.K., Myambo, K., Drummond, R., and Gelfand, D.H. (1989). Isolation, characterization, and expression in *Escherichia coli* of the DNA polymerase gene from *Thermus aquaticus. J. Biol. Chem.* **264**: 6427-37.

25. Keohavong, P., Ling, L., Dias, C., and Thilly, W.G. (1993). Predominant mutations induced by the *Thermococcus litoralis*, *Vent* DNA polymerase during DNA amplification *in vitro. PCR Methods APP.* **2**: 288-92.

26. Cline, J., Braman, J.C., and Hogrefe, H.H. (1996). PCR fidelity of *Pfu* DNA polymerase and other thermostable DNA polymerases. *Nucleic Acids Res.* **24**: 3546-51.

27. Keohavong, P., and Thilly, W.G. (1989). Fidelity of DNA polymerase in DNA amplification. Assay: denaturing gradient gel electrophoresis. *Proc. Natl. Acad. Sci. USA* **86**: 9253-7.

28. Kong, H., Kucera, R.B., and Jack, W.E. (1993). Characterization of a DNA polymerase from the hyperthermophile archaea *Thermococcus litoralis*. *Vent* DNA polymerase, steady state kinetics, thermal stability, processivity, strand displacement, and exonuclease activities. *J. Biol. Chem.* **268**: 1965-75.

29. Beutler, E., Gelbart, T., and Kuhl, W. (1990). Interference of heparin with the polymerase chain reaction. *BioTechniques* **9**: 166.

30. Holodniy, M., Kim, S., Katzenstein, D., Konrad, M., Groves, E., and Merigan, T.C. (1991). Inhibition of human immunodeficiency virus gene amplification by heparin. *J. Clin. Microbiol.* **29**: 676-9.

31. Kwok, S., and Higuchi, R. (1989). Avoiding false positives with PCR. *Nature* **339**: 237-8.

32. Longo, M.C., Berninger, M.S. and Hartley, J.L. (1990). Use of uracil DNA glycosylase to control carry-over contamination in polymerase chain reaction. *Gene* **93**: 125-8.

# CHAPTER 3

## PCR 的產率與專一性
Sensitivity and Specificity of PCR

PCR 反應的效率主要是看**靈敏性**（**sensitivity**）與**專一性**（**specificity**）的好壞，靈敏性實質的意義相近於「產率」，而專一性指的是除了欲增幅的目標產物外是否也連帶產生一些非目標產物。這兩個特性當然會受到 PCR 的反應成分及設定的參數所影響，這些影響因素包括模板 DNA 的純度與濃度、聚合酶的特性、$Mg^{2+}$ 的濃度、引子的序列設計，及熱循環參數的適切性。本章除了將剖析一般可能遭遇的 PCR 問題外，也將提供讀者一些增進 PCR 產率或專一性的有效添加劑或 PCR 修飾方法，期使讀者能因此獲致更成功的 PCR。

## 3-1 PCR 反應可能遭遇的問題與改進方法

很多 PCR 的增幅都不是一蹴可就、做一次便成功的，即便我們根據文獻中所發表的**條件**來設計引子和熱循環參數，PCR 的結果也可能不盡理想，若不清楚其原因，盲目修正實驗的成分或參數，很可能又會讓我們得到另一個失望的結果。茲就 PCR 可能遭遇的失敗結果、發生原因，及修正方向提出以下之說明：

1. 完全或幾乎沒有預期的產物生成，稱之為「低靈敏性」。可能原因：

   (1) **反應欠缺某個關鍵的 PCR 成分**：建議做 PCR 之前先列一個清單，條列出所需配製的成分及用量，每加一個成分就勾選確認。要注意的是，$Mg^{2+}$ 雖為聚合酶之必要輔助因子，但過高也有可能造成解鏈效果不佳，增幅失敗。

   (2) **引子設計錯誤**：除序列正確性外，建議參考第二章中所列之引子設計原則，來確認引子是否適當。有時引子設計 OK，但模板因**單核苷酸多型性**（**single nucleotide polymorphism, SNP**）不與引子互補黏合，也就無法增幅。

   (3) **黏合溫度太高**：建議降低 5℃左右，再做一次。這種調整方法最容易，且經常是多數實驗室在無 PCR 產物時最先採行的改進方式。

   (4) **循環中的解鏈時間不夠**：一般使用的 20-30 秒，對典型的 PCR 增幅 1-2 kbp 產物時應該足夠，但若增幅的目標產物長度很長（例如 > 8 kbp）、PCR 總反應體積較大（> 100 mL），或欲增幅的產物 GC 含量很高時，這個時間的設定可能就需適度增加。

   (5) **模板 DNA 品質不佳**：指的是模板 DNA 可能有相當程度的斷裂情形，或汙染

到聚合酶的抑制劑。若真能確認這個問題是 PCR 失敗的原因，我們就需重新製備模板 DNA。但因再純化 DNA 需比較冗長的時間，一般會先依據 (1)-(4) 所述的可能原因做修正，重製 DNA 則列入最後的考量。如果針對上述原因所做之修正都無法獲得產率的改善，我們也可考慮以 PCR **增進劑**（**enhancers**）或**熱啟動 PCR**（**hot start PCR**）來試試看（本章 3-3 及 3-4 節）。

2. 除目標產物外，仍有很多被增幅的錯誤產物：專一性差（如圖 3.1 樣品 2），原因包括：

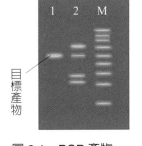

圖 3.1　PCR 產物

PCR 之最後產物可能是如樣品 1：專一性產物；有時會如樣品 2：很多非專一性產物。

(1) **黏合溫度過低**：致使至少一個引子因溫度低於 $T_m$，錯誤互補於模板 DNA 的某些相似序列上。建議升高 5℃ 左右，再做一次。

(2) **循環次數太高**：一般 PCR 若超過 40 個循環經常會有非專一性產物的生成。

(3) **$Mg^{2+}$ 的濃度過高**：就如第一章中的敘述，$Mg^{2+}$ 的濃度需高於 4 種 dNTP 的總濃度，但過高的 $Mg^{2+}$ 也會增進引子與錯誤 DNA 序列間不完全互補的穩定性，造成非專一性產物。因此，只要其濃度高於 dNTP，將之稍微降低可能就有幫助。

(4) **引子設計**：我們不能排除在模板 DNA 中有多個類似或重複序列，它們剛好能與引子部分互補。若增高黏合溫度仍然無法去除非專一性產物，且有選擇餘地的話，建議根據模板 DNA 的其他區域重新設計引子，再做 PCR。就如先前提到，有些 PCR 的增進劑也可促進 PCR 的專一性。還有數個包括熱啟動 PCR 在內的不同模式的 PCR 做法，也被證實對專一性的增進有不錯的效果。這些改進的方式在本章第 3-3 及 3-4 節中，會有更進一步的說明。

3. 很多**引子雙倍體**（**primer dimer**）生成：引子雙倍體的大小一般 ≤ 100 bp（圖 2.9）。它們主要是因引子間黏合或集結而成，雖稱雙倍體，但其實可以是三倍體或**多倍體**（**multimers**）。它們的出現並非必然，時有時無。但若欲增幅的 DNA 片段大小不在這個範圍（即遠大於 100 bp），對 PCR 的實際結果並沒有太大影響。雙倍體發生的可能原因包括：

(1) **引子間的序列有互補性**：尤其是它們的 3' 端有某種程度的互補。

(2) **黏合溫度過高**：若最佳效率的黏合溫度為 50℃，而真正使用的溫度是 52℃，產物生成量會稍微減少，但殘餘的引子變多，在循環結束降溫時剩餘引子互相間的集結傾向就變高了。

(3) **引子濃度過高**：增加引子的濃度在有些 PCR 實驗中，被發現可增進成功率，但雙倍體的形成機率也會因殘留較多的引子而增高。

(4) **模板分子太少**：也會使得 PCR 循環結束後殘留的引子過多，生成雙倍體的機率也就增加。

4. 增幅出錯誤長度的產物：也就是欲增幅的目標產物沒生成，反而得到錯誤的 PCR 產物。最主要的原因可能是：

(1) **模板 DNA 中有與引子互補性甚高，且同源於目標 DNA 的重複序列**：能選擇的話，應重新設計引子，使其互補於增幅區域稍為靠 3' 端或 5' 端的區域，避開重複序列。

(2) **黏合溫度太低**：增高 5℃，再試一次。

5. 用一模板 DNA 可以成功增幅，換另一模板則失敗：

(1) **模板的複雜度不同**：當欲增幅的 DNA 片段已被選殖於質體中，若以此質體作 PCR，模板 DNA 的長度只有幾千個鹼基對，相對於使用染色體 DNA 作模板（幾十億個鹼基對）增幅相同的片段，引子在黏合步驟較易雜交上互補區域，使用質體當然較易成功。

(2) **模板 DNA 的品質**：我們無法恆定地控制每次製備的模板 DNA 的完整性（斷裂程度）或純度（有無汙染抑制劑）。因此，雖然同樣的人類染色體 DNA 用相同的方法來製備，品質也不見得很一致，當然可能會有差異性的 PCR 結果。

(3) **模板 DNA 的基因多型性差異**：由於基因多型性，如圖 3.2 所示，來自不同個體的兩個模板 DNA 序列的鹼基差異剛好發生在引子的 3' 端互補位置，使得模板 2 中的鹼基 T（箭頭標示）與引子的 C 不配對，聚合酶無法由此延伸，因而沒有 PCR 產物。

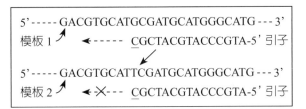

**圖 3.2　基因多型性會造成有些模板不被增幅**

引子的 3' 端，尤其是最後一個（如圖中的 <u>C</u>），與模板互補是非常關鍵的。模板 2，由於基因多型性，T（箭頭所指）不能互補 <u>C</u>，引子不能延伸，不產生 PCR 產物。


## 3-2　PCR 反應抑制劑

　　靈敏性差的 PCR 反應經常是因模板 DNA 受到聚合酶抑制劑汙染所致。除了先前提到的血紅素與抗凝劑肝素，很多抑制劑經常是我們製備模板 DNA 所需用的試劑。雖然 *Taq*、*Pfu*、*Vent* 等聚合酶的性質有所差異，但多數抑制劑的作用對不同的聚合酶卻沒有太大差別。茲將一項對 *Taq* 聚合酶所做的系統性的抑制試劑的測試結果列於表 3.1 中，它們各自的抑制作用機轉不盡相同，例如汙染到 NaOH，不但會造成 DNA 解鏈，也會使聚合酶因 pH 改變，致使具催化活性摺疊結構崩解而失活；PEG 會使聚合酶沉澱，而**蛋白酶 K（proteinase K）**則會水解聚合酶。值得注意的是，這些抑制劑的作用取決於它們的濃度，經常要高於某一濃度才會呈現抑制作用。因此有些實驗發現，將模板 DNA 稀釋數倍後，取同體積再做 PCR，就可以逆轉失敗的增幅。原因是模板 DNA 減量不見得對整體增幅效果有太大的影響，卻可以有效降低可能存在的抑制劑濃度，對聚合酶的活性很有幫助。

### 表 3.1　常用試劑對 PCR 聚合酶之抑制作用

| 試劑 | 低於此濃度無抑制作用 | 抑制濃度 |
| --- | --- | --- |
| 酚（phenol） | 0.01% | 0.5% |
| 氯仿（chloroform） | 5% | n.d. |
| SDS | 0.005% | 0.01% |
| 溶酶素（lysozyme） | n.d. | 0.5 mg/mL |

| 試劑 | 低於此濃度無抑制作用 | 抑制濃度 |
|---|---|---|
| 氫氧化鈉（NaOH） | 5 mM | 8 mM |
| 醋酸銨（ammonium acetate） | 75 mM | 150 mM |
| 酒精（ethanol） | 2.5% | 5% |
| 異丙醇（isopropanol） | 0.5% | 1% |
| 醋酸鉀（potassium acetate） | 0.02 M | 0.2 M |
| DTT（dithiothreitol） | 10 mM | n.d |
| 牛血清蛋白（BSA） | 10 mg/mL | 25 mg/mL |
| EDTA | 0.1 mM | 1 mM |
| Spermidine | 0.1 mM | 1 mM |
| 蛋白酶 K（proteinase K） | 0.5 mg/mL | n.d. |
| 溴化乙碇（ethidium bromide） | 0.1% | 1% |
| 氰化甲烷（acetonitrile） | 2.5% | 10% |
| 蔗糖（sucrose） | 5% | 10% |
| CTAB | 0.001% | 0.01% |
| Nonidet-P40 | 0.2% | 2% |
| Tween 20 | 2% | 10% |
| Triton X-100 | 1% | 2% |
| Sarkosyl | 0.01% | 0.05% |

（資料來源：*"Analytical Molecular Biology: Quality and Validation"*. Saunders, G.C. and Parkes, H.C. eds. pp.81-102. (1999)）

　　除了上述的研究外，另外也有實驗發現，一些我們常用來熔裂細胞、製備模板 DNA 所使用的清潔劑也可能會抑制 PCR 的產率，尤其是離子性的清潔劑（表 3.2），例如 SDS，即便在 PCR 反應成分中含量 < 0.01% 也會有抑制作用；而非離子性的抑制劑似乎對聚合酶的活性影響就很微弱。這項結果提供了一個重要的參考根據，若製備模板 DNA 的方法不只一種時，那麼選擇使用非離子性清潔劑的方法可能是較明智之舉。除此之外，有些細胞培養所用的培養基成分，經測試也具有抑制 PCR 的性質（表 3.3）。在直接使用細胞而不萃取模板 DNA 做 PCR 時，尤其要注意它們的可能負面效應，尤其是常用的 PBS，在一個 PCR 增幅反應中若含超過 10% PBS，就可能造成產率不佳的後果。

表 3.2 實驗用清潔劑對 PCR 之抑制作用

| 清潔劑 | 類型 | 抑制濃度 |
|---|---|---|
| N-Octylglucoside | 非離子性 | < 0.4% |
| Tween 20 | 非離子性 | > 5% |
| Triton X-100 | 非離子性 | > 5% |
| Nonidet P-40 | 非離子性 | > 5% |
| SDS | 離子性 | < 0.01% |
| Na-deoxycholate | 離子性 | < 0.05% |
| Na-sarkosyl | 離子性 | < 0.02% |

（資料來源：*BioTechniques* 9: 308-9）

表 3.3 細胞培養常用試劑對 PCR 之抑制作用

| 培養基或添加物 | 抑制濃度 |
|---|---|
| Brain heart infusion (BHI) | > 10% |
| Modified enrichment medium | > 10% |
| Fraser | > 10% |
| Listeria enrichment broth (LEB) | > 10% |
| Phosphate buffered saline (PBS) | > 10% |
| Modified Rappaport (MRB) | > 10% |
| Tryptone soya broth (TSB) | > 2.5 µg/mL |
| Potato starch | > 2.5 µg/mL |
| Tartrazine | > 1.0 mM |
| Tannic acid/tannin | < 0.1 µg/mL |
| NaCl | > 25 mM |
| $CaCl_2$ | > 1.0 mM |
| $ZnCl_2$ | > 0.001 mM |

（資料來源：*"Analytical Molecular Biology: Quality and Validation"*. Saunders, G.C. and Parkes, H.C. eds. pp. 81-102. (1999)）

　　由於 PCR 的模板也可以直接使用細胞、細菌菌落，或粗略純化的 DNA，因此，可能汙染的抑制性成分就變得很多元，茲將目前已知的部分做一說明如下：

1. **染劑（dyes）**：洋菜膠電泳所用的染劑，溴酚藍（**bromophenol blue**）及二甲

苯藍（**xylene cyanol green**）在低濃度下就會完全抑制 PCR。同樣的，**間甲酚紫**（**metacresol purple**）、**溴瑞香草酚藍**（**thymol blue**），及**甲基藍**（**methylene blue**）也有相類似的作用；而**酒石黃**（**tartrazine**）及**黃色食物色素**（**cresol red dye**）就比較沒抑制作用。

2. **血液（blood）**：就如先前提到的，血液的樣品可能含有的 PCR 抑制劑主要是肝素及血紅素。肝素可用**肝素酶**（**heparinase**）消化分解；而血紅素的抑制作用主要是因其內含的**血基質**（**heme**），血基質會與血中的未知蛋白形成複合體，抑制 PCR 聚合酶作用，這種複合體甚至會抗拒蛋白酶 K 的水解。有報告指出，在 PCR 樣品中加入**牛血清蛋白**（**bovine serum albumin, BSA**），可結合血基質，避免抑制性的複合體生成，增進 PCR 的成功率。

3. **子宮頸樣品**：採自子宮頸的樣品在做 PCR 分析時總量不宜過高，主要可能與子宮頸黏膜的 pH 值有關，若先將樣品加熱處理或稀釋應會有所幫助。

4. **糞便檢體**：主要可能存在的抑制性物質是成分複雜的多醣類，在萃取 DNA 時可使用陽離子界面活性劑（例如 catrimox-14）處理去除。

5. **食物樣品**：食物樣品類別繁多，會抑制 PCR 的可能成分也很多樣化，只知牛奶及起司中經常含**蛋白酶**（**proteinase 或 protease**）會分解 PCR 聚合酶；食物中的脂肪及某些蛋白也會抑制 PCR；而乳製品中含大量的 $Ca^{2+}$，會與 $Mg^{2+}$ 競爭聚合酶之活化位，使其失去活性。針對 $Ca^{2+}$ 的抑制作用，或許在 PCR 反應中使用較高的 $Mg^{2+}$ 便可以克服。

6. **萃取自植物的樣品**：主要會汙染到 PCR 的抑制性物質，包括多醣類及酚類化合物。目前知道，除了兩種酸性多醣（dextran sulfate 及 gum ghatti），大部分的多醣類並不會影響 PCR。在 PCR 反應中加入 0.5% 的清潔劑 Tween 20 可避免 gum ghatti 的抑制作用；而加入 0.25% Tween 20、5% DMSO，或 5% PEG 400 可逆轉 dextran sulfate 的抑制效應。酚類化合物則很容易氧化，然後與核酸及蛋白質交互作用，較為棘手。

7. **眞菌類的樣品**：眞菌類富含**聚磷酸**（**polyphosphate**），因其結構與 DNA 相似，爲線性且高負電價之聚合物，對 PCR 的增幅影響是可想而知的，因此，由此類樣品純化而來的 DNA 在純度上的要求也較高。

8. **土壤樣品**：此類樣品比較容易汙染到重金屬與**腐植酸**（**humic acid**），它們都可能鍵結聚合酶及 DNA。雖然防止其抑制作用的方法很多元，但採用的方法與效率卻因樣品的不同而有所差異。

如何排除低產率並增進 PCR 的效率？可以添加一些 PCR **增進劑**（**enhancer**）（請詳閱 3-3 節），也可以採用一些 PCR 的改進做法。另外，在表 3.4 中我們匯整了一些基本上可採取的步驟，並說明其目的與可能機制。然而治癒每個失敗的 PCR 應選擇哪一方法？當然因個案而有所不同。

表 3.4　克服抑制作用並增進 PCR 效率之可行措施

| 克服 PCR 抑制作用或增進 PCR 的嘗試改良方法 | 改良 PCR 的機理與可能效果 |
|---|---|
| · DNA 再純化（酚萃取，酒精沉澱） | — 再純化模板 DNA 以去除可能之抑制劑。 |
| · 稀釋 DNA 樣品 | — 若樣品中之 DNA 含量不會太低的話，稀釋可降低被加到 PCR 反應的抑制劑的量。 |
| · DNA 樣品熱處理（5-15 分鐘 95 或 100℃） | — 去活化DNA中可能汙染的 DNase 或蛋白酶。 |
| · 增加聚合酶的濃度 | — 沖銷受抑制劑抑制的酵素量，或有效與螯合劑競爭酵素輔助因子。 |
| · 使用不同的 DNA 聚合酶 | — 不同的 DNA 聚合酶受相同抑制劑的抑制效果不同。 |
| · 增加 $Mg^{2+}$ 的濃度 | — 增加 $Mg^{2+}$ 可有效地與抑制性的離子（如 $Ca^{2+}$）競爭聚合酶的活化位。 |
| · 降低 $Mg^{2+}$ 的濃度 | — 幫忙促成完全的解鏈。 |
| · 添加特定試劑 ⟶ 四甲基氯化銨 Tetramethyl ammonium chloride (TMAC) | — 藉由穩定 A-T 鹼基對，增高 $T_m$ 值。使得循環步驟的黏合溫度得以提高，減少非專一性產物的生成。 |
| ⟶Dimethyl sulfoxide (DMSO) 甲醯胺（formamide），甘油，betaine（甜菜鹼） | — 降低 DNA 雙股螺旋穩定性之試劑，可以降低$T_m$值，增進富含 GC 之目標DNA的增幅。 |
| ⟶ 非離子性清潔劑 Tween 20 | — 降低模板二級結構，穩定聚合酶。 |
| ⟶ 蛋白試劑 BSA，T4 噬菌體之 gp32 | — 降低蛋白酶對聚合酶之作用，取代聚合酶被抑制劑鍵結。 |
| ⟶ 多胺類（例如 spermine） | — 穩定 DNA 與聚合酶之活性。 |
| · 以 dGTP 類似鹼基 7- 脫氮 dGTP 做 PCR | — 降低二級結構與非專一性產物之生成。 |

## 3-3　增進 PCR 產率與專一性的試劑

很多 PCR 若已經過成分調整及循環參數修正後仍然無法取得高產率或較優專一性結果，或許可考慮採用一些較特殊的方法，如 3-4 節中所述，稍微改變 PCR 的操作程序，有時這種改變的效果是很令人驚豔的。另外一種選擇就是添加 PCR 增進劑（**enhancer**），如表 3.4 中所述特定試劑，例如 TMAC 及 DMSO。它們已被證實具有很明顯增進 PCR 產率及專一性的作用。有時我們稱這些添加劑為**輔助溶劑**（**cosolvents**）。就跟多數的抑制劑一樣，這些增進劑的效力並無聚合酶選擇性，亦即對 *Taq* 聚合酶有效的試劑，對 *Vent* 聚合酶很可能也有效。根據先前的測試，它們都有一最佳的使用濃度（表 3.5），並非愈多愈有效，而且有些試劑用量太高時反而會有抑制作用。還有，一種增進劑並不一定能適用於改進所有產率低或專一性差的 PCR，會因個案而有所不同，主要的原因是，它們增進 PCR 的機制有所不同，但不外乎是影響模板的解鏈溫度、引子的黏合性質，及保持或增進聚合酶的活性或熱穩定性。

表 3.5　常用 PCR 增進劑之增進效力測試

| 增進劑 | 測試濃度 | 最佳之濃度 | 增進效率 | 抑制性 |
|---|---|---|---|---|
| TMAC | 0.05-5 mM | 0.05 mM | +20% | > 0.5 mM 才會 |
| DMSO | 0.05-5% | 5% | +55% | 濃度範圍內：無 |
| BSA | 0.5-5 µg/mL | 1.0 µg/mL | +89% | 濃度範圍內：無 |
| Formamide | 0.05-5% | 0.1% | +28% | 5% 時完全抑制 |
| Betaine | 0.05-5 µg/mL | 1.0 µg/mL | +185% | 濃度範圍內：無 |
| Glycerol | 0.05-5% | 0.05% | +144% | 濃度範圍內：無 |
| Triton X-100 | 0.05-5% | 0.05% | +137% | 濃度範圍內：無 |
| Polyvinyl pyrrolidone | 0.05-5 µg/mL | 2.0 µg/mL | +59% | 濃度範圍內：無 |

（資料來源：*"Analytical Molecular Biology: Quality and Validation"*. Saunders, G.C. and Parkes, H.C. eds. pp. 81-102. (1999)）

為增進讀者對這些增進劑的認識，茲將幾個常用的 PCR 增進劑結構列於圖 3.3 中，並將其概略特性說明於下：

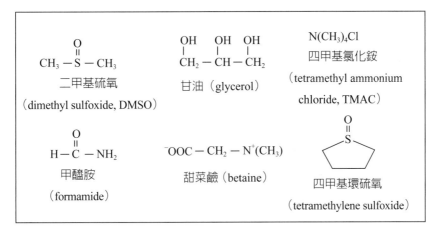

圖 3.3　多種 PCR 增進劑之化學結構

1. 二甲基硫氧（dimethyl sulfoxide, DMSO）：

   (1) 一個在生物（或動物）實驗中常被用來溶解藥物的溶劑。

   (2) 於 PCR 中常用的濃度為 5%，過高會抑制聚合酶活性。

   (3) 可用於克服 GC 含量較高的目標 DNA 增幅，也被證實可以逆轉植物酸性多醣類對 PCR 的抑制作用。

   (4) 主要機制：短暫性地與鹼基形成氫鍵，降低 $T_m$ 值，增進 DNA 兩股完全解鏈。

   (5) 最近的實驗發現，有數種的硫氧化合物對 PCR 的增進作用甚至比 DMSO 要好，例如四甲基環硫氧（**tetramethylene sulfoxide**，請參閱圖 3.3）。

2. 甲醯胺（formamide）：

   (1) 一種**核酸酶**（**ribonuclease**）的抑制劑。

   (2) 經常使用濃度：1-5%。類似 DMSO，可與鹼基形成氫鍵，破壞原 DNA 之氫鍵。1% 甲醯胺約可降低 DNA 之 $T_m$（解鏈溫度）0.6℃。

   (3) 可單獨使用或合併 10% 甘油來降低實際雙股 DNA 的 $T_m$ 值，增進每一循環中之解鏈效率。

   (4) 也可用於克服 GC 含量較高的目標 DNA 之增幅。

3. 四甲基氯化銨（tetramethyl ammonium chloride, TMAC）：

   (1) 一般使用於 PCR 的濃度為 15-60 mM，但若將緩衝溶液中所含之 KCl 也全部用 TMAC 取代，增進效果可達到最大化。

(2) 與 DMSO 不同，TMAC 用量稍多也不會對聚合酶有不良之影響。這似乎與表 3.5 所列的測試結果有出入，可能是不同的 PCR 測試反應所導致的差異。

(3) 它實質上可增加循環之 DNA 解鏈的 $T_m$ 值，增進專一性。

4. 甘油（glycerol）：

(1) 甘油經常被加入到很多生物酵素的保存液中，對聚合酶不但無抑制作用，反而能增進其穩定性與活性。

(2) 它的有效機制是使雙股 DNA 不穩定，降低 $T_m$ 值。

(3) 有實驗指出，添加 10% 的甘油對增幅超過 10 kbp 的 PCR 產物很有幫助。

5. 甜菜鹼（betaine）：

(1) 是一種不具毒性、低黏度的特殊輔助溶劑，不是一種鹽類，在增進 PCR 時可使用相當高的濃度（0.1～3.5M）。

(2) 可鍵結於 DNA，使 A/T 鹼基對變得較穩定，但 G/C 對變得不穩定，也就是可以選擇性的使 G/C 配對較容易被分開，對高 GC 含量目標 DNA 的增幅很有利。

(3) 它也被證實可增進 PCR 酵素對肝素汙染的忍受度。

6. 精胺／亞精胺（spermine/spermidine）：

(1) 多胺類包括 spermine 和 spermidine 對核酸有很高的親和力，可以中和部分磷酸骨架的負電價，因此可以穩定 DNA 或 RNA。

(2) 它們也被認知可以促進參與核酸代謝的多種酵素的活性，包括 DNA 及 RNA 聚合酶，及**拓樸酵素（topoisomerases）**。

(3) 增進 PCR 時的最佳使用量為 0.4-0.6 mM，且 spermine 的效果可能較 spermidine 來得好。

7. 牛血清蛋白（BSA）：

(1) 主要增進 PCR 的機制是，它可作為 DNA 樣品中可能汙染的蛋白酶的反應物，作為一些抑制劑的 ligand，阻絕抑制劑對聚合酶的結合與運作。

(2) 在 PCR 中常用的濃度為 0.2-1 mg/mL。

(3) 有實驗證實，它能逆轉一些抑制劑的效應，包括 $FeCl_2$、血基質、**腐植酸（humic acid）**，及**單寧酸（tannic acid）**。

8. 噬菌體 T4 基因 32 產物：

   (1) 噬菌體 T4 基因 32 所解碼的蛋白是一個熱穩定性的單股 **DNA 鍵結蛋白**（**single strand DNA binding protein, SSB**）。就如在 DNA 複製，SSB 可阻絕解鏈後兩個單股模板再黏合，使引子較有機會黏合，增進 PCR 增幅效率。

   (2) 在 PCR 反應中的經常用量：每 100 μL PCR 反應溶液加 3 μg 蛋白。

9. 較新的試劑，包括**海藻糖**（**trehalose**）和 **1,2 丙二醇**（**1,2 propanediol**）

## 3-4　調整 PCR 的方法來增進產率或專一性

　　除了添加上述之增進劑外，我們也可以將典型 PCR 的執行步驟稍作修改，以改善 PCR 的產率或專一性。這些做法的目的都是力求使引子在前幾個循環中就能專一性的黏合上目標 DNA，愈早、愈專一性的達成篩選階段（如第二章所述），產物的產率及專一性自然愈高。早期有兩個非典型的 PCR 運作方式就被證實可以增進 PCR 的專一性，一個叫**加強劑 PCR**（**Booster PCR**），另一個則被稱為**達陣 PCR**（**Touchdown PCR**）。前者是在 PCR 的前幾個循環中先使用非常低濃度的引子，經過幾個循環後，再將引子濃度補足到典型 PCR 的用量。它是根基於一個概念，引子與模板 DNA 的目標區域兩側序列間的先期穩定黏合，攸關篩選階段的達成。這取決於黏合反應的化學平衡、碰撞頻率，與互補性。根據勒沙特列原理（**Le Chatelier's principle**），引子濃度高時，不但會促進引子與正確的目標區域的黏合，它們與不完全互補的 DNA 序列黏合的機會也會增加，使得不正確的引子 /DNA 配對也可能達成篩選階段，若之後又於放大階段（第二章）大量地（或對數性地）被增幅，也就會生成非專一性的產物；若 PCR 一開始引子的濃度很低，雖然會使引子較不容易找尋到正確的 DNA 黏合位，但引子與正確序列間完全互補，傾向於最容易發生，一旦結合便能穩定延伸成雙股。只需要多幾個循環就能達成篩選階段，之後的放大階段又大量產生專一性的產物，作為下個循環的模板，它們的濃度也就遠遠超過那些與引子不完全互補的 DNA 序列了。反觀與引子不完全互補的序列，獲得引子黏合的機會本已大量減少，加上形成的雙股在嚴謹的黏合溫度下，相對很不穩定，要達成篩選階段的機會就更加渺茫了。

　　達陣 PCR 的策略也是試圖使非目標的 DNA 序列在早期循環中無法與正確的目標 DNA 競爭引子，甚至無法達成篩選階段。不同於加強劑 PCR，這個方法並不是在 PCR 循環的早晚期改變引子的濃度，而是固定用典型的 PCR 引子濃度，但改變循環時的黏合溫度。舉例來說，若一個 PCR 設定之黏合溫度為 55℃ 時，得到很多非專一性的產物，那麼達陣 PCR 的做法就是將 PCR 黏合溫度先設定為 65℃，但由第一個循環開始，每個循環降低黏合溫度 1℃，直到 55℃，後續的循環（即第 11 個循環之後）就維持在 55℃，直到 PCR 結束。這個方法尤其對樣品中目標 DNA 的含量很少時特別有用。它的增進機制是，在第一個循環時（黏合溫度 65℃），引子或許會因溫度太高不會雜交到任何 DNA 的位置；但當後續循環降到也許 61℃ 時，引子就能專一性的雜交上目標 DNA 之兩側。雖然溫度有點高於 $T_m$ 值，黏合到目標 DNA 的效果並非最佳，但引子與模板 DNA 中非完全互補的區域間黏合就完全不可能了。溫度逐漸下降時，專一性的黏合效果愈來愈好，很快便達成篩選階段（可能在黏合溫度降到 55℃ 之前），大量增幅專一性的模板 DNA，其數量會遠遠超過非目標區域的 DNA（若有的話），引子的結合當然就以完全互補增幅的 DNA 為目標了。但此種方法有一個缺點，針對一個新的 PCR 反應，不易決定應設定的最高溫度（如上述之 65℃），設定的太高，下降 10℃ 後，產率可能也會不佳，設定的太低又無法避免非專一性產物的生成。

　　現今針對低專一性或低產率的解決辦法，最常用的是**熱啟動 PCR（hot start PCR）**。它的理論基礎是什麼？又應如何修正 PCR 呢？我們經常在室溫之下配製 PCR 樣品，然後置入 PCR 機器之溫控樣品槽，樣品就開始由室溫加熱至先期解鏈（94℃），然後進入熱循環。然而，一開始過程中樣品由室溫逐漸加溫到 94℃，有些模板 DNA 的區域序列因 AT 含量比較高，雙股螺旋較不穩定，$T_m$ 值較低，可能在較低的溫度（例如 30-50℃ 間）就已解鏈。以雜交的嚴謹度而言，在此低溫之下，引子是被容許黏合在某些部分互補的區域，再加上有些聚合酶在 > 30℃ 便具有 DNA 聚合的活性，非專一性產物於焉產生。由於這些「意外的產物」也是由引子黏合延伸而產生的，其兩側的序列已轉變成與引子 100% 互補的序列，在後續熱循環中當然也可大量被增幅，生成非專一性產物，同時也造成真正欲增幅的目標 DNA 產率下降。熱啟動 PCR 的修正做法就是試圖讓聚合酶的聚合反應只在溫度

> 70℃時才發生。最早期的做法是先將聚合酶除外的 PCR 成分先配置於 70℃的恆溫槽或乾浴器中，等 PCR 的機器加溫至將達先期解鏈的溫度（i.e. 94℃）時，按「暫停」，迅速於樣品中加入聚合酶，並將 PCR 反應管移入熱循環機器中，繼續 PCR 熱循環。這樣的做法，被發現對 PCR 的靈敏性與專一性都有很顯著的提升，尤其是針對樣品中僅含微量目標 DNA 時，效果最明顯。先前就有一項很成功的熱啟動 PCR 研究，以 PCR 來偵測受 HIV 感染細胞中的 HIV 病毒（表 3.6）。首先由未感染或受 HIV 感染不同時間的細胞中抽取 RNA，進行反轉錄後，再利用一對可專一性增幅 HIV cDNA 的引子進行 PCR。每個樣品分別作典型的 PCR 或熱啟動 PCR，再比較其產率。結果顯示，不管受感染細胞中 HIV 病毒含量多少，採用熱啟動 PCR 都可增進靈敏性，尤其對含量最稀少的樣品（樣品 #1，感染時間最短，HIV particles 最少）效果最好，增進 410%。

表 3.6　熱啟動 PCR 增進對 HIV 感染之偵測靈敏度

| 樣品 | 室溫PCR（無熱啟動） | 70℃（熱啟動） | 增加 % |
|---|---|---|---|
| 未感染之細胞樣品 | 0.023 | 0.019 | |
| HIV-1 感染細胞樣品 #1 | 0.128 | 0.654 | 410 |
| HIV-1 感染細胞樣品 #2 | 0.838 | 1.980 | 136 |
| HIV-1 感染細胞樣品 #3 | 1.923 | 2.270 | 18 |

註：表中之目標產物量是根據在洋菜膠電泳中之條帶強度經 densitometry 積分而得，沒單位。
（資料來源：*Nucleic Acids Res*. 19: 3749）

上述的熱啟動 PCR 是很早期的一種做法，其最主要的缺點是，當樣品數量較多時（例如，> 10 個 PCR 樣品），便很難操作。操作時必須擔心加聚合酶的時間內樣品的溫度會急速下降，容易造成手忙腳亂，有些樣品可能被加了兩次聚合酶，有些又可能忘了加，匆促間也較可能造成汙染。為解決這個問題，有些市售的熱啟動 PCR 的產品也就因應而生。較早有一種方式是使用一種特殊的 PCR 反應管（如圖 3.4），此管中央有一層作為阻隔的固態蠟，底部的反應液體成分包括緩衝溶

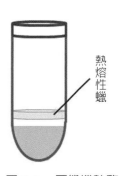

熱熔性蠟

圖 3.4　固態蠟熱啟動 PCR 之反應管

液、$Mg^{2+}$、dNTP，及聚合酶。使用者只需將模版 DNA 及引子加在蠟的上方，將管子置入 PCR 機器中進行一般增幅即可。當 PCR 進行至先期解鏈（94℃）時，蠟會熔解，上下方的成分便混合，PCR 才真正開始進行。另外一種熱啟動 PCR 的方法則是使用經修飾過的聚合酶，它們在低溫時沒活性，但在溫度 > 70℃ 會被活化。有些聚合酶，其實是聚合酶＋抗體的結合體，在低溫時聚合酶及抗體間會緊密結合，不具活性；但當達到解鏈的溫度時，抗體與聚合酶便會脫開，獲得自由身的聚合酶也就能開始努力工作了。另有一些聚合酶是直接改變酵素的性質使它們只在高溫時有活性。它們的活化區（**active site**）內的某一個或一個以上的胺基酸被化學修飾，或被**定點突變**（**site-directed mutagenesis**）的方式改變成別的胺基酸，使他們成為**溫度敏感性**（**temperature sensitive**）的突變聚合酶。例如有一種用於熱啟動 PCR 的聚合酶叫作 Ampli*Taq* Gold 聚合酶（Perkin-Elmer 產品），它就是將 *Taq* 聚合酶的一個特定的**離胺酸**（**Lysine**）支鏈的 ε- 胺基，經化學修飾而來。過去這些年來，生技研發公司已發展出數種只在高溫才具活性的突變聚合酶，它們都被聲稱可作熱啟動 PCR，其效果當然要真正用過才知道。對多數研究者而言，為增進專一性與產率，熱啟動 PCR 及這些新聚合酶的應用，無疑又提供了邁向成功 PCR 的另一股助力。

## 3-5 長片段與富含 GC（GC-Rich）的 DNA 片段之 PCR 增幅

對典型的 PCR 而言，要增幅一段很長的 DNA 片段經常是較困難的，尤其是 > 15 kbp 的目標產物，產率往往令人無法恭維。這個問題要歸咎於下列幾個可能原因，為幫助實驗者突破此困境，筆者也將針對每個因素提出可行的改進建議。

1. **模板 DNA 的完整性（integrity）不佳**：染色體 DNA 在製備時，雙股或單股斷裂的情形太嚴重，如若介於兩引子間的增幅區域序列發生斷裂，當然會使兩側的引子無法增幅。**改進建議**：製備模板 DNA 時，所有試劑要避免汙染 DNase，過程中應避免用震盪器或音波強烈震盪，也不可使用細針頭之針筒多次抽吸 DNA 樣品。當然，在 PCR 增幅時所使用之所有試劑也應該都是 DNase free。

2. **聚合酶之延續性（processivity）太低**：PCR 所用聚合酶的延續性，關係到它結合在引子 3' 端後，可以沿著模板 DNA 聚合多長而不會由模板上脫落。**改進建議**：我們應選擇可增幅較長 DNA 片段的高延續性聚合酶。因為 *Taq*（或衍生自 *Taq*）聚合酶的延續性並不高，增幅長度若超過約 5 kbp，效果就變得很差。目前有多種市售的聚合酶就具有較高的延續性（延續性 > 8 kbp），包括 *Pfu* 及 *Pfx*（*Pyrococcus kodakaraensis*）DNA 聚合酶，或衍生自它們的新聚合酶。另外有一些新開發的 PCR 聚合酶，其實是將兩種聚合酶混合，其中一個具有校正活性（例如 *Pfu* 聚合酶），另一個則無（例如 *Taq* 聚合酶）。這些特殊聚合酶的高延續性已被證實，對長的 PCR 產物增幅有較高的成功率。

3. **模板 DNA 解鏈不完全**：增幅之 DNA 片段若很長，每個 PCR 循環 cycle 中模板的解鏈（94℃，20-30 秒）很可能會不完全，而部分解開的互補雙股又很容易再黏合（renaturation），致使引子無法順利結合延伸。**改進建議**：建議適度延長典型 PCR 反應條件（表 2.4）中循環步驟的解鏈時間，甚至可延長至 1 分鐘，使解鏈較完全；惟時間切勿太長，因為可能會衍生 DNA 損傷的問題，這點我們將留待下一章再說明。除此之外，就如我們在 3-3 節中所提到的，有些輔助溶劑，例如 DMSO、formamide，及甘油，都可有效地降低雙股 DNA 分開的溫度，增進 DNA 解鏈的效率，應會有所幫助。

4. **模板 DNA 解鏈後單股自我形成二級結構**：每個循環 cycle 解鏈後形成的單股 DNA 愈長，也愈傾向於會在黏合溫度時快速形成二級結構，使引子無法黏合到正確的序列。**改進建議**：PCR 的黏合溫度應儘可能設定得高一些，我們可以使用較長或具較高 $T_m$ 值（62-70℃）的引子來進行 PCR，甚至可以使用兩步驟 PCR 的增幅方式（請參閱 2-2 節）。

5. **聚合酶加入錯誤的核苷酸使聚合提前終結**：其實聚合酶在聚合 DNA 時，有時會加入錯誤的核苷酸到延伸中的 DNA 3' 端。可想見的是，聚合愈長的 DNA，發生錯誤的頻率也愈高。這種錯誤有時會將錯就錯，繼續聚合，最終產生突變的產物，此種情形在第四章中我們會有詳細的說明；另一種情形是加錯核苷酸後，錯誤配對（mismatch）的結構無法在聚合酶的催化區中繼續被延伸，聚合反應被迫半途而廢，聚合宣告失敗。**改進建議**：我們可以使用兩種聚合酶的混合酵素來進

行 PCR：一種不具有 3' → 5' 核酸外切酶的活性（例如 *Taq*），另一種則具有此校正活性（例如 *Pfu*）。一般前者與後者的用量比例是以活性單位（unit）來計算的，約爲 16：1-640：1，最終仍需以實驗做測試方知最佳之比例。

6. **緩衝溶液（buffer）成分**：雖然在典型的 PCR 中，大部分緩衝溶液都使用 Tris-HCl 及 KCl；但 Ponce 及 Micol 卻發現，使用 Tricine 且不含 KCl 的緩衝液可以大大的增進長片段 DNA 的增幅效率。

　　最後，我們要強調的是，根據多項實驗的結果顯示，熱啓動 PCR 對增幅長的 DNA 產物也有很大的幫助，雖然確切的道理何在並不清楚。除了太長的 PCR 增幅目標 DNA 會造成一些困難外，DNA 的模板序列若富含 GC 對，經常也是 PCR 增幅的大挑戰。一般而言，要增幅的區域即便不是很長，但只要其序列爲 ≥ 60% 的 GC 含量，就很可能在典型的 PCR 條件下，無法獲得令人滿意的 PCR 產率。其原因與增幅長 PCR 片段有些相似（如上述之第 (3) 與第 (4) 項原因），高 GC 含量，雙股很穩定，不易解鏈，同時解鏈後之單股也很容易自我形成二級結構，使得引子黏合不易。如果增幅的長度不是很長，那麼模板的完整性及聚合酶的本質（包括延續性與混合使用）就可能不是 PCR 失敗的主因，改進的策略應著重於模板解鏈的效率與避免二級結構的生成。**改進建議**：由於高 GC 含量的增幅與長 DNA 增幅的問題起因有部分相同，因此可採用的改進方法也有部分重疊，包括稍微加長解鏈的時間、提高黏合溫度、添加增進劑（例如：DMSO、formamide，或 TMAC 等），及使用熱啓動 PCR，這些方式都經先前實驗者的實驗證實有效。

　　以化學試劑來說，除了上述幾種外，早期就有人發現，使用 **7- 脫氮 -dGTP**（**7-deaza-dGTP**）（圖 3.5）來取代 dGTP 可以克服高 GC 含量的 PCR 增幅問題，增進增幅效率。它是 dGTP 的**結構類似物**（**structure analog**）。一旦此類鳥糞嘌呤被加入到延伸中的 DNA，它一樣會與 C 配對，但兩者間只有兩個氫鍵形成，在後續循環時，不易解鏈或容易形成二級結構都不再成爲問題。比較可惜的是，加入的 **7- 脫氮 -dGTP**（**7-deaza-dGTP**）若爲限制性酶素辨識或切割序列中的一個鹼基，很可能會造成一些常用的限制性酶素不切割（表 3.7）。這會使得 PCR 產物無法被用來做後續的基因選殖或牽涉到限制性酶素切割的一些相關操作；但若 PCR 增幅的產物只是單純用來判定一特定 DNA 或基因是否存在，也就是以偵測爲目的

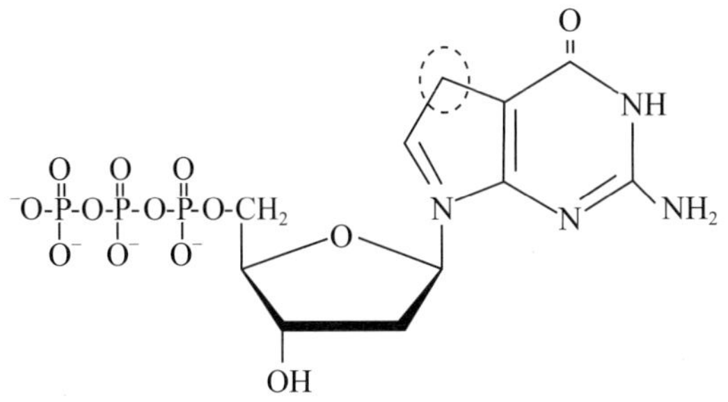

圖 3.5　7- 脫氮 -dGTP 之結構

表 3.7　7- 脫氮 -dGTP 取代後對限制性酵素切割效率之影響

| 酵素 | 序列與切位 | 效率 |
|---|---|---|
| *Hind*III | A⬇AGCTT | + |
| *Alu*I | AGCT⬇ | - |
| *Sau*3AI | ⬇GATC | - |
| *Bam*HI | ⬇GGATCC | - |
| *Pst*I | CTGCA⬇G | - |
| *Eco*RI | G⬇AATTC | - |
| *Sma*I | CCC⬇GGG | - |
| *Xba*I | T⬇CTAGA | + |
| *Sal*I | G⬇TCGAC | - |

（資料來源：*Nucleic Acids Res.* 19: 2791）

的 PCR 增幅，產物並無後續使用，那就不會有影響。較特殊的是，最近還有研究指出，針對高 GC 含量的 ApoE 基因片段的增幅，**1, 2 丙二醇**（**1, 2 propanediol**）（6%）也被證實有增進劑的效用，其效果甚至優於 DMSO。由於此試劑並非很昂貴，讀者不妨一試。

# 參考文獻

1. Filice, G., Debiaggi, M., Cereda, P.M., and Romero, E. (1993). Booster PCR: evaluation of an improved method for amplification of a few HIV-1 proviral DNA sequences. *New Microbiol.* **16**: 129-33.

2. Ruano, G., Fenton, W., and Kidd, K.K. (1989). Biphasic amplification of very dilute DNA samples via 'booster' PCR. *Nucleic Acids Res.* **17**: 5407.

3. Saulnier, P., and Andremont, A. (1992). Detection of genes in feces by booster polymerase chain reaction. *J. Clin. Microbiol.* **30**: 2080-3.

4. Don, R.H., Cox, P.T., Wainwright, B.J., Baker, K., and Mattick, J.S. (1991). 'Touchdown' PCR to circumvent spurious priming during gene amplification. *Nucleic Acids Res.* **19**: 4008.

5.  Hecker, K.H., and Roux, K.H. (1996). High and low annealing temperatures increase both specificity and yield in touchdown and stepdown PCR. *BioTechniques* **20**: 478-85.

6.  Korbie, D.J., and Mattick, J.S. (2008). Touchdown PCR for increased specificity and sensitivity in PCR amplification. *Nat. Protoc.* **3**: 1452-6.

7.  Schrader, C., Schielke, A., Ellerbroek, L., and Johne, R. (2012). PCR inhibitors - occurrence, properties and removal. *J. Appl. Microbiol.* **113**: 1014-26.

8.  Bickley, J., and Hopkins, D. (1999). Inhibitors and enhancers of PCR. *In Analytical Molecular Biology: Quality and Validation.* (Saunders, G.C., and Parkes, H.C. Eds）pp. 81-102. Royal Society of Chemistry, London.

9.  Mercier, B., Gaucher, C., Feugeas, O., and Mazurier, C. (1990). Direct PCR from whole blood, without DNA extraction. *Nucleic Acids Res.* **19**: 5908-9.

10. Lantz, P.-G., Hahn-Hagerdal, B., and Radstrom, P. (1994). Sample preparation methods in PCR-based detection of food pathogens. *Trends Food Sci. Technol.* **5**: 384-9.

11. Niederhauser, C., Candrian, U., Hofelein, C., Jermini, M., Buhler, H.-P., Luthy, J. (1992). Use of polymerase chain reaction for detection of *Listeria monocytogenes* in food. *Appl. Environ. Microbiol.* **58**: 1564-8.

12. Wernars, K., Heuvelman, C.J., Chakraborty, T., and Notermans, S.H.W. (1991). Use of polymerase chain reaction for direct detection of *Listeria monocytogenes* in soft cheese. *J. Appl. Bacteriol.* **70**: 121-6.

13. Tsai, Y.-L., and Olson, B.H. (1992). Detection of low numbers of bacterial cells in soil and sediment by polymerase chain reaction. *Appl. Environ. Microbiol.* **58**: 754-7.

14. Wilde, J., Eiden, J., and Yolken, R. (1990). Removal of inhibitory substances from human fecal specimens for detection of group A rotaviruses by reverse transcriptase and polymerase chain reaction. *J. Clin. Microbiol.* **28**: 1300-7.

15. Wegmuller, B., Luthy, J., and Candrian, U. (1993). Direct polymerase chain reaction detection of *Campylobacter jejuni* and *Campylobacter coli* in raw milk and diary products. *Appl. Environ. Microbiol.* **59**: 2161-5.

16. Coutlée, F., Provencher, D., and Voyer, H. (1995). Detection of human papillomavirus DNA in cervical lavage specimens by a nonisotopic consensus PCR assay. *J. Clin. Microbiol.* **33**: 1973-8.

17. Barnes, W.M. (1994). PCR amplification of up to 35 kb DNA with high fidelity and high yield from l bacteriophage templates. *Proc. Natl. Acad. Sci. USA* **91**: 2216-20.

18. Foord, O.S., and Rose, E.A. (1994). Long-distance PCR. *PCR Methods Appl.* **3**: S149-S161.

19. Cheng, S., Fockler, C., Barnes, W.B., and Higuchi, R. (1994). Effective amplification of long targets from cloned inserts and human genomic DNA. *Proc. Natl. Acad. Sci. USA* **91**: 5695-9.

20. Cheng, S., Chang, S.-Y., Gravitt, P., and Respess, R. (1994). Long PCR. *Nature* **369**: 684-5.

21. Cheng, S., Chen, Y., Monforte, J.A., Higuchi, R., and Van Houten, B. (1995). Template integrity is essential for PCR amplification of 20- to 30-kb sequences from genomic DNA. *PCR Methods. Appl.* **4**: 294-8.

22. Hirose, T., and Myers, T.W. (1997). PCR and RT/PCR amplification of long DNA and RNA. *Exp. Med.* **15**: 20-3.

23. Ponce, M.R., and Micol, J.L. (1992). PCR amplification of long DNA fragments. *Nucleic Acids Res.* **20**: 623.

24. Schwarz, K., Hansen-Hagge, T., and Bartram, C. (1990). Improved yields of long PCR products using gene 32 protein. *Nucleic Acids Res.* **18**: 1079.

25. Kovarova, M., and Draber, P. (2000). New specificity and yield enhancer for polymerase chain reactions. *Nucleic Acids Res.* **28**: e70.

26. Henke, W., Herdel, K., Jung, K., Schnorr, D. , Stefan, A., and Loening, S. (1997). Betaine improves the PCR amplification of GC-rich DNA sequences. *Nucleic Acids Res.* **25**: 3957-8.

27. Nagai, M., Yoshida, A., and Sato, N. (1998). Additive effects of bovine serum albumin, dithiothreitol, and glycerol on PCR. Biochem. *Mol. Biol. Int.* **44**: 157-63.

28. Hung, T., Mak, K., and Fong, K. (1990). A specificity enhancer for polymerase chain reaction. *Nucleic Acids Res.* **18**: 4953.

29. Weyant, R.S., Edmonds, P., and Swaminathan, B. (1990). Effect of ionic and nonionic detergents on the *Taq* polymerase. *BioTechniques* **9**: 308-9.

30. Pomp, D., and Medrano, J.F. (1991). Organic solvents as facilitators of polymerase chain reaction. *BioTechniques* **10**: 58-9.

31. Escara, J.F., and Hutton, J.R. (1980). Thermal stability and renaturation of DNA in dimethyl sulfoxide solutions: acceleration of the renaturation rate. *Biopolymers* **19**: 1315-27.

32. Chester, N., and Marshak, D.R. (1993). Dimethyl sulfoxide-mediated primer Tm reduction: a method for analyzing the role of renaturation temperature in the polymerase chain reaction. *Anal. Biochem.* **209**: 284-90.

33. Filichkin, S.A., and Gelvin, S.B. (1992). Effect of dimethyl sulfoxide concentration on specificity of primer matching in PCR. *BioTechniques* **12**: 828-830.

34. Chakrabarti, R., and Schutt, C.E. (2001). The enhancement of PCR amplification by low molecular weight amides. *Nucleic Acids Res.* **29**: 2377-81.

35. Sarkar, G.,Kapelner, S. and Sommer, S.S. (1990). Formamide can dramatically improve the specificity of PCR. *Nucleic Acids Res.* **18**: 7465.

36. Spiess, A.N., Mueller, N., and Ivell, R. (2004). Trehalose is a potent PCR enhancer: lowering of DNA melting temperature and tnermal stabilization of *Taq* polymerase by the disaccharide trehalose. *Clin. Chem.* **50**: 1256-9.

37. Coutlée, F., and Voyer, H. (1998). Effect of nonionic detergents on amplification of human papillomavirus DNA with consensus pPrimers MY09 and MY11. *J. Clin. Microbiol.* **36**: 1164.

38. Chou, Q., Russell, M., Birch, D.E., Raymond, J., and Bloch, W. (1992). Prevention of pre-PCR mispriming and primer dimerization improves low-copy-number amplifications. *Nucleic Acids Res.* **20**: 1717-23.

39. Birch, D.E., Kolmodin, L., Wong, J., Zangenberg, G.A., Zoccoli, M.A., Mckinney, N., Young, K.K.Y., and Laird, W.J. (1996). Simplified hot start PCR. *Nature* **381**: 445-6.

40. D'Aquila, R.T., Bechtel, L.J., Videler, J.A., Eron, J.J., Gorczyca, P., and Kaplan, J.C. (1991). Maximizing sensitivity and specificity of PCR by preamplification heating. *Nucleic Acids Res.* **19**: 3749.

41. Kellogg, D.E., Rybalkin, I., Chen, S., Mukhamedova, N., Vlasik, T., Siebert, P.D., and Chenchik, A. (1994). *Taq*Start antibody: "Hot Start" PCR facilitated by a neutralizing monoclonal antibody directed against *Taq* DNA polymerase. *BioTechniques* **16**: 1134-7.

42. Sharkey, D.J., Scalice, E.R., Christy, K.G., Jr., Atwood, S.M., and Daiss, J.L. (1994). Antibodies as thermolabile switches: High temperature triggering for the polymerase chain reaction. *Bio/Technology* **12**: 506-9.

43. Moretti, T., Koons, B., and Budowle, B. (1998). Enhancement of PCR amplification yield and specificity using Ampli*Taq* Gold DNA polymerase. *BioTechniques* **25**: 716-22.

44. Bloch, W., Raymond, J., and Read, A.R. (1992). Use of grease or wax in the polymerase chain reaction. US patent US5411876A.

45. Kaijalainen, S., Karhunen, P.J., Lalu, K., Linström, K. (1993). An alternative hot start technique for PCR in small volumes using beads of wax-embedded components dried in trehalose. *Nucleic Acids Res.* **21**: 2959-60.

46. Mcpherson, M., and Møller, S. (2006). Hot-start PCR, *In PCR*, pp. 69-72. (E. Owen, K. Lyons, and K. Henderson, Eds.), Taylor & Francis Group, Cornwall, UK.

47. Westfall, B., Sitaraman, K, Lee, J.E., Borman, J., and Rashtchian, A. (1999). Platinum *Pfx* DNA polymerase for high-fidelity PCR. *Focus* **21**: 46-8.

48. Abramson, R.D., Reichert, F.L., Starron, A., and Akers, J. (1994). Improved cycle sequencing using a new mutant enzyme. Ampli*Taq* DNA polymerase, CS. *Clin. Chem.* **40**:2339.

49. Dutton, C.M., Paynton, C., and Sommer, S.S. (1993). General method for amplifying regions of ver high G + C content. *Nucleic Acids Res.* **21**: 2953-4.

50. Mammedov, T.G., Pienaar, E., Whitney, S.E., TerMaat, JR., Carvill, G., Goliath, R., Subramanian, A., and Viljoen, H.J. (2008). A fundamental study of the PCR amplification of GC-rich DNA templates. *Comput. Biol. Chem.* **32**: 452-7.

51. Strien, J., Sanft, J., and Mall, G. (2013). Enhancement of PCR amplification of moderate GC-containing and highly GC-rich DNA sequences. *Mol. Biotechnol.* **54**: 1048-54.

52. Farell, E.M., and Alexandre, G. (2012). Bovine serum albumin further enhances the effects of organic solvents on increased yield of polymerase chain reaction of GC-rich templates. *BMC Res. Notes.* **5**:257.

53. Hubé, F., Reverdiau, P., Iochmann, S., and Gruel, Y. (2005). Improved PCR method for amplification of GC-rich DNA sequences. *Mol. Biotechnol.* **31**: 81-4.

54. Jensen, M.A., Fukushima, M., and Davis, R.W. (2010). DMSO and betaine greatly improve amplification of GC-rich constructs in de novo synthesis. *PLoS One* **5**:e11024.

55. Chakrabarti, R., and Schutt, C.E. (2002). Novel sulfoxides facilitate GC-rich template amplification. *BioTechniques* **32**: 866, 868, 870-2, 874.

56. Obradovic, J., Jurisic, V., Tosic, N., Mrdjanovic, J., Perin, B., Pavlovic, S., and Djordjevic, N. (2013). Optimization of PCR conditions for amplification of GC-rich EGFR promoter sequence. *J. Clin. Lab. Anal.* **27**: 487-93.

57. Wei, M., Deng, J., Feng, K., Yu, B., and Chen, Y. (2010). Universal method facilitating the amplification of extremely GC-rich DNA fragments from genomic DNA. *Anal Chem.* **82**: 6303-7.

58. McConlogue, L., Brow, M.A.D., and Innis, M.A. (1988). Structure-independent DNA amplification by PCR using 7-deaza-2'-deoxyguanosine. *Nucleic Acids Res.* **16**: 9869.

59. Grime, S.K., Martin, R.L., and Holaway, B.L. (1991). Inhibition of restriction enzyme cleavage of DNA modified with 7-deaza-dGTP. *Nucleic Acids Res.* **19**: 2791.

60. Jung, A., Ruckert, S., Frank, P., Brabletz, T., and Kirchner, T. (2002). 7-Deaza-2'-deoxyguanosine allows PCR and sequencing reactions from CpG islands. *Mol. Pathol.* **55**: 55-7.

61. Musso, M., Bocciardi, R., Parodi, S., Ravazzolo, R., and Ceccherini, I. (2006). Betaine, dimethyl sulfoxide, and 7-deaza-dGTP, a powerful mixture for amplification of GC-rich DNA sequences. *J. Mol. Diagn.* **8**: 544-50.

62. Mousavian, Z., Sadeghi, H.M., Sabzghabase, A.M., and Moazen, F. (2014). Polymerase chain reaction amplification of a GC rich region by adding 1,2 propanediol. *Adv. Biomed. Res.* **3**: 65-8.

# CHAPTER 4

## PCR 增幅的忠誠性
### Fidelity of PCR Amplification

　　PCR 是依賴聚合酶來增幅 DNA 的程序，而聚合酶的聚合並不具 100% 的忠誠性（**fidelity**），也就是說它們加入核苷酸時是會出錯的，這顯然並非是 PCR 使用的熱穩定性聚合酶專有的特性，即便細胞中負責 DNA 複製的聚合酶（包括細菌的 DNA 聚合酶 III 及真核生物的 DNA 聚合酶 ε 及 δ），雖具有 3' → 5' 核酸外切酶的校正活性，也無法達到 100% 的正確性。一般而言，PCR 所用的聚合酶每加入幾千到幾萬個核苷酸就有可能發生一次錯誤，最終不但會導致鹼基取代性突變（**substitution mutation**），也有可能造成框架位移突變（**frame-shift mutation**）。在本章中，我們將試著讓讀者了解 PCR 所造成的序列突變對我們的研究會有何影響？這些突變發生的因素及機制是什麼？在做 PCR 時，要如何將錯誤率降到最低？或提高錯誤率（有些實驗的需求）？

## 4-1 PCR 的錯誤率（或忠誠性）對我們的研究有何影響？

　　其實 PCR 的產物出錯率對一般研究的影響是決定於這些 DNA 產物的後續應用為何，有些後續實驗對增幅的 DNA 序列之正確性要求很高；而有些則希望 PCR 出錯率能高一點。在此，我們可以根據對 PCR 產物序列正確性的需求程度將大多數的實驗區分為三大類：

1. **絕對需要正確增幅的實驗**：如果我們是使用 PCR 去增幅並偵測一段 DNA（或一個基因），進而分析此 DNA 或基因是否有不同於野生型 **DNA**（**wild type DNA**）的核酸序列？這類的研究在生物醫學方面例子很多，例如利用 PCR 來偵測某些遺傳疾病，我們當然會希望 PCR 增幅時儘量不要出錯，否則增幅本身所造成的「突變」顯然會造成錯誤的結果判定。另一個例子是，如果我們要進行重組蛋白表現，就必須先將此蛋白基因解碼區的 cDNA 序列經 PCR 增幅，然後用來做基因選殖與表現。若增幅出的 DNA 有差錯，最終可能會讓我們得到含胺基酸變異的突變蛋白，或更不幸，無法得到重組蛋白，PCR 增幅的正確性就很關鍵。

2. **可忍受出錯的實驗**：有些 PCR 的後續實驗，並不會顯著地受增幅出的 DNA 序列正確性影響。例如，用 PCR 去增幅一段長度約數百個鹼基對的 DNA，之後以此

PCR 的產物來作爲核酸雜交實驗的探針。那麼，增幅出的 DNA 序列中，即便有一兩個錯誤的核苷酸對也不會影響雜交的最後結果。這種 PCR 的出錯是可忍受的。又例如我們常利用 PCR 去檢測受感染樣品中是否有一特定之病原菌？一般我們會根據此病原菌之一特定 DNA（或基因）設計引子，進行 PCR 檢測，若能增幅出我們預期大小的產物，便可證明此樣品中有此病原菌的存在，即使增幅所得的 DNA 序列中有一兩個鹼基對的錯誤也不會推翻鑑定的結果。

3. **刻意希望出錯的實驗**：有些實驗我們反而希望 PCR 增幅時能出錯，例如**隨機突變**（**random mutagenesis**）的實驗。舉例來說，針對一個具有特殊酵素活性的蛋白，我們可能有興趣去探討蛋白中，哪些胺基酸對這個酵素的活性具有關鍵性的作用？就如圖 4.1 中的描述，我們會故意採用一個較易出錯的 PCR 條件，來

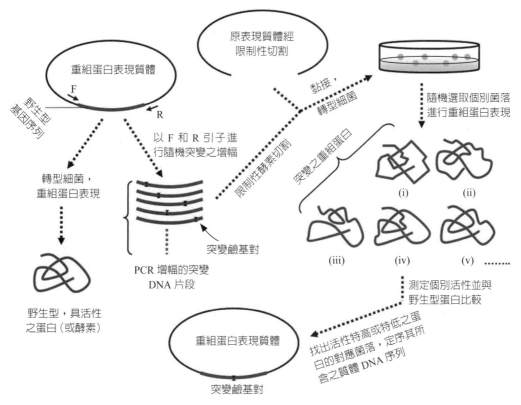

**圖 4.1　利用 PCR 隨機突變以分析跟蛋白活性相關之關鍵胺基酸**

將已選殖之基因解碼區（粗弧線）以引子 F 和 R 進行高錯誤傾向之 PCR，所得之突變 DNA 產物再以限制性酵素切割，植入原質體，最後轉型細菌，獲得會表現突變蛋白之多個重組細菌。由其中篩選出特定細菌，它們所表現的蛋白活性明顯地高於或低於野生型蛋白。最後再由這些細菌中抽取質體、核酸定序，決定突變鹼基及突變之胺基酸。

增幅這個基因的解碼區，期望很多 DNA 產物都具有一對或一對以上的鹼基對突變。這些 PCR 產物經轉植入表現載體、轉型細菌、挑選重組菌落進行重組蛋白表現，就能得到多樣性胺基酸突變的酵素（不同突變酵素突變的胺基酸不同）。之後，我們可以根據各個重組細菌表現的突變酵素與野生型酵素的相對活性，找出產製突變酵素活性遠低於野生型酵素的重組菌落。最後，再將這些菌落進行培養、製備質體、DNA 定序、比對其與野生型 DNA 的差異，就能挖掘出它們被突變的密碼子，也就是影響活性的胺基酸（及其位置）；有趣的是，這種實驗有些時候碰巧也會發現某些突變酵素的活性遠高於野生型酵素，意味著，我們發現了比野生酵素活性更佳的突變酵素。我們一樣也可以由產製它們的細菌中製備質體，分析其與野生基因之差異，發現是哪些胺基酸的改變，造成突變蛋白的活性增強。

## 4-2 聚合酶加入錯誤核苷酸的機制

PCR 聚合酶在 DNA 聚合時可能會加入錯誤的核苷酸，之後若沒被即時校正，就會產生取代性突變。PCR 使用者往往有一個誤解，若選用具有 3' → 5' 核酸外切酶校正活性的 PCR 聚合酶，例如 *Pfu* 聚合酶，應該就可完全避免 PCR 出錯。其實，只要我們進一步了解出錯的機制，便不難知道有校正活性的聚合酶也會出錯，只是出錯率較低罷了。在圖 4.2 中，我們將這種出錯的機制分成三個步驟來說明。步驟 A：不同的聚合酶在區別並選取正確的核苷酸的能力上有 10-100 倍的差異性，這是跟聚合酶活化區內的結構對辨別核苷酸的能力有關。而且，聚合的速度愈快，辨識正確核苷酸的能力一般也愈差。而聚合酶聚合反應的速率跟反應物 dNTP 的濃度成正比，所以當 dNTP 濃度增高時，聚合速度會變快，也較易使得錯誤的核苷酸進入聚合酶的活化區，並意外地被加入延伸中 DNA 的 3' 端。這種情形尤其容易發生在有些 PCR，當使用不平衡的（**imbalanced**）dNTP 濃度，四種 dNTP 不等量，其中一種或一種以上的核苷酸濃度特別高或特別低。步驟 B：錯誤的核苷酸被穩定的配對上模板的鹼基並被繼續延伸，這種可能性決定於錯誤點周遭的序列、錯誤的配對樣式，還有聚合酶本身的特性。到目前為止，並無研究指出有所謂的 PCR 聚合酶

A. 對核苷酸的區別與選擇

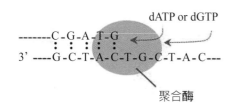

C. 核酸外切酶校正

B. 錯誤配對被延伸

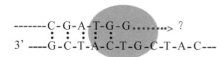

**圖 4.2　聚合酶發生取代性突變的三個步驟**

A. 聚合酶對正確核苷酸的選擇能力；B. 錯誤加入之核苷酸（圖中之 G）配對的穩定性，及被延伸的可能性；C. 聚合酶若具有校正之活性，可將錯誤的 G 切除，修正為 A/T 對。

容易出錯的**熱點**（**hot spot**），也就是無法歸納出易出錯的模板序列，出錯似乎是一種隨機的機制。然而最容易發生的錯誤配對是 dGTP-T，根據統計分析，它是 12 種錯誤配對中最穩定的一種，也最容易在配對錯誤時被延伸，發生頻率也最高。當然，這個出錯的步驟也與各種聚合酶活化區內細微的結構與運作機制息息相關。步驟 C：加錯的核苷酸被聚合酶及時發現並以 3' → 5' 核酸外切酶的活性切除校正。這個校正的活性當然取決於聚合酶是否具有此種外切酶的活性，有些聚合酶，例如 *Taq* 及 *Tth* 聚合酶就不具有這種校正的活性，無法去除錯誤的配對，其 PCR 出錯率就比具有此活性的 *Pfu* 或 *Vent* 聚合酶來得高。要特別注意的是，不管使用哪種聚合酶，都無法達到 100% 的聚合正確性，為什麼？因為並非每次加錯核苷酸時都能被校正，校正的效率取決於一個制衡的機轉。聚合酶聚合的速率相當快（每分鐘約加入 1000 核苷酸），而發生錯誤時的校正機制卻需聚合酶稍微減慢腳步，甚至暫時停頓；在快速聚合的情形下，聚合酶經常無法及時發現錯誤，而錯誤配對卻在校正活性啟動前已被繼續延伸，無法修正，只好將錯就錯。這種情形類似於生物細胞中進行的蛋白質轉譯過程，轉譯的速度愈快，修正的功能愈不彰，產生突變蛋白的機率就愈高；轉譯的速度若很慢，生成蛋白的胺基酸序列正確性就超高，但緩慢的蛋白質合成對細胞生長或其他機制就會造成嚴重的影響。相同的，為讓具有校正活性的 PCR 聚合酶提高校正的效率就必須減慢聚合的速度，但這勢必需大大增長整個

PCR 的增幅時間，不符實際需求。根據反應速率概念，不難想像，若 dNTP 的總濃度增加，會增進聚合的速度，不但會促進聚合酶錯誤選取核苷酸（步驟 A），也會降低校正的效率，增加出錯率；但 dNTP 濃度又不能太低，例如 << 100 μM，聚合酶的延伸作用將嚴重受阻，雖然正確性可大量提升，增幅效率卻慘不忍睹。

## 4-3 影響 PCR 忠誠性的因素

其實，PCR 增幅時，錯誤的發生幾乎都與所使用的反應成分或反應條件密不可分，這是為了妥協於最佳 PCR 效率的設定所難以避免的後果，現就針對這些可能影響 PCR 忠誠性的多種因素，分別敘述於下：

### 1. dNTP 濃度

四種 dNTP 是 DNA 聚合的反應物與原料，在典型的 PCR 中，使用的濃度多為 0.1 到 0.2 mM，這樣的濃度設定有何道理？就如上節中所描述的，聚合酶之聚合速率正比於反應物 dNTP 之濃度，濃度愈高，聚合的速率與效率會愈高，那為何不使用更高的濃度來做 PCR 呢？原因是必須妥協於 PCR 正確性的需求，高濃度的 dNTP，增幅的速率變快，出錯率也會變高。這個現象已在先前的一個實驗分析中獲得證實，這個實驗是在固定溫度 70℃ 下進行，探討 *Taq* DNA 聚合酶在不同的 dNTP 濃度下的出錯率。由所獲得的 DNA 產物經核酸定序比對的結果（表 4.1）顯示，鹼基取代性突變及框架位移突變都會發生，只不過前者的發生頻率遠高於後者（約 4-10 倍）。使用愈低的 dNTP 濃度，反應速率愈慢，反應時間就要愈長，方

表 4.1　*Taq* DNA 聚合酶在不同 dNTP 濃度下之聚合忠誠度分析

| 反應條件 | | 鹼基取代性突變 | 框架位移突變 |
|---|---|---|---|
| dNTP（mM） | 時間（min） | 每核苷酸出錯率 | 每核苷酸出錯率 |
| 1 | 5 | 1/5500 | 1/22000 |
| 0.1 | 10 | 1/5400 | 1/31000 |
| 0.01 | 30 | 1/7600 | 1/54000 |
| 0.001 | 120 | 1/12000 | 1/110000 |

（資料來源："*PCR2: A Practical Approach*", Mcpherson, M.J., Quirke, P., and Taylor, G.R. eds. (1995) pp. 225-44. Oxford Univ, Press, Oxford, UK.）

能得到適量的 DNA 產物做定序，很明顯的，[dNTP] 愈低，錯誤率也愈低（兩種類型的突變率都明顯下降）。另外，在所有發生的錯誤中，T/dGTP 的配對也被發現是所有錯誤配對中發生頻率最高的一種。

　　除了整體 dNTP 濃度的高低會影響 PCR 的忠誠性外，四種 dNTP 濃度是否相等也會影響出錯率；當然，在典型的 PCR 中我們幾乎都使用等量的 dNTP，甚至由廠商所購得的 dNTP，也經常是四種 dNTP 的等量混合液；但就如 4-1 節中所說，有時想利用 PCR 來刻意生成含有鹼基突變的目標 DNA 片段，我們就必須採用較高錯誤傾向的 PCR（error-prone PCR）的設計，利用不平衡的 dNTP 量便是其中的一種策略。若使四種 dNTP 中之一種的濃度遠高於或遠低於其他三種 dNTP，經常可以產製高突變率的 PCR 產物（表 4.2）。不但如此，聚合時發生配對錯誤的型態與傾向，也會因選用濃度有差異性的特定 dNTP 是哪種而有所不同。當選擇使用 dATP 的濃度（0.2 或 0.1 mM）較低於其他三種 dNTP（1.0 mM）時，錯誤率分別增加 3.7 和 8.3 倍，而且 T/dGTP，T/dCTP，及 T/dTTP 的錯誤配對也明顯增加，因為模板上的 T 較不易被配上正確但含量較稀少的 dATP；當使用 dGTP 濃度（0.05 mM 或 0.1 mM）高於其他三種 dNTP（0.01 mM）時，PCR 聚合的核苷酸出錯率分別增加 19.1 和 38.2 倍。這一次，因 dGTP 濃度特別高，非常容易被快速聚合，行色匆匆的聚合酶引入活性區配錯對。因此，T/dGTP、A/dGTP，及 G/dGTP 的錯誤配對機率就變得相對較高。

表 4.2　不等量 dNTP 濃度會增進 *Taq* 聚合酶在 70℃下聚合的出錯率

| [dNTP] (mM) | 用量平衡？ | 出錯率 | [dNTP] (mM) | 用量平衡？ | 出錯率 |
|---|---|---|---|---|---|
| | 等量 | 1/2400 | | 等量 | 1/21000 |
| 1.0 | 0.2 mM dATP | 1/650 | 0.01 | 0.05 mM dGTP | 1/1100 |
| | 0.1 mM dATP | 1/290 | | 0.1 mM dGTP | 1/550 |

（資料來源：*"PCR2: A Practical Approach"*, Mcpherson, M.J., Quirke, P., and Taylor, G.R. eds. (1995) pp.225-44. Oxford Univ, Press, Oxford, UK.）

根據上述 dNTP 濃度與 PCR 忠誠性的關聯性敘述，我們大概可以歸納出一個原則，若希望 PCR 產物出錯率降到最低，除了四種 dNTP 應等量外，其濃度也應愈低愈好，只要此濃度足以在 PCR 反應中產出足夠作為後續實驗所需的產物量即可；相反的，若欲使 PCR 忠誠性較低時，就應使用無校正活性之聚合酶，如 *Taq* 聚合酶、高濃度之 dNTP，或不平衡 dNTP 的策略。

## 2. MgCl$_2$ 濃度

PCR 之忠誠性也受 Mg$^{2+}$ 與 dNTP 之相對濃度影響。PCR 的配方中，有部分的 Mg$^{2+}$ 必須固定結合於聚合酶活化區，作為催化 DNA 聚合的輔助因子；另外還需有游離的 Mg$^{2+}$ 與每個 dNTP 以 1：1 螯合（圖 2.1），才能將每個 dNTP 送入活化區。因此，Mg$^{2+}$ 總使用量一般需稍大於 dNTP 之總量；若自由的 **Mg$^{2+}$ 濃度** （[Mg$^{2+}$] – 4[dNTPs]）太過量，Mg$^{2+}$ 的正電價會促使引子與不完全互補的模板序列間的錯誤黏合變得較穩定，產生非專一性產物。不但如此，高 [Mg$^{2+}$] 也會使聚合時錯誤加入的核苷酸與模板上與之對應的鹼基間的配對獲得穩定的力量，造成出錯率的增加。根據類似於先前實驗所得的結果顯示（圖 4.3），Mg$^{2+}$ 的濃度愈高，出

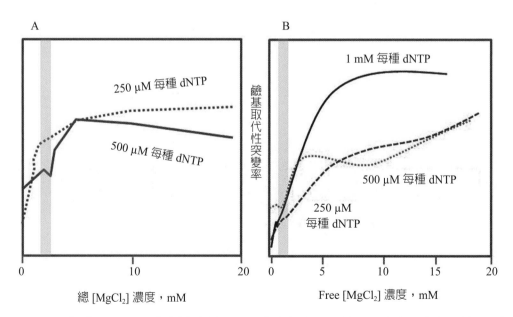

**圖 4.3** [Mg$^{2+}$] 與 [dNTP] 之相對濃度對 *Taq* 聚合酶在 70℃延伸時所產生取代性突變的影響

A、B 實驗中標示的長條矩形區域：分別代表典型 PCR 所用之總 [Mg$^{2+}$] 濃度及 free [Mg$^{2+}$] 濃度（＝總 [Mg$^{2+}$] 濃度 – dNTP 總濃度）。（資料來源：*Nucleic Acids Res.* 18: 3739-44）

錯率也愈高。照說 PCR 的忠誠性在 Mg²⁺ 濃度 = dNTP 總濃度，也就是自由的 **Mg²⁺ 濃度（free [Mg²⁺]）= 0 mM** 時達到最高；但酵素的活性、聚合速度，及生成產物的效率勢必大大地受到抑制，對 PCR 增幅不切實際。因此，典型的 PCR 反應，我們多使用（[Mg²⁺] – [dNTP]）= 0.5 – 2.5 mM，這也是一種妥協，若要將錯誤率降到最低，這個相對濃度差就要儘量減小。類似於 [dNTP] 的調整，為達到序列正確性最高的增幅，就應使用一個「最低 [Mg²⁺]」，只要它能在 PCR 反應中有效產出足夠的產物量即可。

### 3. PCR 反應的 pH 值

PCR 聚合反應的 pH 值也會影響增幅的忠誠性。在典型的 PCR 反應中，緩衝溶液的 pH 值多半為 8.3 左右，這也是一種妥協於酵素活性的設定。根據研究，*Taq* 聚合酶在 70℃、不同 pH 值下，聚合 DNA 所產生的取代性突變會隨 pH 值的下降而減少（圖 4.4）；但這並不意味著我們需調整（降低）緩衝液的 pH 值，因為不適當的 pH 值，很可能使得聚合酶失去最佳活性的運作。忠誠性雖重要，但不能過度犧牲增幅效率。

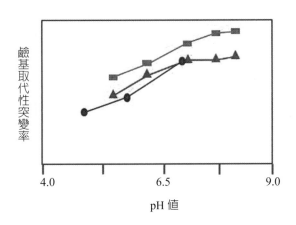

**圖 4.4　*Taq* 聚合酶聚合忠誠性在較低的 pH 值較佳**
反應是在固定 70℃ 進行，以三種不同 Mg²⁺ 濃度下所測得的 3 組數據。（資料來源：*Nucleic Acids Res.* 18: 3739-44）

### 4. 溫度的效應

就如第二章中所說，PCR 聚合酶聚合的最佳溫度為 65-75℃，而典型的 PCR

多採用 70-72℃，若使用稍高（例如 75℃）或稍低（例如 65℃）的延伸溫度，對
DNA 聚合的忠誠性會不會有影響？先前就有實驗證明，聚合酶的出錯率會因溫度
的增高而增加，尤其在溫度 > 50℃時。而且，不論取代性或框架位移的突變都會顯
著的受到促進（圖 4.5）。由於在高溫時，pH 值也會下降 1-2，可想見，此實驗中
高溫所造成的出錯率其實有些被低估了。

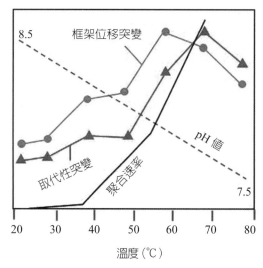

圖 4.5　高溫會增進 *Taq* 聚合酶聚合時取代性及框架位移突變
溫度增高，pH 值也會跟著下降（虛線）。

　　值得注意的是，在高溫下（> 70℃），尤其是在每個 PCR 循環中的解鏈步
驟（94℃或 95℃），pH 值下降很多的情形，還會產生另一類的 DNA 突變，
**DNA 損傷性錯誤（DNA-damage error）**，包括自發性去胺反應（**spontaneous
deamination**）及鹼基流失（**base loss**）。自發性去胺反應最常發生的是胞嘧啶
（**cytosine**）去胺基反應轉變成尿嘧啶（**uracil**）。這種變異若發生在細胞內的複
製，會被鹼基切除修復（**base excision repair**）機制來校正；但 *in vitro* 的 PCR 複製
不能修復，這些變異在後續增幅複製時會造成**轉移突變（transition mutation）**，
是取代性突變的一種。這種突變在 PCR 的解鏈步驟時（94 或 95℃）最易發生。鹼
基流失則包括去嘌呤（**depurination**）及去嘧啶（**depyrimidination**）反應。在較低
的 pH 值下，自發性的去嘌呤反應會在 45-80℃的溫度下發生；若溫度再升高至 80-

95℃時，去嘧啶反應也會發生。這些鹼基流失的損傷最後不但會造成轉移突變，也會造成另一種取代性的突變，叫作**轉換突變**（**transversion mutation**），不但如此，也可能造成框架位移突變。類似於去胺反應，鹼基流失的速率也會在高溫下（pH 值變低）顯著地增高（表 4.3）。因為這種 DNA 損傷性錯誤特別容易發生在高溫低 pH 值時，而 PCR 的增幅過程中又無法免除每次循環解鏈的高溫步驟，這很明顯又是一個 PCR 很容易出錯的環節。因此，雖然單純以 pH 值的影響來說（若溫度不變），忠誠性會因 pH 值之下降而增高，但若將溫度對 pH 值及 DNA 損傷的效應列入考量，情形可能就非如此。典型 PCR 所用之緩衝溶液在室溫時 pH 值～8.3，而在 94℃時 pH 值經評估約為 6.3-7.3；若緩衝溶液在室溫時的 pH 值就過低，達到

表 4.3　溫度與 pH 值（對胞嘧啶去胺反應）、去嘌呤反應，及去嘧啶反應速率的影響

| 反應 | 溫度（℃） | pH | 反應之 DNA | | 反應速率常數（sec-1） |
|---|---|---|---|---|---|
| 去胺反應 | 37 | 7.4 | 單股 | | $1\text{-}2 \times 10^{-10}$ |
| | | | | 雙股 | $7 \times 10^{-10}$ |
| | 50 | 7.4 | 單股 | | $1 \times 10^{-9}$ |
| | 70 | 7.4 | 單股 | | $0.1\text{-}1 \times 10^{-8}$ |
| | | | | 雙股 | $<1 \times 10^{-10}$ |
| | 80 | 7.4 | 單股 | | $1\text{-}4 \times 10^{-8}$ |
| | | | | 雙股 | $<4 \times 10^{-10}$ |
| | 95 | 7.4 | 單股 | | $2 \times 10^{-7}$ |
| 去嘌呤反應 | 45 | 5.0 | | 雙股 | $1 \times 10^{-8}$ |
| | 60 | 5.0 | | 雙股 | $1 \times 10^{-7}$ |
| | 80 | 5.0 | | 雙股 | $1 \times 10^{-6}$ |
| | 70 | 5.0 | | 雙股 | $4 \times 10^{-7}$ |
| | 70 | 6.0 | | 雙股 | $4 \times 10^{-8}$ |
| | 70 | 7.0 | | 雙股 | $1 \times 10^{-9}$ |
| 去嘧啶反應 | 80 | 7.4 | 單股 | | $1 \times 10^{-9}$ |
| | | 7.4 | | 雙股 | $2\text{-}5 \times 10^{-10}$ |
| | 95 | 7.4 | 單股 | | $2 \times 10^{-8}$ |

Note：應以相同 DNA（雙股或單股）做比較。

（資料來源：*Biochemistry* 11: 3610-8; 12: 5151-4; 13: 3405-10; 29: 2532-7.）

解鏈溫度時，過低的 pH 值會使得 DNA 損傷性錯誤會急速攀升，對忠誠性來說，很可能是一場災難。由於如此，為儘量減少出錯率，建議包括先期解鏈及各循環之解鏈步驟，除非必要，應避免時間過長。最後要強調的是，這種出錯起因於 DNA 本身的變異，與聚合酶的特性或有無校正活性的關聯性並不高。因此，雖使用不同的聚合酶仍無法避免。

### 5. 循環的次數

PCR 的**循環次數**（**cycle number**）也會影響產物的忠誠性。試想，若在 PCR 增幅的早期循環，生成的 DNA 便發生錯誤，而此 DNA 又被作為後續循環中的模板，對數性的增幅，我們所獲得的最終 DNA 產物勢必有很高的比例是具有突變的，而這個比例也會因循環的次數增加而增加。

根據一項研究分析，循環的次數與 PCR 最終生成具有突變的 DNA 產物的比例是有關聯的。這可以用一個計算公式來表示：$f = nP/2$，其中 $f$ 為平均錯誤頻率（**average error frequency**），表示在 PCR 增幅後的所有目標 DNA 中有多少比例的 DNA 是有錯誤的。「平均」的意義是指兩種生成錯誤的平均，一種是聚合酶在每個循環中新造成的錯誤；另一種則是先前循環中已出現的錯誤又被當成模板，增幅放大，當然生成更多有錯誤的 DNA。公式中的 $n$ 代表循環的總次數，$P$ 則表示聚合酶在每個循環中加入每個核苷酸的錯誤率，它與 PCR 的反應條件及聚合酶之特性有關。這個方程式的計算結果，由表 4.4 就很清楚的顯示，循環次數愈多（例如 $n = 40$），增幅出的 DNA 有突變的比例也愈多（$f = 2/1000$ 當 $P = 1/10000$）。所

表 4.4　PCR 循環次數與平均錯誤頻率之關係

| 循環次數（n） | 平均錯誤頻率 X 100（$f = nP/2$） | | |
|:---:|:---:|:---:|:---:|
| | P = 1/10000 | P = 1/50000 | P = 1/200000 |
| 2 | 0.01 | 0.002 | 0.0005 |
| 5 | 0.025 | 0.05 | 0.00125 |
| 10 | 0.05 | 0.01 | 0.0025 |
| 20 | 0.1 | 0.02 | 0.005 |
| 40 | 0.2 | 0.04 | 0.01 |

（資料來源："*PCR2: A Practical Approach*", Mcpherson, M.J., Quirke, P., and Taylor, G.R. eds. (1995) pp.225-44. Oxford Univ, Press, Oxford, UK.）

以，若欲以 PCR 增幅來獲得一段錯誤率較低的 DNA 產物，我們會建議減少 PCR 的循環次數（≤ 25 個循環），若因此產率不高，可以多做幾個 PCR 樣品來補其不足。在進行後續的實驗時，若 DNA 的忠誠性攸關實驗成敗或結果的正確解讀，最好在實驗前先將 PCR 產物進行核酸定序，確認其正確性。

根據以上的描述，茲將欲達成較高忠誠性的 PCR 的做法摘要於下：

(1) 選擇具有 3' → 5' 核酸外切酶活性的聚合酶，有些市售聚合酶的忠誠性聲稱可達 *Taq* 聚合酶的 50-100 倍。

(2) 4 種 dNTP 要等量，且總濃度應使用不嚴重影響產率為前提的最低量。

(3) MgCl$_2$ 的使用濃度扣除 dNTP 的總濃度應愈低愈好，只要不嚴重影響產率。

(4) 不管是先期解鏈或循環中的解鏈步驟（94℃ 或 95℃）的時間都應避免設定太長，以減少 DNA 損傷性的錯誤發生。

(5) 循環的次數要儘可能減少，也應以不嚴重影響產率為前提，一般用 ≤ 25 個循環即可。

當然，若想進行的是錯誤傾向的 PCR（error-prone PCR），上述的策略應用就應反其道而行，有時甚至可合併幾項調整，製造更多的突變。

由本章中之解說，我們應該就能理解，PCR 的增幅理論上是無法保證 100 % 忠誠性的，而且增幅時也沒有所謂出錯的**熱點**（**hot spot**），生成的 DNA 產物必須先定序，再跟已發表的序列做比對，方知有無錯誤。但事情可能比我們想像的要複雜一些，有些模板的 DNA 增幅區間本來就有個體的**單核苷酸多型性**（**single nucleotide polymorphism; SNP**），其序列與文獻或基因庫所發表的序列本就有些微的鹼基差異，設若 PCR 過程中並沒出錯，那麼增幅產物中所出現與發表之序列不同的鹼基對，就很可能會被解讀為 PCR 出錯。還有，若有一段 PCR 所增幅的 DNA 序列是一先前未曾被發表的全新序列，即便定序後，又如何知道它的正確性？作者的看法是，若 PCR 增幅所得之 DNA 序列的正確性至關緊要，建議做三次以上的 PCR，將每次所得之 DNA 進行定序比較，應可找出與模板序列相同無錯誤，或至少是錯誤率最低的序列。舉例來說，若做了 3 次 PCR，每次 PCR 的產物被個別定序如圖 4.6，這三個序列中有三個鹼基對是有差異的。就如先前所說，PCR 聚合時的出錯並無熱點，以第一個差異點來說，若 PCR (1) 中的「G」是正

確的，那麼 PCR (2) 和 PCR (3) 中的「A」就是聚合時出錯的鹼基，兩次重複做的 PCR 在同一對鹼基發生錯誤，而且錯誤的樣式都一樣（都由 G 突變為 A），這個機率相對非常微小；反而較有可能是，PCR (1) 中的「G」是錯誤的，而「A」才較可能是 authentic 鹼基。以此類推，綜觀這三個序列的差異點，不難推論，PCR (2) 才是最可能與模板原始序列最相符的 PCR 產物。

來自 PCR (1)：
ACGTGCGGTGGCATGCATGACGTAGCATGGCATGCATGCATGCATGCTGGCA
來自 PCR (2)：
ACGTGCGGTGACATGCATGACGTAGCATGGCATGCATGCATGCATGCTGGCA
來自 PCR (3)：
ACGTGCGGTGACATGCATGCCGTAGCATGGCATGCATGCATGCATGCTGCCA

圖 4.6　利用三次以上個別 PCR 增幅之 DNA 序列比對以獲得 authentic 序列
矩形框框顯示它們的序列差異。

## 參考文獻

1.　Tindall, K.R., and Kunkel, T.A. (1988). Fidelity of DNA synthesis by the *Thermus aquaticus* DNA polymerase. *Biochemistry* **27**: 6008-13.

2.　Eckert, K.A., and Kunkel, T.A. (1995). The fidelity of DNA polymerases used in the polymerase chain reactions. In *PCR2: A practical approach* (M.J. McPherson, P. Quirke, and G.R. Taylor, Eds.), pp.225-244 Oxford University Press, Oxford, UK.

3.　Eckert, K.A., and Kunkel, T.A. (1991). DNA polymerase fidelity and the polymerase chain reaction. *PCR Methods Appl.* **1**: 17-24.

4.　Eckert, K.A., and Kunkel, T.A. (1990). High fidelity DNA synthesis by the *Thermus aquaticus* DNA polymerase. *Nucleic Acids Res.* **18**: 3739-44.

5.　Cline, J., Braman, J.C., and Hogrefe, H.H. (1996). PCR fidelity of *Pfu* DNA polymerase and other thermostable DNA polymerases. *Nucleic Acids Res.* **24**: 3546-51.

6.  Hengen, P.N. (1995). Methods and reagents-fidelity of DNA polymerases for PCR. *Trends in Biochemical Sciences* **20**: 324-5.

7.  Ling, L.L., Keohavong, P., Dias, C., and Thilly, W.G. (1991). Optimization of the polymerase chain reaction with regard to fidelity: modified T7, *Taq*, and *Vent* DNA polymerase. *PCR Methods Appl.* **1**: 63-9.

8.  Lundberg, K.S., Shoemaker, D.D., Adams, M.W., Short, J.M., Sorge, J.A., and Mathur, E.J. (1991). High-fidelity amplification using a thermostable DNA polymerase isolated from *pyrococcus furiosus*. *Gene* **108**: 1-6.

9.  Huang, M.M., Arnheim, N., and Goodman, M.F. (1992). Extension of base mispairs by *Taq* DNA polymerase: implications for single nucleotide discrimination in PCR. *Nucleic Acids Res.* **20**: 4567-73.

10. Kalman, L.V., Abramson, R.D., and Gelfand, D.H. (1995). Thermostable DNA polymerase with altered discrimination properties. *Genome Sci. Technol.* **1**: 42.

11. Petruska, J., and Goodman, M. (1985). Influence of neighboring bases on DNA polymerase insertion and proofreading fidelity. *J. Biol. Chem.* **260**: 7533-9.

12. Goodman, M.F. (1995). DNA polymerase fidelity: Misinsertions and mismatched extensions. In *PCR strategies* (M.A. Innis, D.H. Gelfand, and J.J. sninksy, Eds.), pp 17-31. Academic Press, San diego.

13. Lindahl, T., and Nyberg, B. (1972). Rate of depurination of native deoxynucleic acid. *Biochemistry* **11**: 3610-8.

14. Ehrlich, M., Zhang, X.Y., and Inamdar, N.M. (1990). Spontaneous deamination of cytosine and 5-methylcytosine residues in DNA and replacement of 5-methylcytosine residues with cytosine residues. *Mutat. Res.* **238**: 277-86.

15. Ehrlich, M., Norris, K.F., Wang, R.Y., Kuo, K.C., and Gehrke, C.W. (1986). DNA cytosine methylation and heat-induced deamination. *Biosci. Rep.* **6**: 387-93.

16. Holliday, R., and Grigg, G.W. (1993). DNA methylation and mutation. *Mutat. Res.* **285**: 61-7.

17. Lindahl, T., and Karlstrom, O. (1973). Heat-induced depyrimidination of deoxyribonucleic acid in neutral solution. *Biochemistry* **12**: 5151-4.

18. Lindahl, T., and Nyberg, B. (1974). Heat-induced deamination of cytosine residues in deoxyribonucleic acid. *Biochemistry* **13**: 3405-10.

19. Frederico, L.A., Kunkel, T.A., and Shaw, B.R. (1990). A sensitive genetic assay for the detection of cytosine deamination: determination of rate constants and the activation energy. *Biochemistry* **29**: 2532-7.

20. Duncan, B.K., and Miller, J.H. (1980). Mutagenic deamination of cytosine residues in DNA. *Nature* **287**: 560-1.

21. Toshinori, S.S., and Ohsumi, K.M. (1994). Mechanistic studies on depurination and apurinic site chain breakage in oligodeoxyribonucleotides. *Nucleic Acids Res.* **22**: 4997-5003.

22. Lindahl, T. (1993). Instability and decay of the primary structure of DNA. *Nature* **362** : 709-15.

23. An, R., Jia, Y., Wan, B., Zhang, Y., Dong, P., Li, J., and Liang, X. (2014). Non-Enzymatic Depurination of Nucleic Acids: Factors and Mechanisms. PLoS One 9: e115950.

# PART 2

## PCR 之基礎應用（Basic Applications of PCR）

# CHAPTER 5

# 逆向 PCR 與連接反應
# 媒介 PCR
## Inverse PCR, IPCR and Ligation
## Mediated PCR, LMPCR

　　逆向 PCR（inverse PCR; IPCR）與連接反應媒介 PCR（ligation mediated PCR; LMPCR）是兩種簡易的 PCR 應用方法，可以用來增幅一段已知 DNA 序列的兩側未知序列。它們比早期基因選殖過程中，為了相同目的所採行的方法 rapid amplification of cDNA ends（RACE）要來得簡單很多。例如經由一個已發表的基因 mRNA（或 cDNA）序列，我們便可以借助於 IPCR 或 LMPCR 來增幅並獲得此基因上游尚未發表的啟動子序列。這樣不但能快速地獲悉此基因調控區之核酸序列，更能以 PCR 之產物為材料，來研究此基因之轉錄調控機轉。很顯然地，這對於基因體序列尚未被發表的物種（例如大多數植物）的基因結構研究特別有用。當然，也可用於研究或偵測某一個體特定基因調控失常的背後所可能潛藏的核酸突變。這兩種 PCR 的應用方法步驟有很大的差異，除了可以製備一段基因兩側之未知序列外，它們各自也還可被應用於其他重組基因的研究：IPCR 可用來做刪除突變、插入突變，或定點突變之建構，而 LMPCR 則可用來進行**指紋鑑定**（fingerprinting analysis）與**細胞內 DNA 腳紋鑑定**（*in vivo* footprinting）之研究。本章之前兩節將先就 IPCR 之原理、步驟，及應用做詳細之說明，而在 5-3 節中我們將針對 LMPCR 之原理做詳細之描述，最後再以 LMPCR 於胞內腳紋鑑定之應用作為本章之結尾。

## 5-1　IPCR 對未知序列之增幅

　　逆向 PCR（IPCR）中的「逆向」，其實指的是在 PCR 增幅時所設計的一對引子是背對背的，與典型 PCR 藉由一對面對面引子來放大兩引子間之 DNA 片段不同。如圖 5.1A 所舉的例子，不難看出典型 PCR 與 IPCR 所設計的引子方向性的不同（觀察它們的 5' 及 3' 端的方向差異）。在 IPCR 中（圖 5.1B），我們根據 DNA 序列（實線標示）所設計的一對背對背的引子（箭頭所示），理論上並不會像典型 PCR 一般，增幅出兩引子之間的片段；但若模板 DNA 兩端先行連接（ligation）環化，這對引子便成為面對面的方向，如此，便可將原來坐落於兩側之 DNA 序列（虛線標示）大量增幅出來。

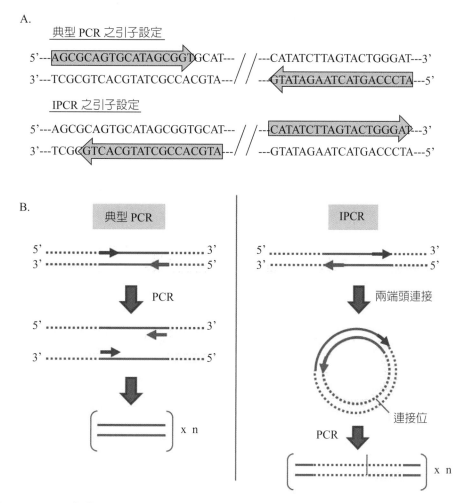

**圖 5.1　IPCR 與典型 PCR 之主要不同**

(A)IPCR 的引子方向是背對背的，圖中以箭頭涵蓋引子之序列並標示其方向：5'→ 3'。(B) 在 IPCR，
模板 DNA 兩端要先連接，再做 PCR，兩側序列（虛線）可被增幅。

　　利用 IPCR 來增幅位於一段已知 DNA 序列兩側的未知序列的流程基本上可分
為三大步驟：如圖 5.2 所示：(1) 染色體 DNA 以一種限制性酵素完全切割；(2) 以
特定的條件進行分子內的連接，期使每個經酵素切割的線性 DNA 分子自我頭尾相
連，形成環狀；(3) 根據已知序列（實線區域）設計一對背對背的引子做 PCR。我
們常用 1 微克（1 μg）的基因體 DNA（genomic DNA）來開始進行 IPCR。

　　在步驟 (1) 中，我們需將 DNA 用單一種限制性酵素完全地切割，而此限制性
酵素的選擇有幾個重要的考量：(a) 選用的限制性酵素切位最好在已知序列的 DNA

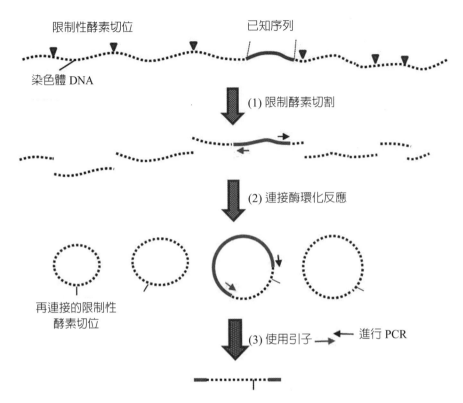

**圖 5.2　IPCR 增幅未知序列的三個基本步驟**

利用 IPCR 由基因體 DNA（所有線條皆代表雙股螺旋）將一已知序列（實線區域）之兩側序列增幅。
▼：選定之限制性酵素辨識序列；小箭頭：一對背對背的引子。

區域中並沒出現；(b) 要避免選擇平頭或鈍頭端（**blunt-end**）切割的限制性酵素，
原因當然是因這種切割端較不易被連接酶連接；(c) 由於是未知序列，事先並不清
楚其中有無某些限制性酵素的切割位及其切割頻率，若選用辨識（並切割）六個核
酸對序列的限制酶，例如 *Eco*RI（切割 GAATTC 序列），此切位在基因體 DNA 序
列平均約 4096（$4^6$）鹼基對會出現一次；但很多時候都遠遠的超過這個長度。果眞
如此，那麼在步驟 (2) 連接環化後，我們可能會面臨較具困難度的長 DNA 片段的
PCR 增幅（本書 3-5 節），整個 IPCR 也因此可能在步驟 (3) 功敗垂成；但若選用
可辨識（並切割）四個核酸對序列的限制酶，例如 *Sau*3AI（切割 GATC 序列），基
因體 DNA 就會被切割成很小的片段，平均爲 256（$4^4$）鹼基對的長度。這又會造
成另外的問題，太短的 DNA（< 250 bp）一方面不易頭尾相連形成環狀（例如圖 5.2

中切割後最右側的兩條短 DNA），另一方面，即便環化沒問題，且成功獲得 IPCR 產物，在去除已知序列後，能額外獲得的兩側未知序列就很短，訊息有限。爲此，作者的建議是，若基因體 DNA 的製備量充足的話，可以同時進行數個 IPCR 實驗，各個實驗選用不同的一種辨識（並切割）六個核酸對序列的限制酶，如此，理應會有一種或一種以上所選擇的切割可連接並形成長度適中的環狀目標 DNA，順利獲得 IPCR 產物。

在上述的實驗流程中，步驟 (2) 也是一個 IPCR 成敗的關鍵步驟。被切割後的 DNA 經純化後，需使用一個對 DNA 分子自我連接（**self-ligation**）最有利的條件來進行連接。一般而言，此種條件需使用較高濃度的連接酶，且需在較稀釋的溶液中進行。根據一項研究報告指出，DNA 最佳的稀釋濃度爲 1.0 ng/ml，而最適當的連接酶使用濃度爲 0.2 到 4.0 U/μl。且若在步驟 (1) 中所選用的是可以經加熱來去除活性的限制性酵素，例如 *Pst*I，那麼在切割後可不需純化 DNA，減少損失，直接在 65-80℃下加熱 20 分鐘，再用連接反應的緩衝溶液稀釋超過 5 倍的體積，便可直接進行連接步驟 (2)，簡化整個流程。連接反應（一般在 14-17℃下反應 12-16 小時）完成後，可再次地以加熱去除連接酶之活性（70℃，20 分鐘），最後再取部分溶液，直接進行步驟 (3)。至於最後的步驟 (3)，除了引子是背對背外，與典型的 PCR 反應條件並無太大差異。由於產物的大小事先並無法預測，應設定較長的 PCR 的延伸（i.e. 72℃）步驟的時間（例如 ≥ 3 分鐘）。

爲使讀者能更成功地應用上述 IPCR 的實驗，筆者也提出了數項先前被證實可增進 IPCR 效率的改進措施，說明於下：

1. 基本上，在步驟 (2) 連接環化反應之後、在步驟 (3)PCR 增幅之前，先將環狀 DNA 再切割成線狀並非絕對必要（圖 5.3 額外步驟（2'））；但有實驗證明，若先切割成線狀再進行 PCR，可使 IPCR 效率增進 > 100 倍。這種線性化的策略可採用限制性酵素切割的方法，選擇會切割介於兩引子間之已知序列的酵素，例如圖中之切割位 E；另外的方法是以加熱或 DNaseI 隨機製造 DNA 缺口，來達到增進 IPCR 效率的目的。值得注意的是，未知序列區域（x 與 y 區域）若也有相同之限制性酵素切位（切位 E），或者，加熱時造成的缺口也發生在未知序列區域，線性化的動作可能反而造成 IPCR 未蒙其利，反受其害。

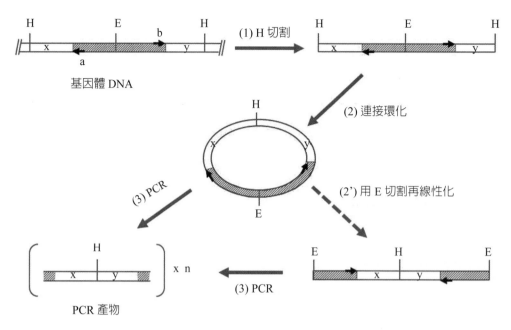

**圖 5.3　連接環化步驟後再以限制性酵素切割成線性可增進 IPCR**

IPCR 若增加一步驟（步驟 2'），以限制性酵素（E）切割，使環化後的目標 DNA 再成線狀，可增進
IPCR。圖中 a 和 b 代表 IPCR 之引子，斜線區域代表已知序列，x 和 y 代表已知序列兩側之未知序列。

2. 另一增進 IPCR 效率的主要理論基礎是，基因體 DNA 經一限制性酵素切割後，
   包括目標 DNA 片段，會有多個端頭相同的 DNA 片段，在 IPCR 步驟 (2) 連接反
   應中，除了我們期望的，單獨每個 DNA 片段的頭尾自我連接形成環狀分子外，
   兩兩分子間互相連接（仍為線狀）的情形理當也會很頻繁地發生，目標 DNA 片
   段當然也會與其他 DNA 進行分子間之連接。這些線性的 DNA 都可能會與引子
   進行專一性（若線性 DNA 中含有目標 DNA 的話）或非專一性的黏合，對後續
   背對背的 IPCR 而言，這些線性分子不啻為一群干擾物，且會消耗引子。若能保
   留環狀 DNA，去除所有線狀 DNA 後再進行 PCR，應可大大增進 IPCR 之效率。
   這個改進策略的進行方式是，在連接環化步驟後，以核酸外切酶 V 去切割反應
   溶液中的線性 DNA（環狀 DNA 不是它的反應物），然後再以純化 PCR 產物常
   用的管柱去移除所有小型核酸碎片或核苷酸（圖 5.4），回收的環狀 DNA 再進
   行後續的 PCR。產率與專一性都被證實可獲得顯著的提升。

3. 另外還有一個很可行的 IPCR 改進方法是針對步驟 (1)：限制性酵素的選擇，所

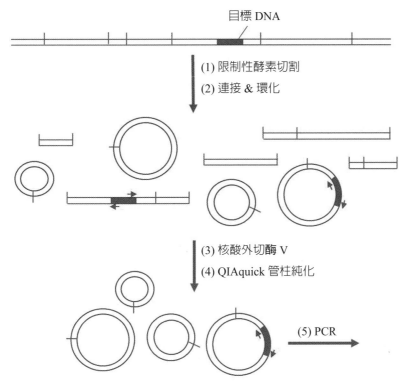

**圖 5.4　利用核酸外切酶 V 之簡易處理可增進 IPCR**

連接和環化（步驟 2）後，以核酸外切酶 V 處理（步驟 3），再以管柱清除核苷酸或寡核苷酸碎片，以純化環狀 DNA，最後進行 PCR。DNA 以雙線條表示，小箭頭為 PCR 之引子。

提出的。就如先前所說，若選擇使用會辨識切割特定六個核酸對序列的限制性酵素，萬一目標序列所在的 DNA 片段過長，環化後 PCR 很有可能增幅效率很差；又若使用的酵素是辨識切割特定四個核酸對的序列，切割後目標片段可能會太短不易環化，所獲得之未知序列也可能太短，提供的資訊有限。如何突破此種困境？有一種方式是選擇可辨識切割四個核酸對序列的酵素，但採用**部分切割**（**partial digestion**）的反應條件。切割的時間很短或酵素用量（酵素單位）很低，使得有些切位會被切，有些切位卻不被切，切割後長度適中的 DNA 不但環化效率佳，增幅放大也較不困難。圖 5.5 所示就是一個使用 *Sau*3AI（辨識 GATC 序列）部分切割基因體 DNA，以有效增進 IPCR 的簡易原理說明。

　　*Sau*3AI 切割後太短的 DNA（如 DNA I）可能無法形成環狀，太長的 DNA（如 DNA III，其環狀分子並未繪於圖中）又可能無法順利以 PCR 增幅；而適當長度的

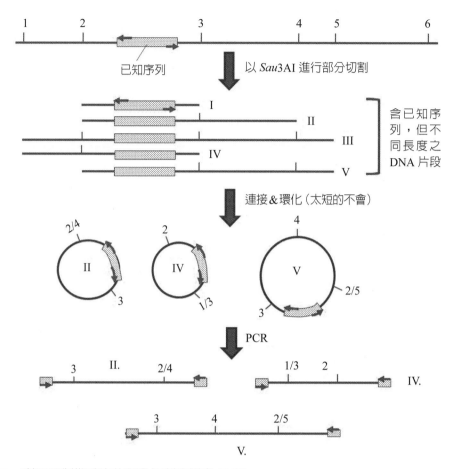

**圖 5.5　利用限制性酵素的部分切割來增進 IPCR**

利用限制性酵素 *Sau*3AI（辨識序列 GATC）做部分切割，切割位以數字表示，切割後的所得之各個線性 DNA 以羅馬數字表示；x/y：表示相連接的兩個切位為 x 和 y；而小箭頭則代表 IPCR 所用的引子。（資料參考：*BioTechniques* 22:1046-8）

切割產物（DNA II、IV，和 V）就可順利完成 IPCR。定序後我們可以根據連接再形成之 *Sau*3AI（如圖中 1/3 為原切割位 1 和 3 再連接）的位置，就能判斷並獲得未知區域的序列。

## 5-2　IPCR 應用於刪除突變與定點突變之基因建構

除了可由已知序列來獲取其兩側之未知序列，IPCR 也可被應用於多項核

酸或基因重組之相關研究。其中一項重要的應用是在建構特定突變基因（或突變 DNA 片段）的實驗上，它可以用來進行**刪除突變**（**deletion mutation**）及**插入突變**（**insertion mutation**）的建構，也可用來進行**定點突變**（**site-directed mutagenesis**）之實驗。

## 5-2-1 以 IPCR 進行刪除及插入突變

一般在做基因選殖時，我們會將一個基因（或一段 DNA）植入細菌**質體**（**plasmid**）中，再以此**重組質體**（**recombinant plasmid**）轉型細菌，便可以研究此植入基因的特定活性，或進行重組蛋白之表現。但有些時候，我們想進一步了解被植入基因中的某一個片段是否對這個基因的特定活性具有關鍵性的影響？最直接的方法就是去除那個小片段，建構一個此片段被刪除的突變基因，最後再比較突變基因與原基因之活性差異。在 PCR 技術尚未被廣泛應用之前，建構一個刪除突變並非如想像中容易，因為受限於欲刪除的 DNA 區域兩側是否存在有可利用的限制性酵素切位，例如圖 5.6(A) 中之 X 和 Y 切位。它們若是相同或具**共容性**（**compatible**）的切位，那麼只要經由 X 和 Y 的切割，去除欲刪除的序列後，直接再連接起來即可；但若 X 和 Y 不具有這性質，建構的步驟就會稍微複雜一些。我們可以使用切割單股 DNA 的核酸酶，例如 **S1 核酸酶**（**S1 nuclease**）或**綠豆核酸酶**（**mung bean nuclease**），將 X 和 Y 切割後突出的 DNA 單股端頭切平，再連接起來；另外，我們也可以利用 Klenow fragment 和 dNTP 去聚合並填補 X 和 Y 切割後的 DNA 端頭，使其成平頭雙股，最後再連接。然而，無奈的是，大多數的時候我們想刪除的 DNA 片段兩側並沒有任何特定的限制性酵素序列存在，因此，刪除突變的建構在早期是很難以基因選殖的方法來達成的。現今，無論欲刪除的 DNA 片段兩側是否有適當的限制性酵素切位存在，我們都可以借助 IPCR 的方法來快速地建構各種刪除突變（圖 5.6(B)）。整個過程很簡單，我們只需根據欲刪除的 DNA 片段設計一對背對背的引子，進行 PCR 增幅外圍序列，再平頭式地連接兩端便大功告成。如此，我們甚至不需使用任何限制性酵素，欲刪除的片段區域完全由設計的引子的 5' 位置來主宰。比較需注意的是，此 IPCR 需增幅整個重組質體，長度較長，因此建議採用本書 3-5 節所述針對「長片段 PCR」較佳之條件與聚合酶

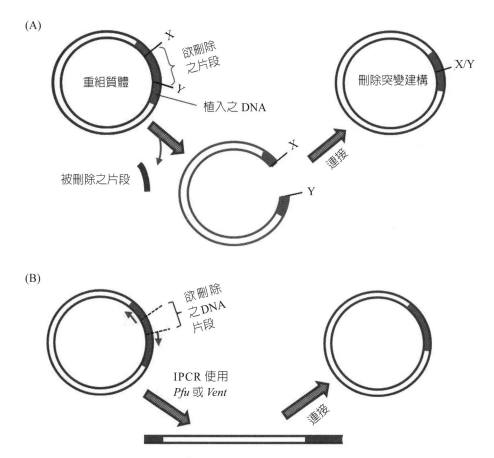

**圖 5.6　採用限制性切割與 IPCR 方法做刪除突變**

(A) 傳統以限制性酵素切割再連接的方法，X 和 Y 代表兩個相同或端頭具共容性之限制性酵素切位；
(B) 以 IPCR 增幅不含欲刪除片段之 DNA 產物後再連接的方法，小箭頭為 IPCR 所使用之引子對。

之選擇，尤其應選用高忠誠性且高延續性的聚合酶（例如 *Pfu*），也絕對不可使用
會在產物 3' 端額外多加一個鹼基（本書 2-1 節）的聚合酶（例如 *Taq*），因為這將
不利於兩端自我黏合。

　　類似於刪除突變，我們也可利用 IPCR 來進行插入突變的建構。特別的地方
是，想插入的核苷酸序列需先加在其中一個引子的 5' 端（如圖 5.7 中的引子 F），
即便它與模板不互補。PCR 增幅後產物之一端自然會有插入之雙股序列，經連接
後便大功告成。一樣的，這種建構方式不需仰賴存在有特定限制性酵素切位，插入
的點和序列完全決定於引子的設計。

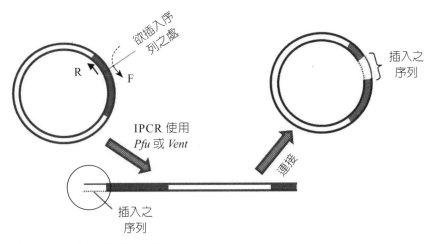

**圖 5.7　利用 IPCR 來建構插入突變**

利用一對背對背引子（F 和 R）做 PCR 增幅：欲插入的核苷酸序列（虛線）直接加在 F 引子的 5' 端，PCR 後產物之一側會生成雙股的插入序列，PCR 產物純化後再以連接酶連接。

## 5-2-2　利用 IPCR 來進行定點突變

　　重組 DNA 研究也經常涉及到突變分析，這些分析方法可以用來探討某一特定鹼基對對基因啟動子的效率或基因調控是否扮演關鍵性角色？研究一個特定蛋白（或酵素）中的某個胺基酸是否與此蛋白（或酵素）的特殊活性有關？解答這些問題最直接的方法就是將此鹼基對或此胺基酸置換掉，建構一個**點突變（point mutation）**的序列來與**野生型（wild type）**序列做活性比較，我們稱呼此種突變序列的製造方法為**定點突變（site-directed mutagenesis）**。定點突變一般是先選殖一段野生型的 DNA，它可以是一個基因或一段啟動子序列，也可以是一個基因**解碼區（coding region）**的 cDNA 序列，然後再以此序列進行突變。定點突變的方法幾乎都需應用到 PCR，在本書第十二章中我們會介紹很多種利用 PCR 進行定點突變的方法，在此，我們先描述利用 IPCR 原理做定點突變的步驟，這也是實驗室常用的製備定點突變試劑組的流程。圖 5.8 中就是一個例子，若欲將選殖的序列（粗體線）中的一個鹼基（TCG）置換成另一鹼基（TTG）。首先要以選殖之野生序列質體轉型 *dam*⁺ 的菌株，使菌中複製之質體在 *Dpn*I（GATC）限制性酵素切位之腺嘌呤（A）上被甲基化（圖中之質體 I），然後以之為模板進行 IPCR。利用一對反向

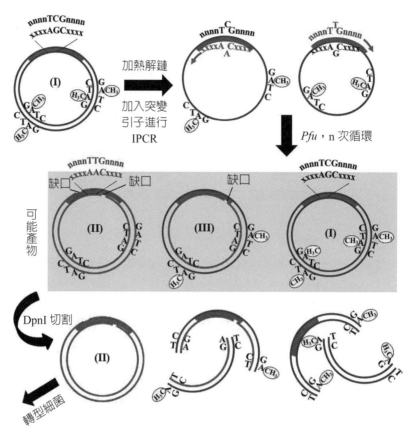

**圖 5.8　典型定點突變之製備步驟**

將由 *dam*⁺ 菌株製備而來的野生重組質體（I）進行 IPCR。帶有箭頭之寡核苷酸為引子，質體（II）為 PCR 製備所得，兩股皆無甲基化。含野生模板序列之質體（雙股或一股甲基化（III））會被 *Dpn*I 切割，無法轉型細菌。

且序列互補的突變引子（圖中序列：← xxxxA<u>A</u>Cxxxx 與 nnnnT<u>T</u>Gnnnn →）及 *Pfu* 或 *Vent* 聚合酶進行 n 個循環 PCR，引子一開始雖與模板錯誤配對，但最終會將原來的 C/G 對改變成 T/A 對。經 PCR 大量增幅之產物（質體 II）在 *Dpn*I 序列（GATC）中之 A 不會被甲基化，且因沒有使用連接酶，互補的雙股各會有一個單股的缺口；然而，在轉型細菌時，其效率卻相當於環狀雙股 DNA。若 PCR 之產物與原來作為模板之 DNA 單股形成雜交產物（質體 III），或原來之模板兩股自行黏合，至少會有一股的 GATC 有甲基化，使得這些質體（I 和 III）會被後續的 *Dpn*I 切割變成直線，無法轉型細菌。因此經 *Dpn*I 切割後，理論上只有質體 II 會成功轉型細菌，形成菌落，增加突變率。

# 5-3 以連接反應媒介 PCR（LMPCR）來進行未知序列之增幅

除了 IPCR 外，想要獲得一段已知序列兩側的未知序列有另一項選擇，就是 LMPCR。它是衍生自先前發表的單一引子 PCR 的步驟。與 IPCR 不同的特色是：(1) 在限制性酵素切割基因體 DNA 後不需進行環化的程序，(2) 只需設計一個與已知序列會互補的引子，(3) 需使用**連接子**（**adaptor**）來創造另一端的引子。連接子是由兩條序列部分互補的寡核苷酸雜交而成的短鏈雙股。這兩條寡核苷酸除互補區外，還經特別設計，使得形成連接子後的另一端出現選定的限制性切割的突出端。就如圖 5.9 中的兩條寡核苷酸 A 和 B，將它們以等 mol 混合，加熱（> 90℃）後，緩慢冷卻，就會黏合形成 *Eco*RI 連接子。

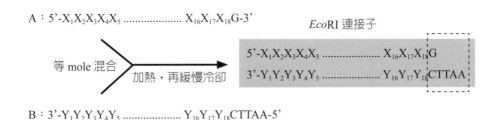

圖 5.9 兩條寡核苷酸 A 和 B 形成一個 EcoRI 連接子

A 和 B 兩條寡核苷酸的 5' 和 3' 端序列互補，但形成雙股時，另一側為 *Eco*RI 之接頭（虛線框框）。

LMPCR 的流程：首先將純化的基因體 DNA 以一種限制性酵素切割，例如 *Eco*RI，它會辨識並切割序列 5'-GAATTC-3'，會將基因體 DNA 切割成很多兩端皆為 *Eco*RI 端頭的雙股 DNA 片段。為簡化說明，圖 5.10 只繪出那含有已知序列的 DNA 片段，其他基因體 DNA 被切割所得片段則省略不表。切割後，純化 DNA，加入連接子（設計如圖 5.9 所示）進行連接。連接子中的兩條寡核苷酸（圖中之 A 和 B）在設計時 5' 端都故意不加磷酸根，這是為了避免在連接反應中連接子與連接子之間相互連接。因此，連接步驟只設定讓寡核苷酸 A 與切割後之 DNA 端頭共價相連。最後加入寡核苷酸 C 和 A 作引子來進行 PCR。可想見的是，一開始幾個循環並沒有 A 的互補序列，只有引子 C 會黏合延伸，但最終仍會增幅出引子 A 和 C 區間之序列，包括已知序列一側之未知序列。

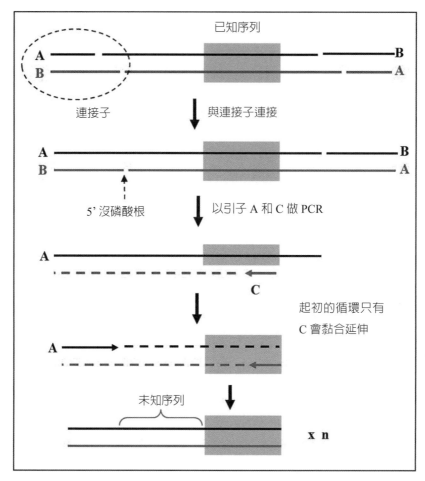

**圖 5.10　LMPCR 之步驟**

矩形區域代表已知序列之區域，連接子由兩條寡核苷酸 A 和 B 構築而成（如圖 5.9）。介於連接子與
已知序列間之未知序列的增幅是用寡核苷酸 A 和根據已知序列設計之引子 C。

## 5-4　LMPCR 指紋分析（LMPCR Fingerprinting Analysis）

　　人跟人之間若無較親近的親緣關係，他們全長約 $3 \times 10^9$ 鹼基對的**基因體 DNA
序列**（**genomic DNA sequence**）就會存在有 $> 10^6$ 鹼基對的差異（例如 AT 對變成
GC 對）。這些散布於染色體 DNA 中的鹼基對差異會因不同的個體而有顯著的差
異樣式（位置或鹼基對的變異不同），形同指紋間的差異，這就是所謂的**單一核苷
酸多型性**（**single nucleotide polymorphism, SNP**）。目前有幾個方法可以用來分析

個體間 SNP 的變異性（請參閱第九章）。LMPCR 也是一項可以用來進行 DNA 指紋分析的方法（圖 5.11）。

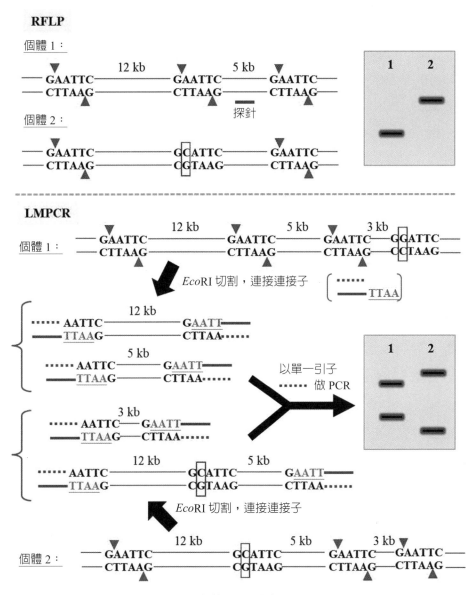

**圖 5.11 利用 RFLP 和 LMPCR 方法來做 SNP 分析**

為簡化說明，此圖僅顯示基因體 DNA 中的一小段序列。RFLP（上圖）是將不同的兩個個體 DNA 以限制性酵素（圖中以 *Eco*RI 為例）切割跑電泳、再以探針進行南方轉漬法分析 DNA 片段。LMPCR（下圖）的步驟則與第 5-3 節所述相似；只是在連接子接上 DNA 切割片段後，只用單一引子（圖中虛線代表之寡核苷酸）進行 PCR。框框表示兩個體在 *Eco*RI 序列上發生變異之鹼基對。三角形箭頭則表示 *Eco*RI 切割位。RFLP 之結果需以南方轉漬法來分析，而 LMPCR 結果用洋菜膠電泳分析即可。

LMPCR 的指紋分析是依據一個理論，若兩個個體間 SNP 的鹼基對變異發生在一特定限制性酵素序列上，它會使此兩個體的基因體 DNA 被此限制性酵素切割而產出不同的 DNA 片段。這種概念早期已被用來做基因分型（**gene typing**）的研究，方法稱為限制性片段長度多型性（**restriction fragment length polymorphism, RFLP**）。此方法並沒有使用到 PCR；而是一種雜交實驗。如圖 5.11（上圖），個體 1 經 *Eco*RI 切割會生成 12 kb 及 5 kb 兩個片段，而根據此區域所設計之探針只會雜交上 5 kb 的片段；個體 2 卻因鹼基對的差異（AT 對變成 CG 對：框框所示），只生成一個 17 kb 的 *Eco*RI 的切割片段，最終成為相同探針在南方轉漬法中所偵測到的訊號。可想像的是，在 RFLP 實驗中，若使用多個探針，雜交上染色體不同區域序列，那麼雜交的結果就會是一個較複雜，但能顯示細微 SNP 差異的圖譜了。

以 LMPCR 做指紋分析，流程與 5-3 節所敘述的步驟只有些許差異，PCR 增幅所用之引子不同。應用 LMPCR 來獲取一段已知序列的兩側未知序列，連接子連上 *Eco*RI 切頭後，PCR 當然需使用一個根據已知序列設計的專一性引子（圖 5.10 中引子 C）；然而 LMPCR 指紋鑑定是針對整個基因體 DNA 做 SNP 分析，僅需使用連接子中的一股序列（圖 5.11 之虛線序列）作為引子（等同於圖 5.10 中之序列 A），進行 PCR。我們一樣可以理解的是，基因體 DNA 中有很多 *Eco*RI 切割所生成的片段都可以被接上連接子，然後被增幅形成圖譜。不同的個體，突變若發生在 *Eco*RI 序列（如圖 5.11 個體 1 之 AT 對 → GC 對及個體 2 之 AT 對 → CG 對變異）、就不會被 *Eco*RI 切割、也不能連上連接子、最後 PCR 增幅就不會有相對應的產物生成，圖譜也就有差異。

## 5-5 以 LMPCR 進行 DNA 胞內腳紋（*In Vivo* Footprinting）分析

LMPCR 除了可以用來增幅或選殖已知序列兩側之未知序列及 SNP 分析外，還有一項很特殊的應用，叫作胞內腳紋分析（***in vivo* footprinting**）。研究者較常用的胞外腳紋分析（***in vitro* footprinting**）是一種普遍用於研究蛋白 -DNA 交互作用的方法，主要是在探討：於一設定的胞外條件下，一段 DNA 會不會被某特定蛋白

鍵結？或是分析此 DNA 被某一蛋白鍵結的區域。但胞內之研究才能真實反映細胞內之分子運作環境，可以分析在一個特殊條件，例如以藥物處理下，細胞中一個目標基因的特定核酸區域，尤其是基因調控區，是否會與某些蛋白（或調控因子）鍵結或交互作用？藉此，我們可以探討此選定的條件或藥物對目標基因的可能影響，也能一窺某些藥物所引發生物活性的可能機轉。

　　利用 LMPCR 做 *in vivo* footprinting 的步驟與先前（5-3 節）描述的有些不同，它並不是先將基因體 DNA 萃取出細胞，以限制性酵素切割，製造出目標基因兩側可與連接子連接的端頭；而是將經過差異性處理的真核細胞（例如一批細胞有用特定荷爾蒙處理，另一批則無）以適量的 DNaseI 或二甲基硫氧（DMS）處理。DNaseI 是一種非專一性切割單股 DNA 的核酸酶，細胞膜經通透化之後，可使它於胞內切割未被蛋白鍵結（或保護）的 DNA 區域；而 DMS 則會甲基化未被蛋白質鍵結的 DNA 區域中的鳥糞嘌呤（gaunine）或腺嘌呤（adenine）。如圖 5.12 所示，若細胞中 DNA 是以 DMS 甲基化，染色質在鍵結蛋白被去除之後，便可以強鹼 piperidine 切割被甲基化的位置，如此，也會造成 DNA 上有缺口，當然這些缺口不會在原始蛋白鍵結的區域。需特別注意的是，DNaseI 或 DMS 的處理步驟是非常關

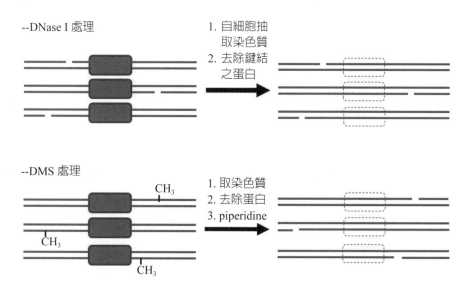

**圖 5.12　胞內 DNA 腳紋分析時的兩種細胞處理方式**

細胞內特定 DNA（或基因）被特殊蛋白（■）鍵結或保護的區域可以用 DNaseI 切割或 DMS 甲基化再 piperidine 切割，最終特定基因除原蛋白鍵結區域（┈┈），會有各種單股缺口的產物。

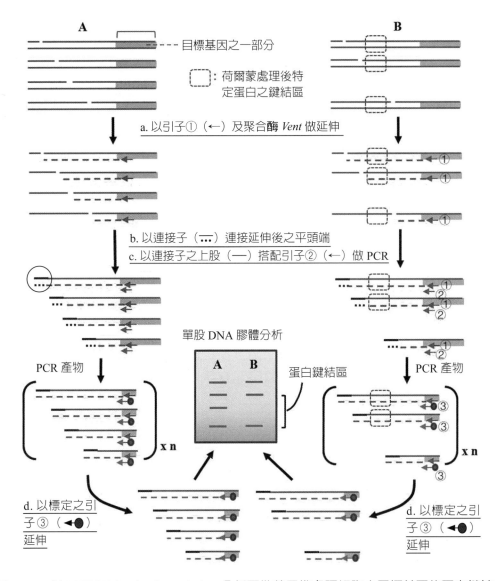

圖 5.13　以 LMPCR *in vivo* footprinting 分析兩批差異性處理細胞中目標基因的蛋白鍵結

B 和 A 是來自有和無荷爾蒙處理之細胞的部分基因體 DNA。虛線框框標示有荷爾蒙處理時，目標基因會與某胞內蛋白鍵結之位置。

鍵的，要適量且溫和。最理想的情形是每一個目標基因（或 DNA）分子只有一個或僅數個 DNA 缺口，不能過多。

　　經 DNaseI 或 DMS 作用後，我們可以將這兩批不同處理的細胞（A：無荷爾蒙處理；B：荷爾蒙處理）熔裂、純化基因體 DNA，再進行後續之 LMPCR 分析。若

是使用 DMS，則純化後的 DNA 需多加一步 piperidine 處理。LMPCR 的分析流程如圖 5.13，我們可以根據目標基因之序列設計三個在序列上有部分重疊之寡核苷酸引子。首先以聚合酶 *Vent* 將黏合在目標基因序列之引子①（步驟 a. 中之小箭頭）延伸至目標基因上游的 DNA 缺口，形成平頭之雙股端頭。然後將這些端頭連接上事先設計之平頭連接子（步驟 b），再以另一引子②搭配連接子上股之寡核苷酸，進行約 20 循環之 PCR（步驟 c）。最後，以 5' 端經螢光或同位素標定之引子③來延伸 PCR 產物（步驟 d），獲取帶螢光或同位素之最後單股 DNA 產物。這些產物可以**聚丙烯醯胺膠體電泳（polyacrylamide gel electrophoresis）**來分析，最終再以 x 光底片顯像。我們可以預期的實驗結果是，在胞內，DNA 的蛋白鍵結區受保護不被切割，回收之 DNA 中當然就不會有缺口發生在此區域之分子，最終膠體分析也就會有一特定區域沒有條帶。

此實驗除了 DNaseI 或 DMS 處理時需特別注意外，引子①②③的設計也深深地影響著結果的好壞。為了專一性的考量，它們的 $T_m$ 值常需 > 60℃，而且依序增加，例如①：61℃；②：64℃；③：67℃。而且引子②的序列需能黏合在引子①黏合位的稍上游，可以完全與引子①不重疊，若有重疊，原則上它的序列也不能有超過一半長度與引子①的 3' 端重疊；而 5' 被標定的引子③的序列則一定要有超過一半的長度需與引子②的 3' 端重疊。

## 參考文獻

1.  Innis, M.A., Gelfand, D.H., Sninsky, J.J., and White, T.J. (1989). Amplification of flanking sequences by inverse PCR. *In PCR Protocols, A guide to methods and applications*. pp. 219-227. (M.A. Innis, D.H. Gelfand, J.J. Sninsky, and T.J. White, Eds.), Academic Press, San Diego.

2.  Huang, S., Hu, Y., Wu, C., and Holcenberg, J. (1990). A simple method for direct cloning cDNA sequence that flanks a region of known sequence from total RNA by applying the inverse polymerase chain reaction. *Nucleic Acids Res.* **18**: 1922.

3.  Raponi, M., Dawes, I.W., and Arndt, G.M. (2000). Characterization of flanking sequences using long inverse PCR. *BioTechniques* **28**: 1046-8.

4.  Wo, Y.-Y.P., Peng, S.H., and Pan, F.M. (2006). Enrichment of circularized target DNA by inverse polymerase chain reaction. *Anal. Biochem.* **358**: 149-51.

5.  Wo, Y.-Y.P., Chaung, F.-L., Wang, C.-L., and Pan, F.M. (2007). Improvement of inverse polymerase chain reaction by optimal dilution and acidic polypeptides. *Anal. Biochem.* **364**: 219-21.

6.  Hemsley, A., Arnheim, N., Toney, M.D., Cortopassi, G., and Galas, D.J. (1989). A simple method for site-dirccted mutagenesis using the polymerase chain reaction. *Nucleic Acids Res.* **25**: 6545-51.

7.  Silver, J., and Keerikatte, V. (1989). Novel use of polymerase chain reaction to amplify cellular DNA adjacent to an integrated provirus. *J. Virol.* **63**: 1924-8.

8.  Garces, J.A., and Gavin, R.H. (2001). Using an inverse PCR strategy to clone large contiguous genomic DNA fragments. *Methods Mol. Biol.* **161**: 3-8.

9.  Huang, S.H. (1994). Inverse polymerase chain reaction: an effective approach to cloning cDNA ends. *Mol. Biotechnol.* **2**: 15-22.

10. Ochman, H., Gerber, A.S., and Hartl, D.L. (1988). Genetic applications of inverse polymerase chain reaction. *Genetic* **120**: 621-3.

11. Triglia, T., Peterson, M.G., and Kemp, D.J. (1988). A procedure for *in vitro* amplification of DNA segments that lie outside the boundaries of known sequences. *Nucleic Acids Res.* **16**: 8186.

12. Pavlopoulos, A. (2011). Identification of DNA sequences that flank a known region by inverse PCR. *Methods Mol. Biol.* **772**: 267-75.

13. Mueller, P.R., and Wold, B. (1989). *In vivo* footprinting of a muscle specific enhancer by ligation mediated PCR. *Science* **246**: 780-6.

14. Garrity, P.A., Wold, B., and Mueller, P. (1995). Ligation-mediated PCR. *In PCR 2: A Practical Approach*, pp. 309-322. (M.J. McPherson, B.D. Hames, and G.R. Taylor Eds.）, Oxford University Press, New York.

15. Dai S.M., Chen, H.H., Chang, C., Riggs, A.D., and Flnagan, S.D. (2000). Ligation-mediated PCR for quantitative *in vivo* footprinting. *Nat. Biotechnol.* **18**: 1108-11.

16. Masny, A., and Plucienniczak, A. (2003). Ligation-mediated PCR performed at low denaturation temperatures-PCR melting profiles. *Nucleic Acids Res.* **41**: 114.

17. Krawczyk, B., Kur, J., Stojowska-Swedrzynska, K., and Spibida M. (2016). Principles and application of ligation mediated PCR methods for DNA based typing of microbial organisms. *Acta. Biochim. Pol.* **63**: 39-52.

18. Palittapongarnpim, P., Chomyc, S., Fanning, A., and Knimoto, D. (1993). DNA fingerprinting of *Mycobacterium tuberculosis* isolates by ligation-mediated polymerase chain reaction. *Nucleic Acids Res.* **21**: 761-2.

19. Mueller, P.R., Salser, S.J., and Wold, B. (1988). Constitutive and metal-inducible protein: DNA interactions at the mouse metallothionein I promoter examined by *in vivo* and *in vitro* footprinting. *Genes Dev.* **2**: 412-27.

20. Gorsche, R., Jovanovic, B., Gudynaite-Savitch, L., Mach, R.L., and Mach-Aigner, A.R. (2014). A highly sensitive *in vivo* footprinting technique for condition-dependent identification of cis elements. *Nucleic Acids Res.* **42**: e1.

21. Garrity, P.A., and Wold, B.J. (1992). Effects of different DNA polymerases in ligation-mediated PCR: enhanced genomic sequencing and *in vivo* footprinting. *Proc. Natl. Acad. Sci. USA* **89**: 1021-25.

22. Rigaud, G., Roux, J., Pictet, R., and Grange, T. (1991). *In vivo* footprinting of rat TAT gene: dynamic interplay between the glucocorticoid receptor and a liver-specific factor. *Cell* **67**: 977-86.

# CHAPTER 6

## 多重引子 PCR 與巢狀 PCR
### Multiplex PCR, mPCR and Nested PCR

　　在典型的 PCR 中，我們只使用一對引子來增幅一個特定 DNA 片段（或一個基因），若要增幅兩個以上的 PCR 片段，一般就設定兩次以上獨立的增幅反應，每次反應只使用一對專一性的引子；但有些特殊的情形，可使用的模板 DNA 是取之不易或極稀少之樣品，例如 PCR 的犯罪鑑定，能用的 DNA 樣品有時只是一滴血的血跡；又例如以 PCR 來分析一個新發現、體型極小的昆蟲的基因特性，模板 DNA 量也極微量，勢必不足以用來進行數次 PCR 反應，增幅分析數個基因（或特定 DNA 片段）；其實，這種問題並不難解決，只要適切地調整反應條件，我們就可以在一次 PCR 反應（一個 PCR 管子）中，以數對引子同時增幅數個 PCR 產物。筆者有時戲稱這是「一石多鳥」的 PCR，正式稱呼是多重引子 **PCR**（**multiplex PCR; mPCR**）。mPCR 的最大優點是可省卻分析之時間、操作之勞力，及試劑之用量。試想，若您是一位在衛生機關做腸道傳染病檢驗的主要分析人員，若要用 PCR 來檢測採自 50 個腹瀉病人的檢體，以釐清這些病人是否受到痢疾桿菌、沙門氏菌或志賀氏菌感染？有無病人是重複感染兩種以上病原？若能以 mPCR 取代典型「一 PCR 一對引子」來進行分析，相信其優勢是不言可喻的。

# 6-1　多重引子 PCR（Multiplex PCR, mPCR）

**1. mPCR 的應用**

　　mPCR 是一極有彈性的技巧，可被應用於很多方面之研究，包括病原檢測、犯罪學鑑定、遺傳疾病診斷、親緣關係，及其他學術或臨床研究等。

**2. mPCR 之類型**

　　mPCR 可分成兩種類型，如圖 6.1 所示，linked-mPCR 指的是用單一模板，一次 PCR 反應同時增幅此模板上的數個不同片段；而 nonlinked-mPCR 則是以數對引子同時針對存在於樣品中的不同模板做增幅。就如先前提到的，在同一個 PCR 反應中以 3 對引子來分別偵測可能存在的痢疾桿菌、沙門氏菌或志賀氏菌 DNA。

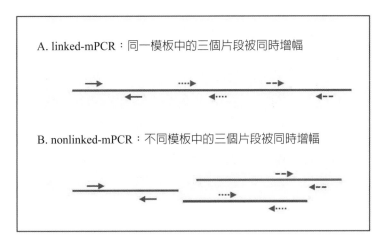

A. linked-mPCR：同一模板中的三個片段被同時增幅

B. nonlinked-mPCR：不同模板中的三個片段被同時增幅

**圖 6.1　兩種類型的多重引子 PCR（mPCR）**

linked-mPCR：同一模板中數個片段被同時增幅；nonlinked-mPCR：不同模板上的數個片段被同時增幅出來，不同線條樣式的箭頭代表不同對的引子。

### 3. mPCR 之實驗設計要點

　　多重引子 PCR（mPCR）的條件大多不是為了進行單一次特定 PCR 實驗設定的，而是為了後續分析龐大數量的樣品時所需做的先期工作。經多次測試後所獲得的最佳 PCR 反應條件與引子設計，甚至可用來開發一個試劑組，用來偵測病原的存在或分析特定疾病之基因組合等。

　　由於多對引子（有時甚至可高達 20 對）同時在一個 PCR 中進行增幅，有些不同於典型 PCR 的問題就需列入考量：

(1) 要試圖去調整並獲得一最佳之 PCR 成分與熱循環參數，俾使每對引子在此單一條件下都能有相當高的靈敏度。除了需個別測試每對引子的產出效率，最後還需將所有引子同時加入，檢驗各對引子在其他引子的存在下，一起增幅是否會受到干擾？假設我們想設計一 mPCR 來偵測 4 種不同的病原菌，那麼我們所設定的單一 PCR 反應條件，不但要能使個別專一性的引子增幅個別病原菌之 DNA 片段（圖 6.2 樣品 1-4）；若將 4 種病原菌之 DNA 模板及 4 對各具專一性的引子一起加入，也應該在相同的 PCR 條件下可有效的增幅所有 4 個產物（圖 6.2 樣品 "mix"）。

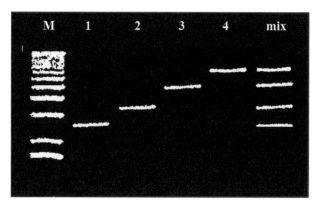

**圖 6.2 同一 PCR 條件需適用於多對引子的增幅**

lancs 1-4：四種不同病原菌之模板 DNA 分別用一對專一性的引子在相同 PCR 條件下增幅；lane "mix"：PCR 反應中同時含前述四種模板及四對引子在相同（且單一）條件下之增幅結果。

(2) 典型 PCR 中，即便只使用一對引子做 PCR，也都可能會有非專一性產物的生成；可想見的是，mPCR 使用多對引子產出多個產物，這種可能性就必然會大大的增加。過多的非專一性產物，甚至會影響結果的判讀。

(3) mPCR 因使用同一個反應條件，同時增幅多個 PCR 產物，故各個引子的 $T_m$ 值不能相差太多，而且所有 PCR 產物的 size 也不宜相差太大。另外，它們所增幅的 DNA 片段不可過長，否則將憑添 PCR 的困難度。這些 PCR 產物在洋菜膠電泳分析時，解析度也要夠好。一般而言，每個增幅的 DNA 片段長度相差至少要超過 50 bp。

**4. mPCR 反應條件之調整**

　　**模板 DNA 與增幅目標之選定**：在開始測試 PCR 之反應條件以進行 linked-mPCR 時，基因體 DNA 之適切用量約為 10-100 ng。過多的模板 DNA 較易造成非專一性產物及引子雙倍體的生成，若其純度不是很高，也較易因未知的汙染物造成產率不佳。所欲增幅的目標 DNA 選定端視 mPCR 的用途為何，若為偵測某特定疾病的基因病變，就應針對可能造成此疾病的多個基因來做增幅，得到的 PCR 產物再經過定序來鑑別突變發生的基因與位置；若為法醫學的研究，就應選擇那些目前已知的個體基因有變異的多型性區域做增幅，如圖 6.3 所示，只要將引子的 3' 端的鹼基設定在單一核苷酸多型性（**single nucleotide polymorphism; SNP**）的變異點，

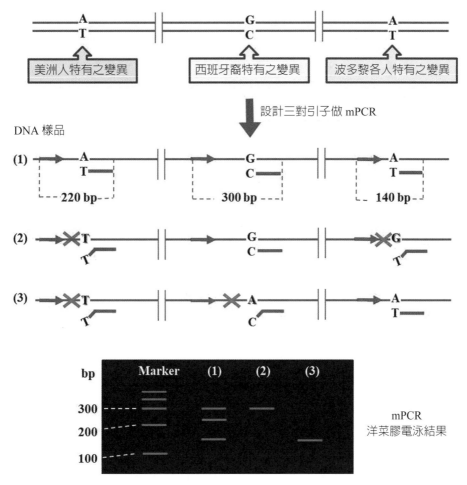

**圖 6.3　mPCR 偵測三個對偶基因（allele）之 SNP**

根據特定族群的 SNP 差異設計三對引子，它們在同一 PCR 反應中可分別由不同 allele 增幅出 220、300，和 140 bp 的片段，除非模板序列鹼基有差異，使得引子的 3' 鹼基不配對（例如樣品 (2) 和 (3)；╳：代表不增幅）。

就可以由 mPCR 的各個產物生成與否便能做鑑定；而若為病原菌之檢測，增幅的目標便應選擇個別病菌之特有基因，例如毒素基因。

**5. 引子的設計**

　　除了其增幅的目標區域與各個產物的大小差異不可太小外，mPCR 的引子在設計時還有幾項要注意的：

(1) 每對引子的增幅產物最好都大於 100 bp，這是避免 PCR 產物與引子雙倍體（一般也很小）間的混淆。

(2) 若有足夠的核酸序列資訊，引子的序列應避開模板中的重複序列。

(3) 若有可能，每個引子的長度與 GC 含量應儘可能一致；若非如此，則以 $T_m$ 值相近為原則，可用 16-28 核苷酸長度的引子。

(4) 為避免引子雙倍體及其他錯誤的產物，要詳細檢查各個引子是否可能自我形成二級結構？每個引子間序列是否有互補性？尤其是 3' 端的序列。有時可求助於電腦軟體，來檢查或設計 mPCR 的引子。

(5) 先期測試 mPCR 條件時應每個循環取樣做電泳分析，以期找出可能有問題的一對或多對的引子，其增幅的產物可能在前幾個循環就特別的高或低。這樣也可以讓我們選取最佳的循環總次數。一般而言，只要每個產物的產率與解析度都很理想，循環次數愈少愈好，循環次數一多，非專一性產物也會跟著增多。

**6. 反應成分調整**

一般來說，進行 mPCR 的最佳配方調整時，應一次以改變一個成分為原則，其他的成分則保持固定，調整一個後再調整第二個成分。

(1) 所有成分中以 $Mg^{2+}$ 的濃度對專一性與產率的影響最大。針對每一個 mPCR，$Mg^{2+}$ 的最佳濃度應仔細「滴定」獲得。意思是保持其他成分不變，測試在不同 $Mg^{2+}$ 的濃度下 mPCR 的結果。一般來說，其用量比典型 PCR 的用量（1.5～2.0 mM）要來得多，有時甚至 > 4 mM。

(2) 雖然 *Taq* DNA 聚合酶也可用來做 mPCR，但根據某項實驗測試，它的增幅效果可能比別的聚合酶差，例如 Ampli*Taq* Gold。若實驗室有別的聚合酶，可測試看看。

(3) 聚合酶的使用濃度應隨增幅的產物數目增加而增加，一般可以 5-10U/100μl 反應體積做初期的測試，之後再做適度調整。高濃度聚合酶對較長的產物有利，但也較可能生成引子雙倍體與非專一性產物。

**7. 熱循環參數調整**

相對於典型的「一 PCR 反應一產物」，mPCR 的熱循環參數可能需做以下之調整：

(1) 當 PCR 增幅的目標片段增加，循環中的延伸步驟（72℃）的時間很可能必須相對應地跟著增加；而循環次數應最少化，只要欲增幅的每個 PCR 產物的量及解析度都夠好即可。

(2) 黏合溫度較高雖然可以增進專一性，但較長的目標產物或整體產物的產率有可能會因此受影響。

(3) 熱啟動 PCR 對 mPCR 也經常有幫助。

**8. mPCR 的特殊運用**

　　mPCR 亦可運用於**外插子體**（**exome**）的研究。基因體（**genome**）是指一套染色體的 DNA 完全解序，而 exome 則是解序所有的**外插子**（**exons**）的序列，用以獲取整個或部分染色體中含蛋白密碼的 DNA **解碼區**（**coding region**）序列。舉例來說，若已知一特定疾病是與兩個基因（圖 6.4 中基因 X 和 Y）所解碼的蛋白質活性有關，為獲悉它們的所有外插子序列，我們可以設計數個與外插子 5' 及 3' 都會雜交的**分子逆轉探針**（**molecular inverse probes**），雜交後以聚合酶聚合、連接酶連接端頭、核酸外切酶切除線性 DNA，最後再以 mPCR 增幅定序。根據所獲得之序列與正常人之序列比對，便能知悉此一特定病人在此兩個基因的致病突變點。

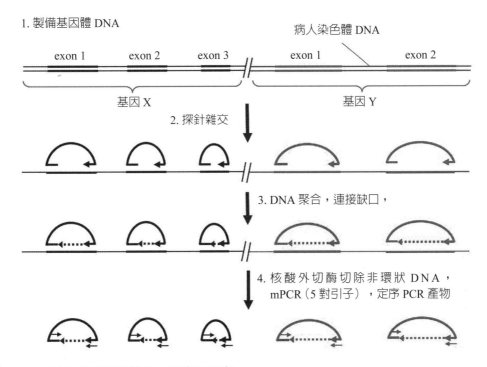

**圖 6.4　mPCR 在外插子體的一項應用研究**

某疾病被認定可能是基因 X 或 Y 的突變所致，利用包含 mPCR 在內的上述 4 個步驟，這兩個基因的所有外插子序列可以被快速製取並定序。

　　**mPCR 的問題檢索**：為使讀者能更有效且更順利地建立並應用 mPCR 之分析，我們將 mPCR 可能會遭遇的問題及其對應的解決方法列於表 6.1 中，作為未來採用 mPCR 之參考。

表 6.1　mPCR 可能遭遇之問題與解決辦法

| 遭遇之問題 | 可能原因 | 建議採取之措施 |
| --- | --- | --- |
| 完全無 PCR 產物 | 1. 酵素活化不完全。 | 一採用化學修飾之酵素，需檢查循環參數確保先期熱活化之步驟。 |
|  | 2. 反應成分有欠缺。 | 一重新配置 PCR 成分。 |
|  | 3. 樣品含抑制劑。 | 一重新或以另一方法製備 DNA 樣品。 |
| 所有 PCR 產物之產率都很低 | 1. 不完全增幅。 | 一酵素熱活化時間增加，增加酵素或 $Mg^{2+}$ 濃度或循環次數。 |
|  | 2. 引子濃度過低。 | 一增加引子濃度。 |
|  | 3. 黏合溫度過高。 | 一稍微降低黏合溫度。 |
|  | 4. DNA 濃度過低或裂解。 | 一檢查 DNA 的濃度與品質。 |
| 某一特定 PCR 產物的產率太低 | 1. 引子濃度太低。 | 一增加特定產物的對應引子濃度。 |
|  | 2. 引子設計不佳。 | 一重新設計那對引子。 |
|  | 3. 模板的二級結構。 | 一採用別種聚合酶，例如 Stoffel Frag. |
|  | 4. 黏合溫度過高。 | 一降低黏合溫度。 |
| 一個或一個以上的較大的產物產率很低 | 1. 較小片段較易生成。 | 一增加較長產物的對應引子濃度。 |
|  | 2. 酵素濃度太低。 | 一增加酵素濃度。 |
|  | 3. 循環延伸時間太短。 | 一增加延伸步驟之時間。 |
|  | 4. DNA 濃度不足或有斷裂之現象。 | 一檢測模板 DNA 的質與量。 |
| 高背景值，有非專一性產物生成 | 1. 酵素或 $Mg^{2+}$ 濃度太高。 | 一降低酵素或 $Mg^{2+}$ 濃度。 |
|  | 2. 引子設計不良。 | 一重新設計引子。 |
|  | 3. DNA 濃度太高。 | 一降低模板 DNA 之用量。 |
|  | 4. 黏合溫度太低。 | 一增高黏合溫度。 |
|  | 5. 其他。 | 一可採用熱啟動 PCR。 |

## 6-2 巢狀 PCR（Nested PCR）

　　巢狀 PCR 也使用兩對以上的引子（一般是兩對），不同於 mPCR 的是，它並非在單一 PCR 反應中一起加入兩對引子做增幅，而是如圖 6.5 所示，先以一對目標基因外側的引子做第一次的 PCR 增幅，然後取約 1/10 的第一次 PCR 所得之產物為模板，再用另一對較靠內側的引子，做第二次的 PCR。兩次增幅的 DNA 標的相同，但產物大小不同。

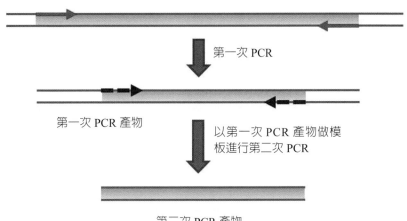

第一次 PCR

第一次 PCR 產物

以第一次 PCR 產物做模板進行第二次 PCR

第二次 PCR 產物

**圖 6.5　巢狀 PCR**
是一種使用 ≥2 對引子的 PCR。先用一對目標 DNA（暗色區域）兩側的引子做第一次增幅，之後，取第一次 PCR 產物（～1/10 量）再用另一對靠內側的引子（虛線箭頭）增幅第二次。

### 巢狀 PCR 的運用

　　若單純地審視以上對巢狀 PCR 的描述，我們或許會覺得有些奇怪，為何要用兩對不同引子來增幅不同長度的相同目標基因？其中一個理由是為了確認產物。有些時候，PCR 雖然產出一個專一且長度正如我們所預期的產物，但它仍有可能是錯誤的產物，因為 DNA 的長度在膠體電泳分析時並不能精確判斷，尤其對較長的 DNA 誤差可能會更大。例如，欲增幅一個 2.2 kbp 的 PCR 產物時，實際產出的單一產物長度若是 2.3 kbp，由膠體電泳分析，它就很可能被錯認是我們想增幅的正確 DNA。另外還有一種情形，當用一對引子來增幅一個不同物種的同源基因

片段，這個新物種的基因序列尚未被發表，且事先有可能並不清楚欲增幅的目標DNA 的確切長度，如此，即便 PCR 能增幅出單一產物，但也無法立即判斷此 PCR產物即為我們意欲增幅的目標產物。要確認產物的正確性，當然可以將產物拿去做DNA 定序，但巢狀 PCR 代表的卻是另一更簡單、快速的鑑定方法。取少量第一次PCR 的產物（＜1/10）作為模板，再以另一對靠內側的引子做 PCR 增幅，理論上應可專一性的增幅出一個較小片段之預期產物；若非如此，便表示第一次 PCR 增幅的產物很可能是被錯誤放大之 DNA。

　　還有一種問題也可藉由巢狀 PCR 來獲得解決。有時因為使用的模板 DNA 相當複雜，例如使用基因體 DNA 或由樣品所獲得之粗略純化的 DNA，由於某種原因，一直無法獲得專一性的有效增幅。儘管調整 PCR 之多項條件、添加輔助溶劑或使用熱啟動都無法使得槓龜的結果起死回生，那麼巢狀 PCR 也許是一帖有效的藥方，只要欲增幅的產物大小不受嚴格限制的話。舉例來說，若想探討不同物種間的一個同源基因（例如 **glycolysis**（糖解）途徑中的 **hexokinase**（六碳糖激酶）基因）的 DNA 序列差異性，我們會根據已發表的一物種的基因序列來設計一對引子，然後以所有物種純化而來的基因體 DNA 為模板，增幅同源基因片段；但世事多舛，多次調整後的 PCR 結果也許仍會如圖 6.6(A) 那樣，無法獲得專一性的產物（～1.7kbp）；但若取少量第一次 PCR 的所有 DNA 產物（約 1/10 體積）做模板，進行第二次 PCR，利用另一對較靠內側的引子，便可由原始混雜在非專一性產物中、很不顯眼的目標產物再放大出來（圖 6.6(B)，1.5 kbp）；而第一次 PCR 時被非專一性增幅出來的產物就無法通過第二關的考核，不能再被此對引子增幅。主要的理由是，第一次 PCR 模板複雜，目標 DNA（1.7 kbp）或許也有生成，只不過遠少於那些非專一性產物；第二次 PCR 的模板中雖然仍有來自第一次 PCR 的非專一性產物，但目標 DNA 片段（幾乎觀察不到的 1.7 kbp）的數量卻遠比第一次 PCR 時模板的目標基因要來得多很多，第二次的 PCR 引子便能輕而易舉地找到並放大它們，大大地增進增幅的靈敏性。藉此巢狀 PCR，不但可確認各物種有無此同源基因的存在，並可經定序來了解各物種間此基因之序列多型性。

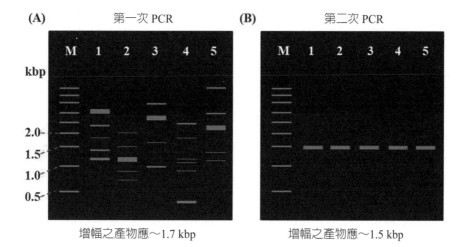

圖 6.6　巢狀 PCR 可專一性增幅單次 PCR 所無法獲得之產物

(A)：來自五種物種的基因體 DNA 以一對引子增幅一預期之目標 DNA 產物（～1.7 kbp）；(B)：第二次 PCR，以 1/10 體積之第一次 PCR 產物為模板，使用較內側之引子做第二次 PCR，預期產生 1.5 kbp 之產物。

# 參考文獻

1. Lang, A.L., Tsai, Y.-L., Mayer, C.L., Patton, K.C., and Palmer, C.J. (1994). Multiplex PCR for detection of the heat-labile toxin gene and Shiga-like toxin I and II genes in Escherichia coli isolated from natural waters. *Appl. Environ. Microbiol.* **60**: 3145-9.

2. Way, J. S., Josephson, K.L., Pillai, S.D., Abbaszadegan, M., Gerba, C.P., and Pepper, I.L. (1993). Specific detection of Salmonella spp. By multiplex polymerase chain reaction. *Appl. Environ. Microbiol.* **59**: 1473-9.

3. Henegariu, O., Heerema, N.A., Dlouhy, S.R., Vance, G.H., and Vogt, P.H. (1997). Multiplex PCR: Critical parameters and step-by-step protocol. *BioTechniques* **23**: 504-11.

4. Chamberlain, J.S., and Chamberlain, J.R. (1994). Optimization of multiplex PCRs. *In The Polymerase Chain Reaction* (K.B. Mullis, F. Ferré, and R.A. Gibbs, Eds.), Birkhäuser, Boston.

5.  Kebelmann-Betzing, C., Seeger, K., Dragon, S., Schmitt, G., Möricke, A., Schild, T.A., Henze, G., and Beyermann, B. (1998). Advantage of a new *Taq* DNA polymerase in multiplex PCR and time-release PCR. *BioTechniques* **24**:154-8.

6.  Innis, M.A., Gelfand, D.H., and Sninsky, J.J. (1999). Multiplex PCR: Optimization Guideline. *In PCR Applications.* pp 73-94. (M.A. Innis, D.H., Gelfand, and J.J. Sninsky, Eds.), Academic Press, San Diego.

7.  Markoulatos, P., Siafakas, N., and Moncany, M. (2002). Multiplex polymerase chain reaction: a practical approach. *J. Clin. Lab. Anal.* **16**: 47-51.

8.  Grankvist, O., Walther, L., Bredberg-Rådén, U., Lyamuya, E., Mhalu, F., Gustafsson, A., Biberfeld, G., and Wadell, G. (1996). Nested PCR assays with novel primers yield greater sensitivity to Tanzanian HIV-1 samples than a commercial PCR detection kit. *J. Virol. Methods.* **62**: 131-41.

9.  Yourno, J. (1992). A method for nested PCR with single closed reaction tubes. *PCR Methods Appl.* **2**: 60-5.

10. Fuehrer, H.P., Fally, M.A., Habler, V.E., Starzengruber, P., Swoboda, P., and Noedl, H. (2011). Novel nested direct PCR technique for malaria diagnosis using filter paper samples. *J. Clin. Microbiol.* **49**: 1628-30.

11. Snounou, G., Viriyakosol, S., Zhu, X.P., Jarra, W., Pinheiro, L., do Rosario, V.E., Thaithong, S., and Brown, K.N. (1993). High sensitivity of detection of human malaria parasites by the use of nested polymerase chain reaction. *Mol. Biochem. Parasitol.* **61**: 315-20.

12. Jalouli, M., Jalouli, J., Ibrahim, S.O., Hirsch, J.-M., and Sand, L. (2015). Comparison between single PCR and Nested PCR in detection of human papilloma viruses in paraffin-embedded OSCC and fresh oral mucosa. *In Vivo* **29**: 65-70.

13. Carter, A.S., Cerundolo, L., Bunce, M., Koo, D.D.H., Welsh, K.I., Morris, P.J. and Fuggle, S.V. (1999). Nested polymerase chain reaction with sequence-specific primers typing for HLA-A, -B, and -C alleles: Detection of microchimerism in DR-matched individuals. *Blood* **94**: 1471-7.

# CHAPTER 7

## 反轉錄 PCR
### Reverse Transcription PCR, RT-PCR

就如細胞中之 DNA 複製，PCR 所使用的聚合酶為 **DNA 依賴性 DNA 聚合酶**（**DNA dependent DNA polymerases**），或簡稱 DNA 聚合酶，是以 DNA 作模板，聚合生成新的 DNA。RNA 無法作為 PCR 增幅的模板，因此若欲偵測樣品中之一特定 RNA，就需先將其以**反轉錄酶**（**reverse transcriptase**）反轉錄為 cDNA，再以此 DNA 作為模板，進行 PCR，所以稱為**反轉錄 PCR**。

## 7-1　RT-PCR 的用途

1. RT-PCR 可用來偵測一樣品中是否有某特定的 RNA 分子存在，例如用來檢測特定 RNA 病毒（如 HIV）感染的細胞或組織。其步驟遠比傳統 RNA 分析的方法，如北方轉漬法（**northern blotting**）及**核酸酶保護性分析**（**RNase protection assay**），都要來得簡單快速，且靈敏度非常高。
2. RT-PCR 可用來分析一種特定 mRNA 在兩種不同細胞或組織中的相對量；也可用來研究相同的細胞經不同處理後，某一特定基因在此兩批細胞中之表現差異性（即此基因所轉錄出之訊息 RNA（mRNA）的相對量）。（請參閱 7-5 節）
3. RT-PCR 也可用來測定一個轉殖基因在轉入之細胞或組織中是否能被成功且有效地轉錄。
4. RT-PCR 可用來製備一個特定基因的 cDNA，再以之進行基因選殖或重組蛋白表現；也可用來獲得特定細胞之整體 cDNA 分子，製備 **cDNA 庫**（**cDNA library**）。

## 7-2　RT-PCR 的基本步驟

簡單來說，RT-PCR 有三個步驟：(1) 製備整體 RNA（total RNA）或 mRNAs；(2) 以反轉錄酶將 mRNAs 反轉錄成 cDNAs；(3) 利用 cDNA 做模板，以一對特定之引子進行 PCR，增幅目標 DNA 片段（或基因）。除了模板是由 RNA 反轉錄而來的 cDNA 外，最後一步的 PCR 增幅，基本上可沿用第二章中所陳述的典型 PCR 條件來進行。因此，在本章中我們將花較多篇幅，針對 RNA 的製備、反轉錄酶的特性，與反轉錄反應對 RT-PCR 的成敗關鍵來細說其詳。首先我們要以一個例子來陳

述 RT-PCR 的整個流程：利用 RT-PCR 來增幅人類六碳糖激酶（**hexokinase**）之**解碼區序列**（**coding region**），整個流程就如圖 7.1 所示：

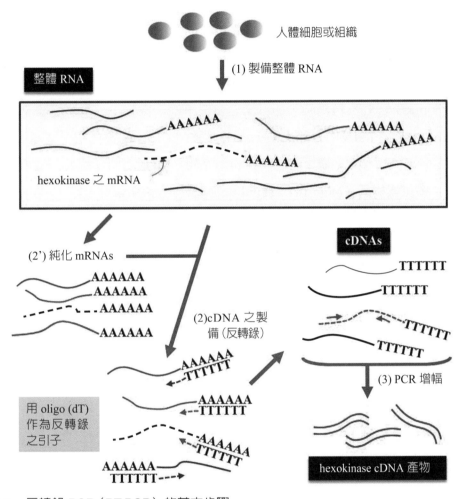

**圖 7.1　反轉錄 PCR（RT-PCR）的基本步驟**

先由細胞或組織中製備整體 RNA（步驟 (1)），之後再以 oligo（dT）作引子，利用反轉錄酶將 mRNAs 反轉錄為 cDNAs（步驟 (2)），最後（步驟 (3)）再以一對專一性引子（實線小箭頭）將 hexokinase 的基因片段增幅出來。步驟 (2')：可額外多加此步驟，先由整體 RNA 中純化出整體 mRNAs。

1. **RT-PCR 可使用整體 RNA 或 mRNAs**：由細胞或組織中抽取之整體 RNA 或 mRNAs 都可用來做 RT-PCR 實驗，但我們需了解的是，真核生物之整體 RNA 其實包含了核醣體 RNA（rRNAs: 28S rRNA、18S rRNA、5.8S rRNA，及 5S rRNA，約占整體 RNA 的 70%）；傳輸 RNA（tRNAs：因物種差異，約數十種

到～200 種，長度約 76 核苷酸，約占整體 RNA 的 15%）；訊息 RNA（mRNAs：數萬種，長度不一，約占整體 RNA 5%），及微量的多種小型 RNA，例如小型核 RNA（**snRNAs**）、微 RNA（**microRNAs**）等。由於 RT-PCR 要研究的目標幾乎都是能解碼蛋白質的基因，它們都會轉錄出 mRNA，也只有 mRNAs 的 3' 端具有一長串的腺嘌呤核苷酸（$A_{200-250}$），可與反轉錄時所用的**寡核苷酸 (dT)**$_{15-18}$（**oligo(dT)**$_{15-18}$）（圖 7.1 中之◄--- TTTTTT）黏合，進行反轉錄；其餘為數眾多的非 mRNAs 在反轉錄時，卻可能是會壞事的干擾分子。不難想像，若先將 mRNAs 由整體 RNA 中分離出來，再來做 RT-PCR 一定會比使用整體 RNA 要好得多。要如何萃取整體 RNA 中之 mRNAs 呢？一般可將整體 RNA 注入 **oligo (dT)-纖維素樹脂**（**oligo (dT)-cellulose**）管柱，mRNAs 分子因 3' 端具有**聚腺嘌呤**（**poly(A)**）可與充填於管柱中的固相樹脂所共價連接的 oligo（dT）進行雜交，吸附於管柱中，其餘非 mRNAs 則不會吸附。管柱經洗滌（wash）後，高純度的 mRNAs 最後便可由此管柱沖提出來，加以收集。

2. **RT-PCR 的成敗與製備的 RNA 品質息息相關**：在作者教學的過程中經常會有學生提到一個問題：〔我的 RT-PCR 失敗，不管如何調整 PCR 之條件都無法得到產物〕。其實若將 RNA 製備步驟也算在內，RT-PCR 流程實際上包括了 3 個步驟，其中反轉錄反應（圖 7.1 步驟 (2)）的效率高低經常很難評估。有些令人不滿意的 RT-PCR 失敗結果卻與反轉錄的效率無關，而需歸因於 RNA 品質不佳，先天不足，調整 PCR 的條件也難有所成。當然我們可以根據製備好的 RNA 的 $A_{260}/A_{280}$ 吸光值比，來推論此 RNA 樣品的純度，一般而言，純度較好的 RNA 其 $A_{260}/A_{280}$～2.0；然而這個比值並不能反映 RNA 的**完整性**（**integrity**）是否夠好。RNA 在製備時若斷裂很嚴重，其 $A_{260}/A_{280}$ 比值也會趨近於 2.0，反轉錄出來的目標基因的 cDNA 卻會變太短（非全長之 cDNA），接續的 PCR 就可能無法如願增幅。要如何來檢視 RNA 的完整性呢？我們可取少量的 RNA 用膠體電泳做分析（圖 7.2），理論上，經溴化乙錠（**ethidium bromide**）染色，我們只會觀察到兩條條帶（28S rRNA 與 18S rRNA），它們是整體 RNA 中含量最豐富且長度相當長的 RNAs，染色效果因此也比小型的 rRNAs 或 tRNAs 要來得好很多；而 mRNAs 的 size 長長短短都有，雖然較長的 mRNA 也可被有效染色，但量太少觀

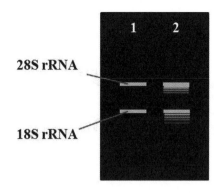

**圖 7.2　電泳分析製備的 RNA 的完整性**

一般 total RNA 在電泳分析時只會看到含量最豐富的 28S 及 18S rRNAs 兩個條帶。解析度好（樣品 1）
或不好（樣品 2），都間接表示 mRNAs 的品質（完整性）。

察不到，畢竟在整體 RNA 中所有 mRNAs 的總量也才占 5%，而人體細胞約有 2
萬種不同 mRNAs，每種 mRNA 的分子數顯然都少得可憐。完整性高的 RNA 製
備會如圖中樣品 1，兩條 rRNAs 的條帶解析度非常好，沒有出現如樣品 2 中條
帶的拖曳現象，這種現象代表 rRNAs 有斷裂的情形，也間接的表示那些看不見
的 mRNAs 也存在有裂解的問題。以樣品 2 的 RNA 來反轉錄，會造成 cDNA 的
品質不佳（雖然很難評估）是可以想像的。

3. **反轉錄之引子有三種類型**：自然界所有的 DNA 聚合酶反應都需使用引子，反
轉錄酶也不例外。除了寡核苷酸 $(dT)_{15-18}$（oligo $(dT)_{15-18}$）引子外（圖 7.1），另
外兩類引子是六鹼基隨機序列（**random hexamers**）和基因專一性引子（**gene
specific primer**）（圖 7.3）。一般市售的 RT-PCR 試劑組經常會提供前兩者，而
基因專一性引子則需自己設計，它是目標 mRNA 的反意股（**antisense strand**）
序列，例如只會互補於 hexokinase mRNA 3' 端的寡核苷酸。寡核苷酸 $(dT)_{15-18}$ 引
子理論上可反轉錄所有 mRNAs 為 cDNAs，六鹼基隨機序列引子是六個核苷酸
隨機序列的寡核苷酸混和，專一性不高，可黏合於多個 RNA 的序列（甚至不是
mRNAs），而 hexokinase 基因專一性引子只專一性的黏合並反轉錄 hexokinase
的 cDNA，就是〔使用特定的餌，只釣想吃的魚〕。可想見，使用基因專一性引
子，理論上不會反轉錄非 hexokinase 的 cDNA，在後續的 PCR 增幅時，當然就
較能避免非專一性的 cDNA 干擾，取得好結果。

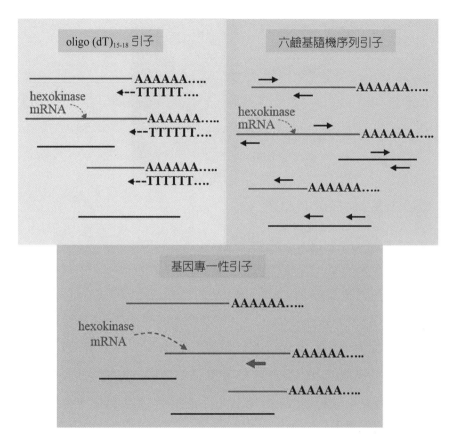

圖 7.3　反轉錄可使用三種類型的引子：oligo (dT)$_{15-18}$、六鹼基隨機序列引子，和基因專一性引子。

◄----TTTTTT 代表 oligo (dT)$_{15-18}$ 引子；◄── 代表六鹼基隨機序列引子；◄── 為基因專一性引子，只會反轉錄 hexokinase mRNA。

## 7-3　反轉錄酶的特性與選擇

　　雖然科學家已證實多數反轉錄酶也可使用 DNA 作模板，但早期它們被定義為 **RNA- 依賴性 DNA 聚合酶（RNA-dependent DNA polymerase）**，以 RNA 作模板聚合生成 DNA，等同於一般基因轉錄的相反程序，因此有「反轉錄」之名。反轉錄酶最早是在 1970 年由一種 RNA 腫瘤病毒勞氏肉瘤病毒（**R-MLV**）中發現，後來發現此類聚合酶也存在於某類 RNA 病毒中，稱為反轉錄病毒（**retrovirus**），包括一種感染鳥類的病毒：**avian myeobloblastosis virus（AMV）**，及莫洛尼

氏小鼠白血病毒：moloney murine leukemia virus（**M-MLV**）。到 21 世紀的今天，科學界也已清楚令世界各國憂心的愛滋病（**AIDS**）病原——人類免疫不全病毒（**HIV**）也是一種反轉錄病毒，也具有反轉錄酶。這些病毒所含之反轉錄酶可將病毒的 RNA 基因反轉錄成 DNA，再將之插入並蟄伏於寄主細胞之染色體 DNA 中；有趣的是，反轉錄酶並非病毒所專有，真核生物包括人類細胞中的**端粒酶**（**telomerase**）其實也是一種反轉錄酶，其活性與染色體端頭之保護及維繫端粒（**telomere**）之長度有關；另外，有些真核基因體中的**反轉錄跳躍因子**（**retrotransposons**）也會解碼反轉錄酶，用於跳躍基因之 RNA → DNA 之轉換程序。

1. **RT-PCR 的理想反轉錄酶需有之特性**：直接由反轉錄病毒中所獲取的**反轉錄酶**（**reverse transcriptase; RT**），例如那些來自 AMV 及 M-MLV 的 RT，聚合反應的活性及延續性經常不高，因此反轉錄所得之 cDNA 產率及**全長 cDNA**（**full length cDNA**）占整體 cDNA 的比例有時較不理想。除此之外，它們的熱穩定性較差，高溫時的反應性不良，只能在較低溫，也就是 RNA 較易形成二級結構的情形下進行反應。這種限制使得 cDNA 的製備效果變差，尤其對 GC 含量較高的 RNA 的反轉錄，有可能變成一項不可能的任務。還有，這些病毒的 RT 除了 DNA 聚合的活性外，經常附帶有 RNase H 的活性。這種活性會切割 DNA:RNA 雜交雙股中的 RNA 股，在反轉錄的過程中，可能造成 oligo (dT) 引子無法有效黏合 mRNA 的 3' 端 poly (A) 尾部，也可能會切割反轉錄時的 RNA 模板，最終都會使 cDNA 的產率慘不忍睹。這個道理由圖 7.4 的圖解說明便不難理解。有鑒於以上所述之 RT 缺點，多家生物科技公司便以基因工程的技術來做改進，製造出多種基因重組 RT，包括商品化的 SuperScript II、III、IV，GoScript RT（衍生自 M-MLV），及 ThermoScript RT（衍生自 AMV）等。它們多半都具有下列之特性與優點：(1) 聚合效能較佳，使 cDNA 產率增加，且全長 cDNA 的產出比例也較高（圖 7.5），(2) 具有較低或完全不具有 RNase H 之活性，(3) 熱穩定性較佳，能在較高溫度下進行反轉錄（≧ 50℃）。有些新發展出來的 RT 甚至標榜具有對反應抑制劑的抗拒性。

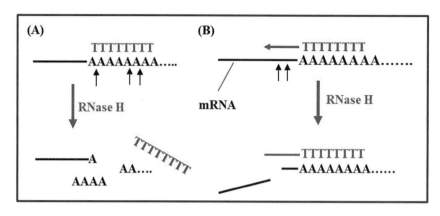

**圖 7.4　反轉錄酶所含 RNase H 活性不利於反轉錄**

RNase H 會切割 (A)：與 oligo (dT) 引子黏合的巨腺嘌呤（poly (A)），或是 (B)：反轉錄酶延伸中作為模板的 mRNA。小箭頭表示 RNase H 的切割位。

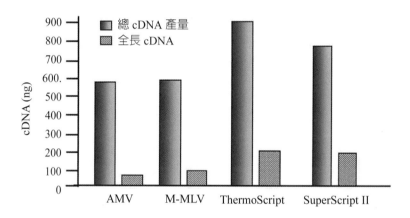

**圖 7.5　四種反轉錄酶產製 cDNA 總量及全長 cDNA 量之比較**

2. **熱穩定性酵素對 RT 的效益**：有些 RNA 在溫度超過 65℃ 便會裂解，因此，RT
的反應溫度多半不可 > 65℃，尤其是後續 PCR 要增幅的目標片段若超過 1 kb 的
話。多半市售試劑組所提供的**標準反應流程**（**protocol**）建議 RT 反應是在 42℃
下進行；但照理說，溫度較低時，很多 RNA 都傾向於會形成特定的二級結構
（**secondary structure**），這些二級結構不但會影響 RT 反應時引子的黏合，也
會造成反轉錄酶的延伸，後續的 PCR 便很可能以失敗作收；若反轉錄酶能在
較高的溫度反應，也就是反應的**適切溫度**（**optimal temperature**）可以高一點
的話，RNA 的二級結構將較易解開或較不易形成，整個 RT-PCR 的產率與專一

性應該也會跟著提高。因此，筆者建議若可以的話，儘量採用較高的溫度來做RT。實際上，這個 RT 反應的適切溫度也經常是新研發出來的反轉錄酶被使用者高度關心的特性，例如：AMV RT: 37-45℃；M-MLV RT: 37℃；SuperScript II RT: 37-50℃；ThermoScript RT: 42-65℃。若使用最後者，RT 的溫度甚至可設定高於 60℃。另外還有兩種聚合酶，衍生自嗜熱性菌 *Thermus Thermophiles* 的 *Tth* 聚合酶及古生菌 *Carboxydothermus hydrogenoformans* 的 *C. therm.* 聚合酶，它們不但具有 RT 之活性，其熱穩定性使得它們也適用於 PCR，且其最佳之 RT 溫度都 ≧ 60℃，是另一 RT 之選擇。

3. **反轉錄的增進劑（enhancers）**：有些化學試劑已被證實可增進 RT，例如第三章中所提到的**甜菜鹼（betaine）**，不但對熱穩定性之聚合酶所參與運作的 PCR 有增進的作用，它對由 *C. therm.* 聚合酶所催化的 RT 也有顯著之促進作用。甘油（可加到 20%）或二甲基硫氧（DMSO，可加到 10%）會對雙股核酸起不穩定之效應，有利於促進 RNA 二級結構的解開。以先前的實驗經驗顯示，使用 SuperScript II RT，添加 10% 甘油，且在 45℃ 下進行 RT，經常會是一個好選擇。在典型 RT-PCR 步驟中，我們習慣取 1/10 體積的 RT 作用後之反應液來進行後續 PCR。因此，在 RT 所使用之高量甘油或二甲基硫氧會被稀釋，不會對 PCR 產生抑制作用。**乙醯基化的牛血清蛋白（acetylated-BSA）**也是另一個被證實具有增進 RT 靈敏度的試劑。在某個實驗中發現，添加 0.5 mg acetylated-BSA 於 SuperScript II 的 RT 反應中，可增進最終 PCR 的靈敏度達～100 倍。

## 7-4 單一步驟或兩步驟 RT-PCR

由於 RT 和 PCR 所使用的酵素及反應條件（包括成分）基本上就有差異，RT-PCR 是一個**兩步驟（two-step）**連續進行的實驗程序。先將萃取所得之 RNA 在一特定的條件下，以反轉錄酶進行反轉錄，之後取少量（約 10%）RT 產物（cDNA）作為模板，以另一適當的 PCR 條件下進行增幅。一般而言，RT 產物之成分似乎不會明顯地影響後續的 PCR，但有證據顯示，RT 產物若先以 RNase H 做處理，將可大量增進後續 PCR 之靈敏度，道理是，反轉錄後殘留的 RNA 也可能會與 PCR 的

引子間有某種程度的互補，干擾 PCR 增幅。因此，有些研究者認爲，RNase H 的前處理對試圖以 RT-PCR 增幅較長或全長 cDNA 時，經常是必須的。

其實我們也可採取單一步驟（one-step）RT-PCR；但切記，這並非眞正只有一個反應步驟，只是將 RT 與 PCR 反應於同一個反應管（或 PCR 管）中連續性的完成罷了。而這有何好處？這樣做不但簡化流程，當實驗樣品較多時就更能突顯其省時及降低被汙染機會的優勢。而且所有反轉錄生成之 cDNA 都會被用於 PCR，對內含目標 RNA 量極微的起始樣品，可增進其 RT-PCR 的靈敏度。單一步驟 RT-PCR 是將 RNA、RT 引子、dNTP、PCR 引子、適當緩衝液成分、反轉錄酶，及 PCR 之聚合酶一起加入 PCR 管中，只需在典型 PCR 的熱循環設定前多加一個恆定溫度的反轉錄步驟（例如：42℃，1 小時）來製備 cDNA，之後就接續進入先期解鏈（94℃，2-5 分鐘）之 PCR 第一步驟。此種 RT-PCR 可混和使用兩個聚合酶，其中一個爲反轉錄酶，另一個則是負責 PCR 之 DNA 聚合酶，例如 AMV RT 加上 *AmpliTaq* 聚合酶，又如 *C. therm.* 聚合酶與 *Taq* 聚合酶的混和。有些單一步驟 RT-PCR 只使用單一酶素，同時具有 RT 及熱穩定性 PCR 增幅 DNA 之活性。此種酶素包括 *C. therm.* 聚合酶及 *Tth* 聚合酶。*Tth* 聚合酶是較早期被運用於此方面的酵素，但具有兩項較大的缺點：其一是它的 RT 活性比前述的多數反轉錄酶的效率都來得低；另一就是它的 RT 反應需依賴 $Mn^{2+}$，而 $Mn^{2+}$ 的存在卻會造成後續 PCR 增幅的錯誤率明顯上升，因此限制了它被運用於對正確性要求較高的研究；反觀 *C. therm.* 聚合酶，它的 DNA 聚合最佳溫度爲 60-70℃，可於高溫進行 RT。若添加 5% DMSO 或 1-2 M 的甜菜鹼，可有效克服高 GC 含量 RNA 所形成之二級結構，增進 RT 效率，而且它的 RT 活性是以 $Mg^{2+}$ 作爲輔助因子，因此沒有降低忠誠性的問題。

兩步驟或單一步驟 RT-PCR，如何抉擇？若欲分析之樣品數量甚多，當然應選擇單一步驟 RT-PCR。然而使用單一酶素並不必然具有優勢，曾有一項研究顯示，使用混合酶素 AMV + *AmpliTaq* 比使用單一酶素 *Tth* 聚合酶的靈敏度要來得高，且較不受樣品製備時 RNA 品質的差異性影響。當然使用單一酶素 *C. therm.* 聚合酶有可能會比單一酶素 *Tth* 聚合酶來得好，但目前並沒有做過測試比較。

## 7-5 RT-PCR 常用於分析特定基因之差異性表現

　　由於不需使用螢光或同位素標記之引子或探針，且不牽涉到耗時的雜交步驟，例如北方轉漬法（**northern blotting**）、**S1 mapping**、**RNase protection assay**，及引子延伸（**primer extension**）等方法，比起早期的研究方法，RT-PCR 顯然是一個兼具快捷與靈敏性且最廣泛被運用於分析基因差異性表現的方法。不管是分析不同兩類細胞（例如不同發育階段之細胞）中之相同目標基因的表現差異，或是研究特定藥物或荷爾蒙對細胞中之一目標基因的轉錄影響，RT-PCR 都是個非常有效率的研究利器。舉例來說，若想探討胰島素對肝細胞中之基因 X 的表現有何影響？實驗的流程大致上就如圖 7.6 中的描述，首先培養兩批相同的肝細胞，其中一批以胰島素處理，另一批則不處理，作為對照組。之後由此兩批細胞中分別萃取整體 RNA（total mRNA），各取等量之 RNA 進行反轉錄，再將所生成之 cDNA 作為 PCR 之模板，進行基因 X 片段的增幅。若胰島素會促進基因 X 的表現量增加 3 倍，基因 X 的 mRNA copy 數會增加 3 倍，理論上，基因 X 的 cDNA 也應增加 3 倍，而後續的 PCR 增幅便能觀察到明顯的相對產率增加。值得注意的是，膠體電泳分析的最終產物相對量很可能不會是 3 倍，理由是 PCR 循環增幅中有甚多變數，精確度不易掌控；較精確定量目標 cDNA 相對量的方法應該是即時 **PCR**（**real-time PCR**），這個我們會在第八章做介紹。

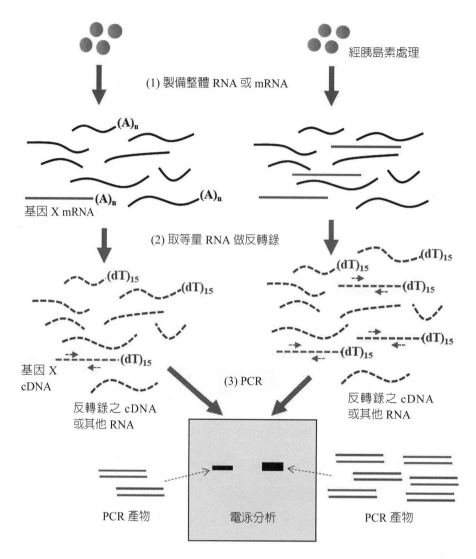

**圖 7.6 RT-PCR 分析胰島素刺激造成肝細胞中基因 X 的差異性表現**

步驟 (1) 後所得直線分子代表基因 X 的 mRNA，曲線代表其他 RNA；步驟 (2) 後所得之虛線直線代表基因 X 之 cDNA，互補的小箭頭是 PCR 引子；虛線曲線代表其他 cDNA 或 RNA。

# 參考文獻

1. Chomczynski, P., and Sacchi, N. (1987). Single-step method of RNA isolation by acid guanidinium thiocyanate-phenol-chloroform extraction. *Anal. Biochem.* **162**: 156-9.

2. Boeke, J.D. (1990). Reverse transcriptase, the end of the chromosome, and the end of life. *Cell*: **61**: 193-5.

3. Gerard, G.F. (1998). Reverse transcriptase: a historical perspective. *Focus* **20**: 65-7.

4. Malboeuf, C.M., Isaacs, S.J., Tran, N.H., and Kim, B. (2001). Thermal effects on reverse transcription: improvement of accuracy and processivity in cDNA synthesis. *BioTechniques* **30**: 1074-84.

5. Shalka, A.M., and Goff, S.P. (1993). Reverse transcriptase, pp. 1-4. CSH Laboratory Press, Cold Spring Harbor, NY.

6. Kotewicz, M.L., Sampson, C.M., D'Alessio, J.M., and Gerard, G.F. (1988). Isolation oif cloned Molony murine leukemia virus reverse transcriptase lacking ribonuclease H activity. *Nucleic Acids Res.* **16**: 265-77.

7. Frohman, M.A., Dush, M.K., and Martin, G.R. (1988). Rapid production of full-length cDNAs from rare transcripts: amplifyication using a single gene-specific oligonucleotide primer. *Proc. Natl. Acad. Sci. USA* **85**: 8998-9002.

8. Myers, T.W., and Gelfand, D.H. (1991）Reverse transcription and DNA amplification by a *Thermus thermophiles* DNA polymerase. *Biochemistry* **30**: 7661-6.

9. Myers, T.W., Sigua, C.L., Lawyer, F.C., and Gelfand, D.H. (1995). Fidelity of MMLV reverse transcriptase and *Thermus thermophiles* DNA polymerase during reverse transcription and DNA amplification. *FASEB J.* **9**: A1336.

10. Fuqua, S.A.W., Fitzgerald, S.D., and McGuire, W.L. (1990). A simple polymerase chain reaction method for detection and cloning of low-abundance transcripts. *BioTechniques* **9**: 206-11.

11. Young, K.K.Y., Resnick, R.M., and Myers, T.W. (1993). Detection of hepatitis C

virus RNA by a combined reverse transcription-polymerase chain reaction assay. *J. Clin. Microbiol.* **31**: 882-6.

12. Myers, T.W., Sigua, C.L., and Gelfand, D.H. (1994). High temperature reverse transcription and PCR with *Thermus thermophiles* DNA polymerase. *Miami Short Reports* **4**: 87.

13. Hagen-Mann, K., and Mann, W. (1995). RT-PCR and alternative methods to PCR for *in vitro* amplification of nucleic acids. *Exp. Clin. Endocrinol. Diabetes* **103**: 150-5.

14. Sellner, L.N., and Turbett, G.R. (1998). Comparison of three RT-PCR methods. *BioTechniques* **25**: 230-4.

15. Grady, L.J., and Campbell, W.P. (1989). Amplification of large RNAs (> 1.5 kb) by polymerase chain reaction. *BioTechniques* **7**: 798-800.

16. Mallet, F., Oriol, G., Mary, C., Verrier, B., and Mandrad, B. (1995). Continuous RT-PCR using AMV-RT and *Taq* polymerase: characterization and comparison to uncouples procedure. *BioTechniques* **18**: 678-87.

17. Wang, R.-F., Cao, W.-W., and Jognson, M.G. (1992). A simple, single tube, single buffer system for RNA-PCR. *BioTechniques* **12**: 702-4.

# CHAPTER 8

## 定量 PCR 與即時 PCR
### Quantitative PCR and Real-Time PCR

　　筆者常以此比喻，PCR 是一種技術，它可以將可能存在於一大堆黑沙子中的幾顆金沙子篩選出來，並且將之複製出超過幾百萬顆的金沙子。如此，不但能證明這堆黑沙子中的確摻有金沙子，且增幅出來的金沙子也可作爲後續相關之使用（例如製成金鎖片等等）；然而典型的 PCR 並不能告訴我們原本這堆黑沙子中究竟有幾顆金沙子？很重要嗎？就如同以下情況，難道我們只需知道一個病人受何種病原感染，而不需要知道病患血液或體液中的病毒或細菌量已經有多少？當然不是，今日在流行性疾病偵測與醫學臨床診斷上都需依賴一特定定量技術來準確地、專一性地偵測某目標 DNA 於一特定樣品中的起始濃度（或 copy 數）。顯然，它對人類疾病診斷、動植物疫病防疫及輸入農產品的檢測等，都極具重要性。

　　其實在 1990 年之前，就有人發展出以 PCR 來定量目標基因（或 DNA 片段）的分子數（或 copy 數）的方法。這些方法不需使用螢光染劑、探針或引子，而是以**終端 PCR（end-point PCR）**的方式，利用傳統 PCR 來推算目標 DNA 在 PCR 前與 PCR 增幅後產物的量化關係。雖然沒有現今流行的**即時聚合酶鏈鎖反應（real-time PCR）**來得快速與高效率，但其準確度也很高，且分析的成本相對低廉。若將生技研發的成本列入考慮，這點就值得我們花一點篇幅於後續的章節中將這個早期的方法做個介紹。

## 8-1 早期定量 PCR 是一種終端 PCR（End-Point PCR）的分析方式

　　早期的定量 PCR 是在 PCR 所有循環都做完後，以洋菜膠電泳分析產物產量，再以之反推目標 DNA 在 PCR 之前的起始濃度或 copy 數。對於反應過程中之目標產物並不做逐個循環（**cycle-by-cycle**）的光學分析與紀錄，因此不叫作**即時 PCR（real-time PCR）**，而是一種終端 PCR 的分析方式。

### 1. 定量原理

　　這種方法又稱**競爭性 PCR（competitive PCR）**，其基本理論是在 PCR 的分析樣品中，加入一個已經被精確定量過的對照 DNA，若此 DNA 亦具有如目標 DNA 兩側一樣會被 PCR 引子黏合的序列，那麼，在同一 PCR 反應中，樣品中的目標

DNA（或基因）及加入的對照 DNA 的增幅就會是一種平行競爭的機制。當加入的對照 DNA 的 copy 數等於目標 DNA 的 copy 數，那麼，理論上它們的最終增幅產率就應該會相當接近。整個概念就如圖 8.1 所示，在一系列 PCR 反應中，每個 PCR 反應成分中，除了有等量的測試樣品 DNA 外，另外又加入一個等體積但不同稀釋濃度的對照 DNA。此 DNA 是已被精準定量，且一樣具有可被引子 F 及 R 黏合延伸的序列，只不過其增幅出的產物稍微大於或小於目標產物。在 PCR 循環後，進行洋菜膠電泳分析，並以**密度積分儀（densitometry）**測定每個 PCR 反應（(a)～(d)）中目標 DNA 與對照 DNA 的相對量，目標 DNA 的 PCR 產率若相近於某一對照 DNA 產物之濃度（圖中 (c) 的增幅產物），便可推論，在 PCR 增幅之前，

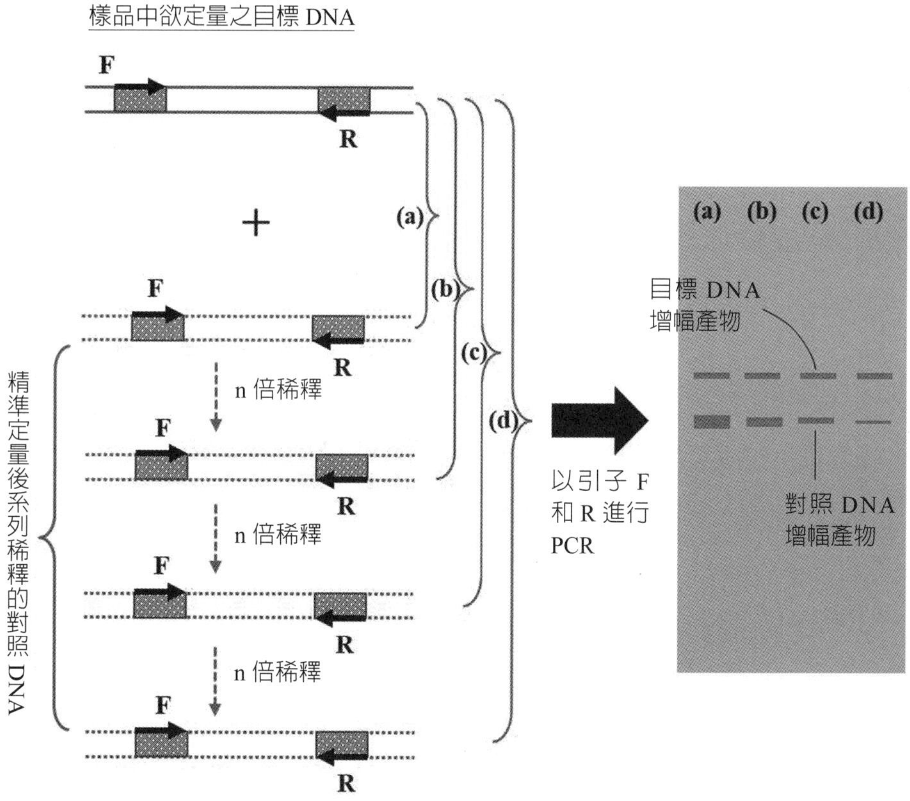

**圖 8.1　以競爭性 PCR 的方法定量目標 DNA**

製備一系列 PCR 反應，每個反應除了含等量測試樣品 DNA 外，再加入一個已經準確定量，但不同稀釋倍數的對照 DNA（虛線），它們具有與目標 DNA（實線）兩側相同的序列（以 ▨ 表示），可與 PCR 引子 F 和 R 黏合延伸，增幅出一個比目標 DNA 產物稍小的產物。

目標 DNA 的 copy 數就應該相當於所加入的對照 DNA 之 copy 數。若想得到更精確之定量，應重複此實驗，加入的一系列對照 DNA 濃度應接近 (c) 之濃度，且稀釋濃度倍數要適當的減小。

## 2. 對照 DNA 的設計

　　這個方法的最大賣點就是對照 DNA 能與目標 DNA 競爭引子的黏合，因此它必須帶有與目標 DNA 相同的引子黏合序列（如圖 8.1 中引子 F 與 R 的黏合位）。另外，它被增幅出的產物大小要明顯地不同於目標 DNA 的產出；但儘可能不要相差太大，因為在相同 PCR 條件下，長度相差太大的產物被增幅的效率也會有較大的差別。基本原則是，它與目標 DNA 增幅出的產物大小相差，要大於能被洋菜膠電泳清晰分離的最小相差值即可（約 ≥ 50 bp）。增幅產物的大小相差不能太大的另一考量是，我們經常使用溴化乙啶（**ethidium bromide**）染色，再加上密度積分儀來定 DNA 的量，對於 copy 數相當但大小不同的兩個 DNA，比較長的 DNA 會插入較多的染劑，其條帶亮度會高過較短的 DNA，在密度積分儀積分時就會產生誤差，且 DNA 長短相差愈大，這個誤差也就愈大。

　　根據多項實驗測試的結論，對照 DNA 兩引子間的核酸序列雖與那目標 DNA 的序列不同，但多半不會顯著地影響增幅的效率，除非引子間序列之 **GC 含量**（**GC content**）差異太大。也就是說，在設計對照 DNA 時，可以有蠻大的彈性，此序列與目標 DNA 序列之高度相似性並非絕對必要，但可以的話，高相似性當然更好。以下，筆者提出幾個製備對照 DNA 的方法，供讀者作為實驗參考：

(1) 有時，目標 DNA 序列中具有距離很近的兩個相同限制性核酸內切酶的切位（相距約 50～100 bp），就如圖 8.2 中之切位「A」，我們就可以將 PCR 增幅所得之目標 DNA 以限制性酵素 A 切割，純化兩端之 DNA 片段，以**連接酶**（**ligase**）連接，再以 F 及 R 引子放大。產製大量之對照 DNA。這樣的方法所製備的對照 DNA 除了長度稍微比目標 DNA 短一點外，其餘序列則完全與目標 DNA 相同。雖然這種方式所製備的對照 DNA 在定量 PCR 時相當理想，但運氣需夠好，要剛好有此兩個限制性酵素切位「A」的存在，才有可能採用此方法。

(2) 若對照 DNA 介於 F 與 R 引子間的序列可容許其與目標 DNA 之序列有較大的差異，那麼對照 DNA 的製備方法就變得較為多元且簡單。以下僅提出三個製備

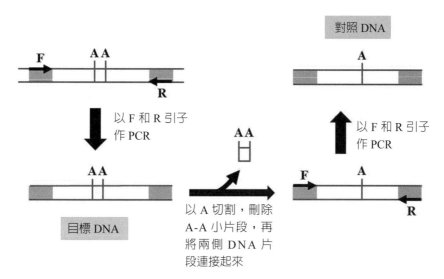

圖 8.2　將目標 DNA 中的兩個限制性切位 (A) 間的小片段切除，再連接兩側 DNA 片段，以製備定量 PCR 所需之對照 DNA

方法，給讀者做參考：

① **直接將含引子 F 及 R 序列之兩個連接子連接在適當長度之 DNA 的兩端：**

如圖 8.3 所示，我們可以就地取材，利用在從事別的實驗時可取得的任一段限制性酵素切割後的 DNA 片段（圖中之片段 X），只要其長度與目標 DNA 增幅區間的長度有適中的差異，將兩個連接子連接在它兩端即可。當然，這兩個連接子必須分別帶有目標 DNA 增幅時的引子（F 和 R）互補序列（圖中陰影部分）。

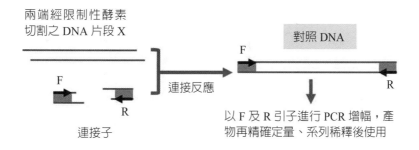

圖 8.3　將一 DNA 兩端以限制性酵素切割，再連接連接子來製作對照 DNA

實驗室中若有兩端經兩種限制性酵素切割，長度又剛好適中的現成 DNA 片段，只要將其兩側連接上帶有增幅目標 DNA 的引子序列（F 和 R）的連接子，以 F 和 R 增幅後即可作為對照 DNA。

② **以引子 F 和 R 隨機增幅出與目標 DNA 長度略有差異之對照 DNA：**

這個方法很簡單，首先利用 F 和 R 引子（即將用來定量目標 DNA 之引子對）
及一基因體 DNA（沒限定哪一種）來進行一個「低嚴謹度」之 PCR 增幅，
也就是在 PCR 循環時故意採用較低的黏合溫度，使得 PCR 生成很多非專一
性產物。之後，進行電泳分離並篩選純化出一個稍大或稍小於目標 DNA 的
增幅片段作為對照 DNA。這個對照 DNA 理論上兩側極可能也具有 F 及 R
引子的序列。將之純化後，以 F 及 R 引子在正常且具有專一性的黏合溫度
下，再次增幅增加產量，精確定量後便能用來作為定量目標 DNA 所需之對
照 DNA。

③ **以含有 F 及 R 引子序列的一對組合式（composite）引子利用 PCR 來增幅出
對照 DNA：**

此種方法的概念如下圖（圖 8.4）。在早期，這種方法所製備出之對照 DNA
又被稱為 PCR MIMIC，主因也是取其一樣具有與目標 DNA 兩側相同之序列
F 及 R，且 size 也相差不大的意思。圖中兩個組合式引子之 5' 端分別為增幅
目標 DNA 之 F 和 R 序列（粗線條），而 3' 端的序列（箭頭）則是可專一
性黏合並延伸我們所設計的對照 DNA 片段。一樣的，所製備的 PCR MIMIC
具有與目標 DNA 兩側相同之 F 及 R 序列，但中間區域序列不同，且 size 則
略大於或略小於增幅的目標 DNA。

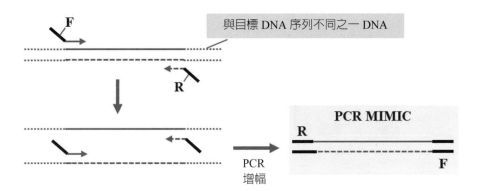

**圖 8.4　以組合式的引子來製造對照 DNA**

利用一對組合式引子來增幅，它們會將 F 和 R 的序列加到一段與目標 PCR 產物長度適當差異的對照
DNA 的兩瑞。

# 8-2 新一代的定量 PCR：即時 PCR（Real-Time PCR）

自 1990 年代起，由於一些化學螢光分子與偵測技術的快速發展與應用，定量 PCR 已進入了一個新的紀元，現今普遍被稱為**即時聚合酶鏈鎖反應**（**real-time polymerase chain reaction，或 real-time PCR**）。要特別提醒讀者的是，它的縮寫也是「RT-PCR」，應避免與反轉錄 PCR（reverse transcription PCR; RT-PCR）混為一談。早期的定量 PCR 就如 8-1 節中的描述，是藉由目標 DNA 與一個經過精確定量之對照 DNA，在經過固定循環次數增幅後，根據兩者產物的相對量來評估並定量目標 DNA；real-time PCR 則是以目標 DNA 在增幅過程中之產物與循環次數之關係做分析計算，從而定出目標 DNA 之起始量。計算基礎較著重於 PCR 過程中每一個循環的產物生成量，而不是 PCR 增幅後的最終產物量，甚至於完全不需要使用洋菜膠電泳來分析 PCR 的最終產物。

除了可以節省洋菜膠電泳分析所需之時間與材料花費外，real-time PCR 定量的最大優勢是高準確率與靈敏度、分析快速且效率高。real-time PCR 需使用特殊螢光分子或探針，在 PCR 反應過程中，因應產物的遞增會造成螢光釋出量的變化（依循環次數增加而增加），此變化量再經由 PCR 儀器中內建之光學系統偵測與電腦軟體分析，便可即時記錄 cycle 數與螢光強度，建構反應曲線圖，最終可計算出目標 DNA 的起始濃度。

## 8-2-1 即時 PCR 之定量原理

簡單的說，我們是在某種螢光探針（或分子）的存在下，以 PCR 來增幅微量的目標 DNA，而此探針是會結合在目標 DNA 上的。因此，當目標 DNA 的濃度在一個循環接著一個循環的增幅過程中持續增加時，所結合的螢光（探針）分子也會跟著增加，而這些結合的螢光分子所釋放之螢光強度當然就能反映目標 DNA 的濃度。整個增幅過程利用光學系統偵測、電腦分析記錄，便能得出 cycle 數與螢光強度之關係圖（圖 8.5）。圖中「螢光背景值」指的是目標 DNA 幾乎尚未被增幅時的螢光背景強度，而「**門檻值**」（**threshold value**）是一個需事先設定或調整之螢光值，可以由 PCR 儀器之電腦系統自動設定，一般會稍高於背景螢光值。它代表的是目標 DNA 在 PCR 反應過程中，剛進入對數增幅（$2^n$）階段不久時所釋出

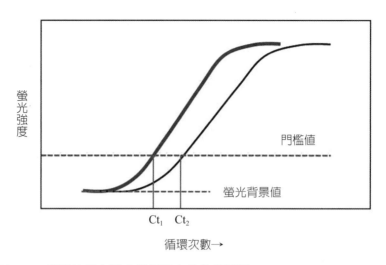

圖 8.5　即時 PCR 偵測的螢光強度與循環次數的相關性

兩條曲線的數據是來自對目標 DNA 含量不同的兩個樣品所做的即時 PCR 定量所得之結果。

之螢光值，若設定的螢光值遠高於或遠低於這個值，循環次數與 log（螢光強度）便不再是線性關係，也就不能精確地評估 cycle 數與目標 DNA 產量的關係。**Ct 值**（**threshold cycle value**）則是代表目標 DNA 定量時，螢光強度達到門檻值所需之 cycle 數。若樣品中的起始目標 DNA 濃度較高，理論上在相同 PCR 增幅條件下，只需較少的 cycle 數便能增幅出相等的產物量，螢光強度達到設定的門檻值時所需之 cycle 數也就較少，Ct 值變低，圖 8.5 中的曲線就會往左移（圖中粗線條曲線，門檻值變化：$Ct_2 \rightarrow Ct_1$）。Ct 值基本上是與樣品中之起始目標 DNA 的濃度成反比的，若 $Ct_1$（粗曲線）－ $Ct_2$（細曲線）＝ $\Delta Ct$ ＝ $-3$，那麼理論上獲致粗曲線數據之樣品中所含的目標 DNA 應是那獲致細曲線數據之樣品的 8 倍（$2^{-\Delta Ct} = 2^3$）。

## 8-2-2　即時 PCR 之定量方式

real-time PCR 的定量方式可分成兩種：**絕對定量**（**absolute quantification**）與**相對定量**（**relative qauntification**）。絕對定量常用於臨床診斷時對特定病原，如 HCV 病毒量之偵測；而相對定量則主要用來做特定基因表現之研究。

1. **絕對定量**：是將樣品中之目標 DNA 做絕對之量化，也就是定出其在樣品中有多少 ng、μmole、pg/mL，或 copy 數。這個流程有些類似我們以 **Bradford assay** 來定量蛋白質，一樣需先用一已精確定量之（目標 DNA）來建構一條 Ct 值 vs.

DNA 量的標準曲線，然後再由測試樣品經相同 PCR 增幅所測得之 Ct 值與此標準曲線的對應關係，找出樣品中目標 DNA 的量。我們且利用圖 8.6 來仔細說明。先將已精確定量後之目標 DNA 系列稀釋，進行 PCR 來決定不同 DNA copy 數所測得之 Ct 值（圖 8.6(A)），再利用這些數據建構一 Ct 值對 log（DNA copy 數）之關係曲線（圖 8.6(B)）。之後我們便可以根據這個線性關係，由測試樣品進行相同條件之 PCR 所獲得之 Ct 值去定量其所含目標 DNA 之 copy 數。

**(A)**

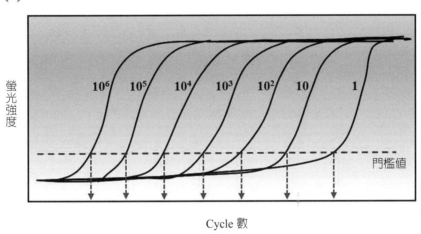

**(B)**

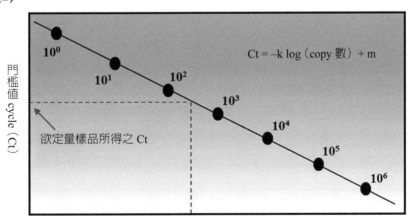

**圖 8.6　絕對定量的即時 PCR 需建構一標準曲線**

(A) 使用不同稀釋倍數的標準品測量各自的 Ct 值（箭頭所指之 cycle 數）；(B) 以測得之 Ct 值與 log（標準品中目標 DNA 之 copy 數）建構標準曲線，由欲測試樣品所得之 Ct 值，就能算出其內含之目標 DNA copy 數。（參考資料：https://docsplayer.com/88068963-Powerpoint- 簡報.html）

2. **相對定量**：此種定量方式並不需要建構標準曲線，目標 DNA（或基因）的量通常是以相對於某個**內源性參考基因**（endogenous reference gene）的量來表示。舉例來說，若想研究**胰島素**（insulin）對肝細胞中**磷酸果糖激酶 -1**（phosphofructokinase-1; PFK-1）的基因表現是否有影響？影響的程度如何？我們就會先培養兩批肝細胞，一批以胰島素處理，另一批則不處理，再分別進行**反轉錄 - 即時 PCR**（reverse transcription-real time PCR），或稱**反轉錄 - 定量 PCR**（reverse transcription-quantitative PCR; RT-qPCR）。過程是先由此兩批細胞分別抽取 total RNA，然後以等量的 RNA 進行反轉錄，再針對此兩批細胞所反轉錄出來的 PFK-1 的 cDNA 來定量；然而胰島素對 PFK-1 基因表現的調節並不能只單純的比較來自這兩批細胞的 PFK-1 cDNA 的相對量，原因是兩批細胞的培養條件、RNA 抽取及反轉錄反應等都可能有一些實驗上的差異或誤差。為此，我們一般需選擇並定量一個內源性參考基因，例如 actin 基因，來做校正。它理應不受胰島素影響，但會受 RNA 製備及反轉錄效率的差異而有些微的波動。每批細胞 cDNA 中偵測所得之 PFK-1 量必須先以該批細胞的 actin 基因 cDNA 量做校正，各自校正後的量再互相比較，才能準確地測出胰島素對 PFK-1 基因表現的影響。整個相對定量的概念就如圖 8.7 所示，實驗中需設計兩個專一性的螢光探針，分別偵測每批細胞中之 PFK-1 與 actin 之 Ct 值，以 actin 之 Ct 值做校正，校正後之 PFK-1 的 Ct 值 = $\Delta$Ct。有胰島素處理之細胞所得之校正後 $\Delta Ct_{(+)}$ = 15 – 8 = 7；而沒有胰島素處理之細胞所得之校正後 DCt(-)= 14 – 9 = 5。$\Delta Ct_{(+)} - \Delta Ct_{(-)} = \Delta\Delta Ct = 2$，所以真正胰島素對細胞 PFK-1 的基因表現影響也就以 $2^{-\Delta\Delta Ct}$（$2^{-2}$ = 1/4）倍來表示，結論是胰島素會負面調控肝細胞中 PFK-1 基因之表現，降低為無胰島素作用時的 1/4 倍。值得注意的是，這是一個相對定量的表示，若用絕對定量的方式，我們只能針對這兩批細胞中的 PFK-1 的 copy 數或 mole 數做精確的定量，但兩批細胞所定量的值不見得能相互比較，若無內源性參考基因的定量值做校正，就如前述，兩批細胞 RNA 的取量，反轉錄反應的效率誤差，甚至 real-time PCR 定量過程中的些微差異，都足以造成整體 cDNA，包括 PFK-1 的定量值有很大的誤差，其相互間的比較也就失去意義了。

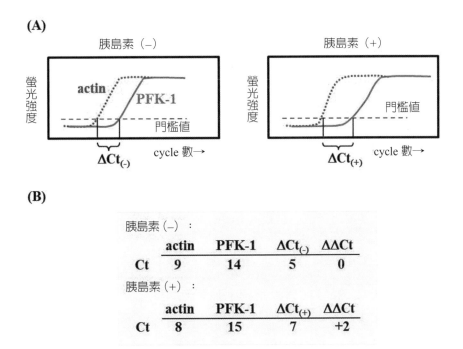

**圖 8.7**　以即時 PCR 相對定量來分析胰島素處理時，肝細胞中之 PFK-1 相對於 actin 的表現量
(A) 有或無胰島素處理所得 actin 及 PFK-1 之 cDNA 即時 PCR 定量，分別獲得 Ct 值及 $\Delta Ct_{(+)}$ 和 $\Delta Ct_{(-)}$；(B) $\Delta\Delta Ct = \Delta Ct_{(+)} - \Delta Ct_{(-)}$

### 8-2-3　Real-Time PCR 需使用螢光探針（Fluorescent Probes）

　　由於螢光偵測的高敏感性，使得即時 PCR 可以在每個循環中，根據螢光強度的變化來偵測產物的增加，再加以記錄定量，這就是它比終端 PCR 定量方法（8-1節）的靈敏度高很多的原因。根據偵測的特性及目的的差異，用來偵測 PCR 循環中產物量改變的螢光探針可分成專一性與非專一性探針兩大類，茲分述如下：

1. **非專一性探針**：目前最常用的是一種可與雙股 DNA 結合，並散發出螢光的 DNA **嵌入劑**（**intercalator**），稱為 SYBR Green I（圖 8.8A）。它的激發光波長為 490 nm，散發光波長 520 nm。它會結合在 DNA 的次凹槽（**minor groove**），釋出的螢光訊號比沒結合在 DNA 時要高出 800 倍以上，其螢光強度是另一常用於 DNA 電泳的螢光染劑溴化乙錠（**ethidium bromide**）的 25～100 倍，非常敏感。尤其重要的是，它對 *Taq* 聚合酶的活性並沒有抑制作用。SYBR Green I 常用於 real-

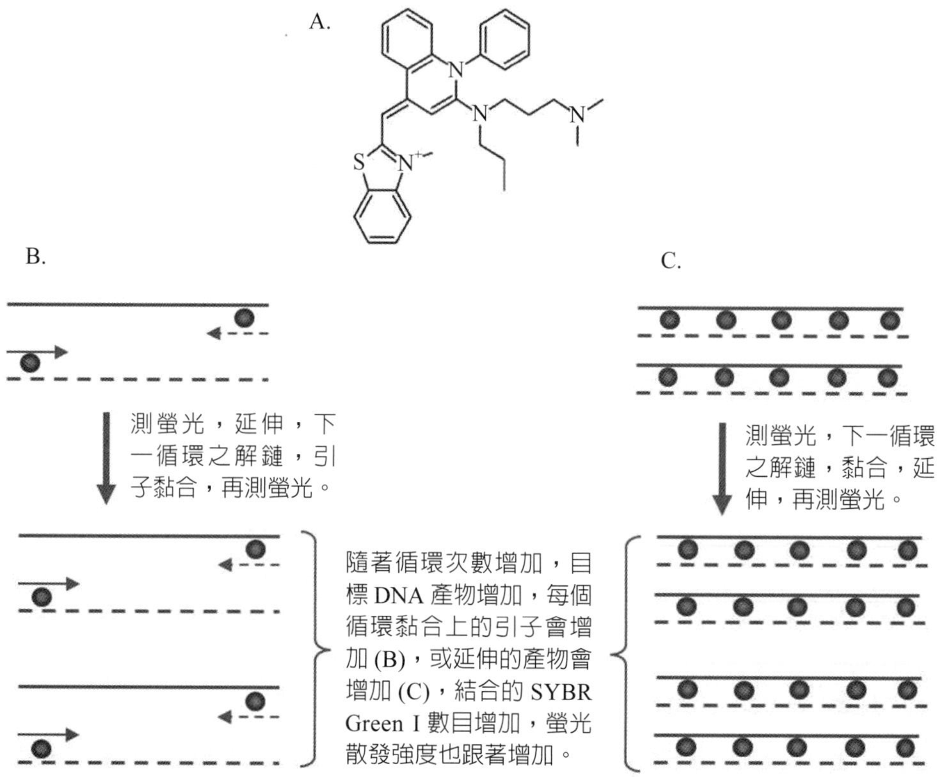

A.

B.

測螢光，延伸，下
一循環之解鏈，引
子黏合，再測螢光。

隨著循環次數增加，目
標 DNA 產物增加，每個
循環黏合上的引子會增
加 (B)，或延伸的產物會
增加 (C)，結合的 SYBR
Green I 數目增加，螢光
散發強度也跟著增加。

C.

測螢光，下一循環
之解鏈，黏合，延
伸，再測螢光。

**圖 8.8　SYBR Green I 用於即時 PCR 之定量**

(A)SYBR Green I 之結構，它（●）的螢光強度的測量可以被設定在每個循環的引子黏合步驟 (B)，或
延伸步驟 (C) 時。

time PCR 絕對定量分析，不具有專一性，會與 PCR 過程中生成的雙股目標 DNA
產物結合，產生螢光。其散發的螢光依循環次數而增加，一般我們會設定在每個
循環的黏合步驟（圖 8.8B）或延伸階段（圖 8.8C）的特定時間點來偵測螢光強
度，最後再決定其 Ct 值。要特別注意是，SYBR Green I 不但會嵌入目標 DNA，
也會與 PCR 所產生的非專一性雙股 DNA 或引子**雙倍體**（**primer dimer**，參閱 2-4
小節）結合，產生螢光，最終造成 Ct 值的測定誤差。因此使用此探針前，謹慎
起見，應先以 cycle-by-cycle 的方式確認所採用的 PCR 條件下，目標產物是否可
專一性產出？是否有嚴重的引子雙倍體生成？

2. **專一性探針**：顧名思義，這一類的探針都是會專一性地與目標 DNA 雜交的**寡核
苷酸**（**oligonucleotides**）。它們只會偵測目標 DNA，可避免來自非專一性 PCR

產物或引子雙倍體的螢光背景值。另一項專一性探針的優勢也是 SYBR Green I 所無法提供的，我們可以使用多個具不同螢光的探針，針對多個不同目標 DNA 同時定量，這有些類似於多重引子 **PCR**（**mPCR**，第六章）。可想而知，這種定量的應用除了需花費較高實驗成本外，尚需搭配良好的探針設計。

以專一性探針做 PCR 定量的偵測方法不只一種，它們的偵測原理也有所差異，茲分述如下：

**(1) *Taq*Man 探針偵測**

此類 oligo 探針的長度約為 18 到 22 核苷酸（圖 8.9 上小框），其序列的設計使其可與介於兩引子區間的一股目標 DNA 序列雜交，探針之最 5' 核苷酸被標上一個螢光基團（**fluorescence group**），而最 3' 端則被標上一個終結基團（**quench group, 或 quencher**）。在未結合目標 DNA 時，理論上，當螢光基團被激發後會釋

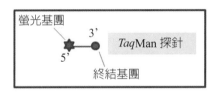

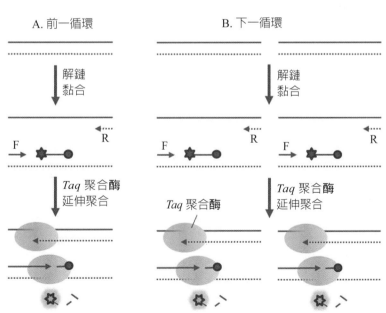

**圖 8.9 以 *Taq*Man 專一性螢光探針進行即時 PCR**

前一循環 (A) 在黏合步驟時，探針會互補於目標 DNA 之一股（虛線股），之後聚合酶延伸同時切割探針，釋出螢光。完成聚合生成之兩個目標 DNA 分子可再進行下一循環 (B)。

出一低能量的光（較長的散發光波長），但近距離的終結基團卻可藉由螢光能量傳遞的特性，吸收其釋出之大部分能量，使得所測得的螢光強度只是微弱的背景值；但在 PCR 每個循環的黏合階段（圖 8.9），除了引子外，此螢光探針也會黏合或雜交在目標 DNA 上。當 *Taq* DNA 聚合酶由引子的 3' 開始往下游延伸至此探針時，聚合酶所具有之 5' → 3' 核酸外切酶（exonuclease）的活性會搭配 DNA 聚合的活性〔此兩活性的協調運作被稱爲「缺口位移」（nick translation）〕，一邊聚合，一邊由探針之 5' 端將其核苷酸一個一個水解。因此，帶有 5' 端螢光團之核苷酸被切開，遠離終結基團，一旦被激發，便會釋出特定波長之螢光。而且，當循環次數增加，目標 DNA 產物遞增，會雜交的探針量及釋出的螢光強度當然也會跟著增加（圖 8.9B）。不難理解的是，每個循環的延伸步驟結束時，即是螢光偵測時間點。

**(2) 螢光共振能量轉移**（fluorescence resonance energy transfer; FRET）

這是一種螢光偵測技術，將兩個螢光基團分別連接在兩個生物物質（例如兩個蛋白）上，一個爲螢光共振能量之**提供者**（donor），另一個爲共振能量之**接受者**（acceptor），如此就可以用來分析在特定條件下，這兩個物質間的距離。當 donor 螢光團（圖 8.10A 上之 Ⓓ）受激發光激發後，本應釋放出一較低能量之螢光（X nm）；但若帶有 acceptor 螢光團（圖 8.10A 中的 Ⓐ）的物質若與之相當接近，又剛好可「接受」此 X nm 波長光的能量而被激發，最終就只能釋出另一特定、且能量更低（或波長更長）的光，此長波長的光（Y nm）的強度與此兩物質之（分子距離）[6] 成反比關係，此即 FRET。

我們也可利用這個原理來設計專一性的探針，用來做 real-time PCR 的定量研究。這種螢光探針其實是一對會雜交上同一股目標 DNA 的 oligonucleotides。它們雜交的位置相鄰，而且其中一個探針的 5' 端鹼基會被標上 donor（或 acceptor）螢光基團，而另一探針的 3' 端鹼基則被標上 acceptor（或 donor）螢光基團（圖 8.10A）。Ⓓ 和 Ⓐ 基團可互換，它們雖被標在兩個探針，但必須標在緊鄰的兩個核苷酸。在每個 PCR 的循環之黏合步驟，這一對螢光探針就會與 PCR 增幅的引子一起雜交在目標 DNA 上。若設定好後以激發光激發，便可測得波長 Y nm 的光強度。當達到延伸步驟時，*Taq* DNA 聚合酶又可利用缺口位移的機制，邊延伸互補股，邊分解去除探針，完成此循環之增幅。到下個循環（圖 8.10B），相同的流程

即再重複進行，只不過目標 DNA 產物增加，黏合之 Ⓐ 和 Ⓓ 探針增多，所偵測到的 Y nm 光的強度也就跟著增強。

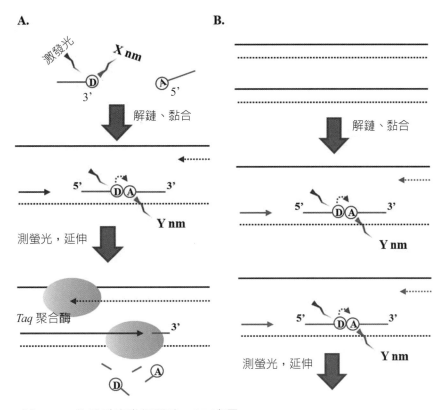

**圖 8.10　以 FRET 的設計來進行即時 PCR 定量**

(A) 和 (B) 代表前後兩個 PCR 循環。兩個探針若未黏合上模板（A 上），激發光只會造成波長 X nm 光的釋出；在黏合步驟中，標有螢光基團 Ⓓ 和 Ⓐ 的探針會緊鄰地黏合在模板上，經激發後會釋出 Y nm 的螢光，測定後，聚合酶延伸，缺口位移，完成延伸後再繼續進行下一個循環 (B)。

**(3) 分子信標（molecular beacon）探針偵測：另一類的 FRET**

　　molecular beacon 探針其實是 90 年代就被發展出來的非同位素標定的 oligonucleotide 螢光探針，偵測具特定序列的核酸分子時具有很高的靈敏度。除了 real-time PCR 之外，此種探針也被廣泛地應用於核酸或基因相關之研究，包括多重引子 PCR（請參考本書第六章）及單一核苷酸多型性（**single nucleotide polymorphism**）分析。一個典型的 molecular beacon 探針長度約為 25 到 45 個核苷酸，如圖 8.11，其 5' 及 3' 端 5-7 個核苷酸序列是會相互互補，而中間的 loop 序列

則是被設計來與目標基因互補。其螢光的標記方式與偵測原理有些類似於 *Taq*Man 探針，5' 端標上螢光基團，3' 端則有終結基團。在沒有結合（或雜交）目標 DNA 時，游離的探針是以莖環結構存在，5' 端與 3' 端序列互補，螢光基團與終結基團靠得很近，激發螢光基團並不會產生螢光訊號；但在 PCR 循環中每次解鏈後，引子黏合時，探針中 loop 的序列就能雜交在目標 DNA 上，莖環結構解開，螢光基團遠離終結基團，一旦施予激發能量，便會釋出一特定波長之螢光（圖 8.12）。在 PCR 循環過程中，目標 DNA 濃度持續增加，

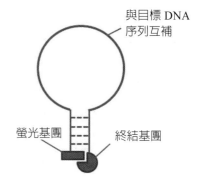

**圖 8.11 一個典型的 molecular beacon**

它的 5' 及 3' 端分別被標上一個化學螢光基團和終結基團，緊臨兩端的短序列會互補。

與之雜交之探針及釋放之螢光強度當然也會跟著增加，最終達到並超越門檻值 Ct。

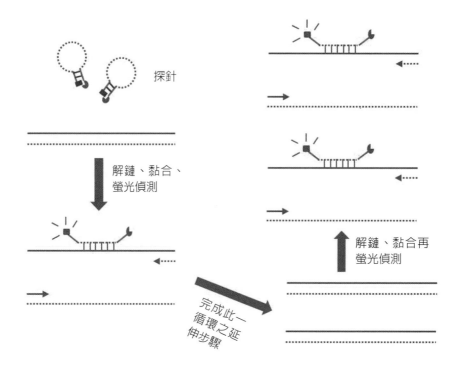

**圖 8.12 利用 molecular beacon 探針做 PCR 定量**

molecular beacon 探針在前後兩個 PCR 循環中之黏合偵測。完成一次 PCR 循環，目標產物倍增，在下一循環時，能黏合上目標 DNA 的引子及釋出之螢光強度也就跟著增加。

最後要補充說明的是，使用不同型態的探針，因其釋出螢光的原理有所差異，每個 PCR 循環的螢光偵測時間點就必須適切地被設定與調整，例如使用 SYBR Green I 時應選擇在黏合步驟或延伸步驟之最後階段做偵測；而選用 *Taq*Man 探針則不能在黏合步驟做偵測。

## 8-3 第三代的核酸 PCR 定量：數字 PCR（Digital PCR）dPCR

數字 PCR 是在 2017 才第一次被用於臨床偵測的方法，目前雖然還不是非常廣泛地被應用，但 dPCR 卻可能是目前靈敏度最高的核酸定量技術。由於使用了水乳化滴液（droplet）技術，這個定量方法又被稱爲 **Droplet Digital PCR（ddPCR）**。ddPCR 需使用螢光探針，但它卻不是即時 PCR，是終端（end-point）PCR。它是一絕對定量的方法，但又不需建立標準曲線。大致原理如下：含有目標 DNA 的樣品先高度稀釋，並隨機地分布到高達數萬個微滴液（droplet）中，期使每個微滴液最多只有一個 copy 的目標 DNA。這些微液滴再個別地進行 PCR 增幅。每個微滴液中是否含有目標 DNA，是經由液滴分析儀測定，PCR 增幅後產物螢光值若高過設定之閥值，即判定爲陽性。最後由計算所得之陽性液滴數與總液滴數的比值，便可以利用統計學之卜瓦松分布（**Poisson distribution**），精確計算樣品中目標 DNA 之 copy 數。理論上，即使樣品中只有一個 copy 的目標 DNA，ddPCR 也能偵測得到。目前它已被應用到一些特定的研究：包括病原體檢測、基因表達分析、癌症生物標誌研究及環境監測等。

## 參考文獻

1. Wiesner, V., Beinbrech, B., and Ruegg, J.C. (1993). Quantitative PCR. *Nature* **366**: 416.

2. Siebert, P.D., and Larrick, J.W. (1992). Compatitive PCR. *Nature* **359**: 557-8.

3. Raeymaekers, L. (1994). Comments on quantitative PCR. *Eur. Cytokine Network* **5**:

57.

4.  Raeymaekers, L. (1994). Quantitative PCR: Theoretical considerations with practical implications. *Anal. Biochem.* **214**: 582-5.

5.  Wang, A.M., Doyle, M.V., and Mark, D.F. (1989). Quantitation of mRNA by the polymerase chain reaction. *Proc. Natl. Acad. Sci. USA* **86**: 9717-21.

6.  Nicoletti, A., and Sassy-Prigent, C. (1996). An alternative quantitative polymerase chain reaction method. *Anal. Biochem.* **236**: 229-41.

7.  Foley, K.P., Leonard, M.W., and Engel, J.D. (1993). Quantitation of RNA using the polymerase chain reaction. *Trends Genet.* **9**: 380-5.

8.  Gilliland, G., Perrin, S., Blanchard, K., and Bunn, H.F. (1990). Analysis of cytokine mRNA and DNA: detection and quantitation by competitive polymerase chain reaction. *Proc. Natl. Acad. Sci. USA* **87**: 2725-9.

9.  Forster, E. (1993). An improved general method to generate internal standards for competitive PCR. *BioTechniques* **16**: 18-20.

10. Ferré, F. (1992). Quantitative or semi-quantitative PCR: relative versus myth. *PCR Methods Appl.* **2**:1-9.

11. Ferré, F., Marchese, A., Pezzoli, P., Griffin, S., Buxton, E., and Boyer, V. (1994). Quantitative PCR: An overview. *In Polymerase Chain Reaction* (K.B. Mullis, F. Ferré, and R.A. Gibbs, Eds), pp. 67-88. Birkhauser, Boston.

12. Haff, L.A. (1994). Improved quantitative PCR using nested primers. *PCR Methods Appl.* **3**: 332-7.

13. Sykes, P.J., Neoh, S.H., Brisco, M.J., Hughes, E., Condon, J., and Morley, A.A. (1992). Quantitation of targets for PCR by use of limiting dilution. *Biotechniques* **13**: 444-9.

14. Freeman, W.M., Walker, S.J., and Vrana, K.E. (1999). Quantitative RT-PCR: pitfalls and potential. *BioTechniques* **26**: 112-125.

15. Zheng, H., Yan, W., Toppari, J., and Härkönen, P. (2000). Improved nonradioactive RT-PCR method for relative quantification of mRNA. *BioTechniques* **28**: 832-4.

16. Bustin, S.A. (2000). Absolute quantification of mRNA real-time reverse transcription polymerase chain reaction assays. *J. Mol. Endocrinol.* **25**: 169-93.

17. Zipper, H., Brunner, H., Bernhagen, J., and Vitzthum, F. (2004). Investigations on DNA intercalation and surface binding by SYBR Green I, its structure determination and methodological implications. *Nucleic Acids Res.* **32**: e103.

18. Vitzthum, F., and Bernhagen, J. (2002). SYBR Green I: an ultrasensitive fluorescent dye for double-standed DNA quantification in solution and other applications. Recent Res. Devel. *Anal. Biochem.* **2**: 65-93.

19. Bengtsson, M., Karlsson, H.J., Westman, G., and Kubista, M. (2003). A new minor groove binding asymmetric cyanine reporter dye for real-time PCR. *Nucleic Acids Res.* **31**: e45.

20. Giglio, S., Monis, P.T., and Saint, C.P. (2003). Demonstration of preferential binding of SYBR Green I to specific DNA fragments in real-time multiplex PCR. *Nucleic Acids Res.* **31**: e136.

21. Tyagi, S., and Kramer, F.R. (1996). Molecular beacons: probes that fluoresce upon hybridization. *Nature Biotechnol.* **14**: 303-8.

22. Vet, J.A.M. and Marras, S.A.E. (2004). Design and optimization of molecular beacon real-time polymerase chain reaction assays. *In Oligonucleotide synthesis: Methods and Applications.* (P. Herdewijn, ed.), pp. 273-290. Humana Press, Totowa, NJ.

23. Crockett, A.O., and Wittwer, C.T. (2001). Fluorescein-labeled oligonucleotides for real-time PCR: using the inherent quenching of deoxyguanosine nucleotides. *Anal. Biochem.* **290**: 89-97.

24. Livak, K.J., Flood, S.J.A., Marmaro, J., Giusti, W., and Deetz, K. (1995). Oligonucleotides with fluorescent dye at opposite ends provide a quenched probe system useful for detecting PCR product and nucleic acid hybridization. *PCR Methods Appl.* **4**: 357-62.

25. Holland, P.M., Abramson, R.D., Watson, R., and Gelfand, D.H. (1991). Detection of specific polymerase chain reaction product by utilizing the 5' → 3' exonuclease activity of *Thermus aquaticus* DNA polymerase. *Proc. Natl. Acad. Sci. USA* **88**: 7276-80.

26. Kalinina, O., Lebedeva, I., Brown, J., and Silver, J. (1997). Nanoliter scale PCR with *Taq*Man detection. *Nucleic Acids Res.* **25**: 1999-2004.

27. Kuimelis, R.G., Livak, K.J., Mullah, B., and Andrus, A. (1997). Structural analogues of *Taq*Man probes for real-time quantitative PCR. *Nucleic Acids Symp. Ser.* **37**: 255-6.

28. Kubista, M., Andrade, J.M., Bengtsson, M., Forootan, A., Jonak, J., Lind, K., Sindelka, R., Sjoback, R., Sjogreen, B., Strombom, L., Stahlberg, A., and Zoric, N. (2006). The real-time polymerase chain reaction. *Mol. Aspects Med.* **27**: 95-125.

29. Gibson, U.E., Heid, C.A., and Williams, P.M. (1996). A novel method for real time quantitative RT-PCR. *Genome Res.* **6**: 995-1001.

30. Heid, C.A., Stevens, J. Livak, K.J., and Williams, P.M. (1996). Real time quantitative PCR. *Genome Res.* **6**: 986-94.

31. Higuchi, R., Fockler, C., Dollinger, G., and Watson, R. (1993). Kinetic PCR: Real time monitoring of DNA amplification reactions. *BioTechnology* **11**: 1026-30.

32. Higuchi, R., Dollinger, G., Walsh, P.S., and Griffith, R. (1992). Simultaneous amplification and detection of specific DNA-sequences. *Biotechnology* **10**: 413-7.

33. Gibson, U. (1996). A novel method for real time quantitative RT-PCR. *Genome Res.* **6**: 995-1001.

34. Lee, L. (1993). Allelic discrimination by nick-translation PCR with fluorogenic probes. *Nucleic Acids Res.* **21**: 3761-6.

35. Quan, P.L., Sauzade M., and Brouzes E. (2018). dPCR: A technology review. *Sensors* **18**: 1271-98.

# CHAPTER 9

# 應用 PCR 做全基因體差異性分析
## Genomic Variation Analysis by PCR

不同的物種，例如愛文與玉文芒果，我們很容易就能由其外觀或**表徵型**（**phenotype**）特性來做區別或鑑定；但若是親緣關係很接近，或是外觀上幾無差異的兩個物種，例如兩種不同亞型的沙門氏菌，就很難做鑑別。以細菌的分型而言，傳統上我們可以進行抗生素的篩選或血清型（**serotyping**）的鑑定；但若有兩個種源相近的細菌，它們並沒有不同的特定抗生素的性質差異，也不會產生特殊差異性的表面或釋出性抗原，也就是無法以血清型來鑑定，那我們就只能採用**基因體多型性**（**genomic polymorphism**）來分析了。在 PCR 被普遍運用於這方面的研究之前，最常用的分析方法是，以限制性酶素切位差異性為理論基礎的**脈衝電泳**（**pulse field gel electrophoresis; PFGE**）。它根據的理論是，即便相同物種中的兩個個體，也會有基因多型性存在，染色體的核酸序列有所差異。相類似地，兩種不同大腸菌菌株的染色體 DNA（約 $4 \times 10^6$ 核酸對）序列也可能有相當多的核酸對是不同的。若核酸對的差異造成染色體的某些位置出現或消失一個特定限制性酶素的辨識序列（例如 *Eco*RI 切位：GAATTG ↔ GACTTC），那麼，當以此限制性酶素切割這兩個菌株的基因體 DNA 時，就會得到明顯差異的 DNA 圖譜（圖 9.1）。若將超過兩個以上菌株 DNA 切割結果做比較，DNA 片段的圖譜愈相似的菌株，它們演化種源關聯性也就愈相近，例如圖中的菌株 I 和 III。

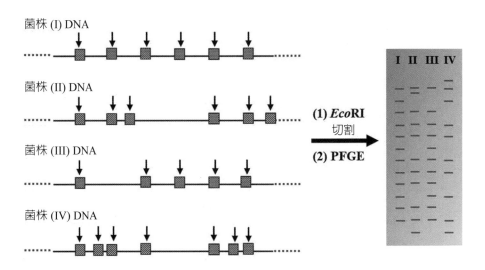

**圖 9.1　PFGE 之基因型分析**

先由四個菌株中純化基因體 DNA（I～IV），經限制性酶素 *Eco*RI 切割後以 PFGE 分析所得之條帶。向下箭頭表示有 *Eco*RI 之切位（▨），會被酶素切割。

　　然而 PFGE 較適用於分析小的基因體，例如細菌的染色體 DNA，它們的長度只有約幾百萬個核酸對，切割所得 DNA 片段不至於數目太多，造成圖譜太複雜、解析度不好、分析困難。另外，PFGE 還有一項限制，兩個基因體的核酸對差異若不是發生在我們所選用的限制性酵素的辨識序列上，那麼條帶圖譜有可能完全一樣。因此在實作上，我們經常需製備大量的基因體 DNA，分別選用多種不同限制性酵素切割，重複數次 PFGE 以取得最好的結果。

　　現今，已有數種 PCR 的應用方法，可以用來進行基因體差異性分析，它們已被廣泛地應用於基因型分析、菌種分型、親緣關係鑑定、醫學及犯罪學等研究。這些方法所需使用的基因體 DNA 的量都遠低於 PFGE 實驗的用量，不但靈敏性高、速度快，亦可對整個基因體（不僅針對單一特定的基因）序列做差異性分析，而且也不受限於核酸差異處是否發生在一特定限制性酵素之序列。這些方法包括「隨機起引 PCR」（arbitrary primed PCR; AP-PCR），「DNA 增幅指紋分析」（DNA amplification fingerprinting; DAF），「隨機增幅多型性 DNA」（random amplified polymorphic DNA; RAPD），「增幅片段長度多型性分析」（amplified fragment length polymorphism; AFLP）等。本章僅就幾個較常用的方法做仔細地描述，提供讀者做研究時的參考。

# 9-1 RAPD：隨機增幅多型性 DNA（Rapid Amplified Polymorphic DNA）

　　RAPD 的分析非常簡單，可提供豐富基因體 DNA 指紋訊息，而且也是一個利用洋菜膠電泳便能分析結果的快速方法。它的分析原理有些相近於 AP-PCR，因此，早期曾被歸類為 AP-PCR 方法的一種。基本上，RAPD 只使用一個特定引子，不是一對，而且其序列不需針對某一基因（或某一個染色體 DNA 片段）的序列來設計。它是在較低的**嚴謹度**（**stringency**）之下進行 PCR，也就是在相當低的黏合溫度下，隨機的黏合（或雜交）在解鏈後的單股染色體 DNA 並延伸。因此，同一引子可藉由不同程度的互補性，黏合在數個基因體 DNA 上的不同位置（或序列）。經延伸後生成數個 PCR 產物，在洋菜膠上顯示的不是單一產物，而是多個

DNA 產物的圖譜；由於基因體多型性的關係，若與一特定個體之基因體做比較，另一個體之染色體 DNA 的某些位置可能有核酸對之變異，使得在相同的 PCR 黏合溫度下，有些位置原本不會與引子黏合，但變異卻使得黏合變成可能；當然也有一些序列的變異反而造成無法與引子雜交。如此，延伸後便會生成有差異性的兩組 PCR 產物，在洋菜膠上所呈現的圖譜當然也就有所差異（圖 9.2）。

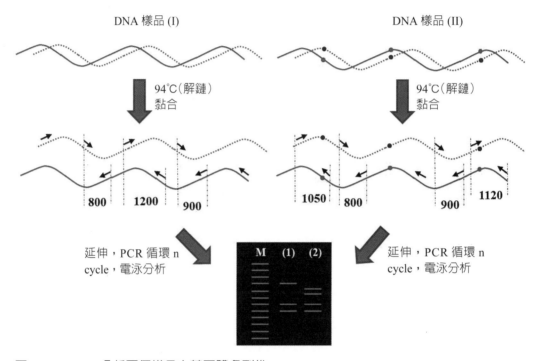

**圖 9.2　RAPD 分析兩個樣品之基因體多型性**

兩個個體 DNA 之樣品可以用一種短的引子（小箭頭所示）在較低溫的黏合情形下隨機增幅。樣品 (II) 中與樣品 (I) 序列有差異的鹼基對以小圓圈表示，這些變異，有的會造成樣品 (II) 序列額外被引子黏合，增幅出額外片段（例如 1050 bp 的出現）；有的則會使樣品 (II) 某些 DNA 產物不被增幅（例如 1200 bp 產物）。最終的產物圖譜就有顯著差異。

## 9-1-1　RAPD 的分析特色

RAPD 是隨機起引 PCR 的一種，它的特色是只使用一個引子，長度通常為 10 個核苷酸，約 60-70% GC 含量，序列並沒有特定限制。由於長度短、$T_m$ 值低，專一性本就不高，再加上在 PCR 循環中的黏合步驟之溫度經常設得較低（一般

RAPD 的設定為 32-42℃），引子就很可能在基因體 DNA 解鏈後，黏合在序列與之部分互補的位置（通常 ≥ 1 位置）。只要一段 DNA 的雙股兩側序列分別與引子有約 ≥ 7 個鹼基對的面對面黏合（互補），而且引子黏合位置的距離不會過長（圖 9.3），介於引子間的 DNA 區域就很可能被選擇性地增幅出來，形成 DNA 圖譜。

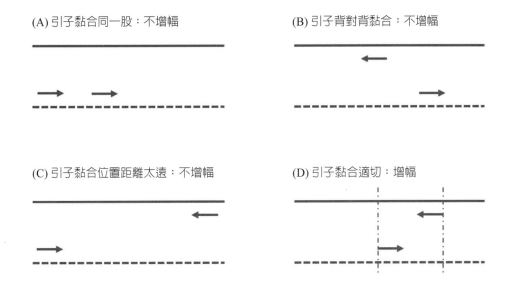

(A) 引子黏合同一股：不增幅

(B) 引子背對背黏合：不增幅

(C) 引子黏合位置距離太遠：不增幅

(D) 引子黏合適切：增幅

**圖 9.3　RAPD 所用引子黏合在模板上的位置與方向會決定有無產物條帶生成**
在低溫下 RAPD 可以黏合在任一單股上的很多個位置。若黏同一股 (A)、方向是背對背 (B)，或距離過遠 (C)，都無法增幅出 DNA 產物（或條帶）。只有距離適中、引子各黏一股，且面對面時 (D)，才能產出增幅產物。實虛線代表基因體 DNA 互補的兩股；箭頭表示 RAPD 所用之引子。

　　兩個相同物種的個體 RAPD 圖譜為何會有差異？那是因為**基因多型性**（**genetic polymorphism**）的關係，即便同物種的兩個個體外型及性質很相似，它們的染色體 DNA 仍存在有成千上萬個核酸對的差異。以兩個沒有血緣關係的人來說，他們整套染色體三十億對核酸對中就散布有超過一百萬對不同的核酸對，這些個別點的序列差異我們稱之為**單一核苷酸多型性**（**single nucleotide polymorphism; SNP**）。設若有 SNP 發生在這兩個體染色體 DNA 的一個特定位置上，而這個位置的序列剛好也是 RAPD 引子的黏合位置之一，如圖 9.4 所示，來自個體 1 的 DNA 樣品會有 650 bp 的 PCR 產物生成；但來自個體 2 的 DNA 樣品，因額外有一對核酸對（A/T 對，小箭頭所指）的變異，使其在相同 PCR 條件下不能與引子黏合，也就沒有

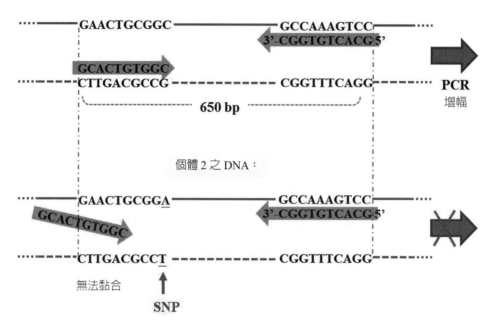

**圖 9.4　額外的 SNP 可能使一特定 DNA 片段在 RAPD 時不產出**

RAPD 的引子（有底色的寡核苷酸箭頭）可以由個體 1 之 DNA 增幅出 650 bp 的片段；但個體 2 之 DNA 有一額外之 SNP（A/T 對），使得引子不黏合，不產出此長度之產物。

650 bp 產物生成。若類似的情形也發生在整個基因體的多個位置上，此兩個體所得到的 PCR 產物及 RAPD 圖譜就會有更大的差異。

　　其實，在 RAPD 的應用研究上，我們並不期望增幅出很多的 PCR 產物，因為產物太多，在洋菜膠分析時會高度重疊，使得圖譜不易判讀。一般而言，所得的 PCR 產物從數個到約二十個即屬理想，然而我們所選用的引子，有可能會增幅出過多的 DNA 產物，圖譜會過度複雜；也有可能只獲得一個 PCR 產物或沒產物，也就沒有「圖譜」差異性可言，若真如此，怎麼善後？一般而言，產物過多，我們可以升高黏合溫度，提升專一性，去除互補性較低的黏合作用，通常這樣調整便可減少產物數目及其圖譜之複雜度；反之，產物很少或沒產物時，我們馬上想到的就是降低黏合溫度，藉由降低引子黏合的專一性來增進較多產物的增幅；但不幸的是，很多時候純然是因引子序列的關係，降低黏合溫度仍經常於事無補，這時就只能另外選用不同序列的引子，再做做看，有時即便只改變一個核苷酸，也能獲得很不同

的圖譜。現今已有市售的 RAPD 引子套組，內含數十個序列不同的寡核苷酸引子可供測試。剛開始，可以先設定一個 PCR 條件，然後以一個樣品 DNA 來測試，篩選出套組中可產生適量數目 PCR 產物的引子（很可能不只一個），然後再以這些雀屏中選的引子逐一對不同樣品 DNA 做 RAPD 基因體差異性分析，獲取真正可以產出有差異性圖譜的引子，最後再以相同 RAPD 之 PCR 條件做二重複或三重複實驗，確認分析結果。

　　RAPD 的另一項特點是實驗結果的**恆定性**（**consistency**）並不高，這也是為何必須做二重複或三重複實驗的理由。引子在低嚴謹度下能否黏合上 DNA 模板的特定位置，最終又被延伸、增幅出產物，除了取決於此黏合位置序列與引子序列的互補程度外，還決定於這兩個序列之間的碰撞頻率，這點就很難掌控，眾多 PCR 產物能否每次都順利的被增幅出來，沒人有 100% 的把握。RAPD 的結果經常會受 PCR 所用 DNA 樣品、試劑或 PCR 熱循環過程的些微差異（例如 PCR 機器溫控的精確度），而使得產出的圖譜有所差異。為此，作者建議：1. 用來進行 RAPD 分析比較的每個樣品 DNA（或基因體 DNA）最好都能使用相同方法和相同試劑組來製備，避免不同 DNA 間存在有很大的品質差異（例如：樣品中的汙染物含量與種類有很大差別，或者是不同方法所導致的 DNA 斷裂的程度不同）。2. 每批要分析的 DNA 樣品最好是在同一天，利用同一組 PCR 試劑，並使用同一部 PCR 機器進行 RAPD。3. 製備 PCR 樣品時，最好先配置一個 Master Mix（內含所有 PCR 反應所需之適量成分試劑，包括引子及 DNA 聚合酶，但不含模板 DNA）。準備數個 PCR 管，分別注入相同量的 mix，再於這些管中分別加入等量之各個樣品 DNA，進行 PCR。這樣可以避免因取量的誤差，造成不該有的差異性 DNA 條帶的出現。

## 9-1-2　RAPD 反應條件設定

　　RAPD 所採用的 PCR 熱循環條件，基本上與典型的 PCR（參考第二章）差不多。我們可以適量增加 cycle 數以增進產率，但以不超過 35 cycles 為原則，避免生成非專一性產物。又因無法預知可被增幅的 DNA 產物長度（不只一個產物），每個循環中的延伸步驟（72℃）的時間一般要設定至少 2 分鐘。除此之外，最大的不同是黏合溫度的設定，常用的溫度是 37℃，但可以在 32-42℃的溫度範圍做調整，

若能獲致更佳之結果，就是最適當的溫度。切記，有時溫度雖僅相差 1 度，也很可能造成圖譜很大的差異。

RAPD 之 PCR 反應的配方，除了只使用一種 10 個核苷酸長度的引子進行增幅外，其他成分與第二章所提出的典型 PCR 反應成分差別不大；但因同時增幅數個以上 PCR 產物，有些藥劑的最佳使用量就需測試並做調整。在 RAPD 中，$Mg^{2+}$ 的使用量經常需 ≥ 2.5 mM（典型 PCR 一般不會超過這個量），而引子的濃度：1-6 μM（典型 PCR 只用 1 μM），模板 DNA 的最佳量也需在 0.2 到 20 ng/ml 做測試後決定。根據先前研究者的經驗，高濃度的模板 DNA，對生成較長 DNA 產物相對有利；而偏高的引子濃度會使較短的 DNA 產物較易生成，其 RAPD 圖譜的差異便類似圖 9.5。這個實驗是以同一樣品 DNA 所做之測試，除了改變引子或模板 DNA 濃度外，以相同 PCR 條件進行測試。

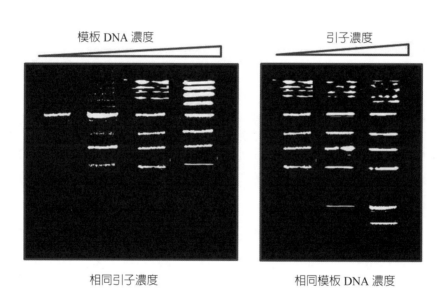

圖 9.5　模板 DNA 及引子的使用量也會影響 RAPD 產出的圖譜

最後，在 RAPD 分析時，我們也可使用先前提到的 PCR 增進劑（如第三章提到的 BSA、DMSO 和 Betain），但使用種類與添加量的不同，都可能會影響 PCR 產物的生成與最終的 RAPD 圖譜。不管怎麼說，作者要重申的是，RAPD 的圖譜除了決定於所使用的引子序列外，也與樣品 DNA 的品質及 PCR 的反應條件息息相

關。若圖譜中 DNA 條帶太少，或根本沒有條帶，根據經驗，我們可以 (i) 降低黏合溫度，(ii) 改使用一對引子做 PCR，(iii) 改善或改變樣品 DNA 的製備方法，(iv) 加長黏合步驟（溫度）轉變成延伸步驟（溫度）所需的時間（**ramping time**）；反之，若 DNA 條帶過多，甚至有 smear 的模糊現象，我們可採取的調整方式則包括：(i) 增高黏合溫度，(ii) 降低 $Mg^{2+}$ 的濃度至 1.5 mM，(iii) 減少模板 DNA 或 *Taq* DNA 聚合酶的用量等。

## 9-1-3 RAPD 結果之圖譜分析

理想的 RAPD 圖譜所呈現的 DNA 片段或條帶數目應 ≤ 20，而且每個條帶都應有相當高的解析度，可被清楚的判讀。一般而言，我們比較關注的是樣品圖譜間有無多產出的條帶，或少了一些條帶，因為這些都代表著基因體之 SNP 差異；至於條帶相對深淺有什麼意義？這很難說。若是因同一 PCR 產物產量比較多或少，那可能是相同的 DNA 片段在不同樣品中被擴增的效率不同罷了；但若相對較深的條帶是因兩個長度相近的 DNA 產物相互重疊所致，那就另當別論，且此種圖譜差異應會在重複做的 PCR 實驗結果中再度現身。

最後一個較實際的問題，我們要如何來描述不同樣品 DNA，經 RAPD 分析後，得到圖譜的關聯性？舉一個假設性的例子，有一肆虐全球的病菌造成一嚴重傳染病，經採集各地的病人檢體，進行 RAPD 分析其感染細菌的 DNA 後，得到如下之結果（圖 9.6A）。但要如何分析這些採集菌株的基因關聯性？目前有一種非常簡單的方式，可以用來構建各個樣品間之基因體差異性（或關聯性），稱為**相似係數**（**similarity coefficient**）分析（圖 9.6B）兩個樣品間的計算是：

$$相似係數（F）= \frac{2 \times \text{共同都有的條帶數目}}{\text{兩個圖譜的條帶總數}}$$

例如：美國／加拿大菌株樣品之相似係數（$F$）$= \frac{2 \times 10}{12 + 12} = 0.917$，即 91.7%

美國及加拿大菌株樣品各得到 12 產物條帶，相同的條帶有 10 個，$F = 91.7\%$。

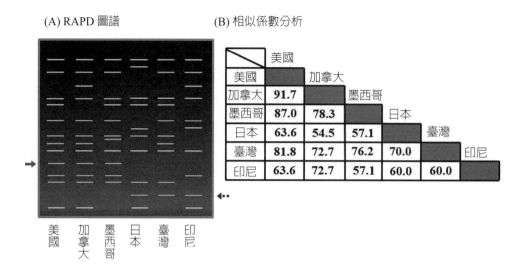

(A) RAPD 圖譜　　　　(B) 相似係數分析

**圖 9.6　RAPD 分析來自不同來源的致病菌株**

將取自不同區域之病原 DNA 樣品進行 RAPD，所得之圖譜 (A) 再進行相似係數分析 (B)；實線箭頭與虛線箭頭分別代表美洲與亞洲菌株的分子標記。

　　由以上的分析，我們可以清楚探究這些菌株間之基因體差異性，更有趣的是，當使用此一特定引子所進行的 RAPD 也同時提供了一個特定的分子標記（**molecular marker**），美洲地區的菌株都有一個特定條帶（實線箭頭）；而亞洲地區盛行的菌株也有另一特定的增幅產物（虛線箭頭）。若一樣使用此引子，利用相同的 PCR 反應條件，我們也許就可以根據這些標記產物的有無來快速區別，測試菌株是來自美洲或亞洲。

## 9-2　AFLP：增幅片段長度多型性分析（Amplify Fragment Length Polymorphysm）

　　AFLP 的理論基礎有些相近於 PFGE 及**限制性片段長度多型性**（**restriction fragment length polymorphism, RFLP**）分析，是根據親緣關係相近的兩個不同物種，或同一物種中的兩個不同個體，它們會因 SNP 的發生而具有基因體序列的差異性。其中有些核酸對的變異，剛好會造成此兩個體在染色體 DNA 的某些位置上，出現或消失一個限制性酵素的切割位（例如：GAATTC ↔ GATTTC，"A" 與

"T" 之變異造成有或無 *Eco*RI 切割位）。可想見的是，若將此兩染色體 DNA 分別以 *Eco*RI 切割，將會產生兩組不同組合的 DNA 產物，有些 DNA 片段只在其中一個樣品中才有，另外有些則僅存在於另一樣品中。可惜的是，它們的產物或圖譜的差異性是無法直接由 DNA 電泳來判讀的，理由是 DNA 的片段過多，條帶會高度重疊，且每個 DNA 片段的量都很少（很多條帶的訊號很弱）；AFLP 的方法則是將樣品 DNA 以兩種特定限制性酶素切割，然後將其中部分的切割片段（不是全部片段）利用 PCR 擴增出來做比較，雖不能呈現所有的差異鹼基對，但已足夠提供樣品間基因體差異性的有效評估。

### 9-2-1 AFLP 的分析步驟

在一般的 AFLP 分析中，起始的樣品 DNA（基因體 DNA）用量約只需 1 μg，使用量遠低於 PFGE，然後依據下列步驟進行：

1. **取等量的每個樣品 DNA，分別用兩種限制性酶素做完全之切割**：不要選擇平頭切割的限制性酶素，而且最好兩個酶素中一個會辨識切割 6 個核酸對的序列（例如 *Eco*RI: 5'-GAATTC-3'），另一個則辨識切割 4 個核酸對的序列（例如 *Mbo*I: 5'-GATC-3'）。為何如此設計？理由很簡單，以分析人類的基因體 DNA 為例，若只用一個辨認特定 6- 核酸對序列的限制酶素進行切割，平均每隔 4,096（即 $4^6$）核酸對之距離就會出現一個這種酶素的辨識序列，而一組基因體 DNA 可被切割成 $3 \times 10^9 / 4,096 = 7.3 \times 10^5$ 個 DNA 片段。DNA 片段或許不會太多，但平均長度太長，後續 PCR 增幅會有較大的困難度；反之，若只用一個辨認特定 4- 核酸對序列的限制酶素進行切割，切割後的 DNA 片段平均長度則為 256 bp（即 $4^4$），PCR 增幅時沒問題，但 DNA 片段過多（$3 \times 10^9 / 256 = 1.2 \times 10^7$），增幅出來的 PCR 產物很可能會高度重疊，膠體電泳時圖譜很難判讀。

2. **以連接酶將限制性酶素切割後的 DNA 片段與兩個連接子（adaptors）連接**：假設所使用的限制性酶素為 *Eco*RI 及 *Mbo*I，而且在圖 9.7(A) 中，我們僅以其中一段被切割後的 DNA 片段來說明流程。經 *Eco*RI/*Mbo*I 切割（步驟 (a)）後的 DNA 片段要先經純化（phenol/CHCl₃ 萃取，再酒精沉澱），然後將它們與兩個連接子（具突出端頭的短鏈雙股 DNA，能分別連接上 *Eco*RI 和 *Mbo*I 的切頭）連接（步

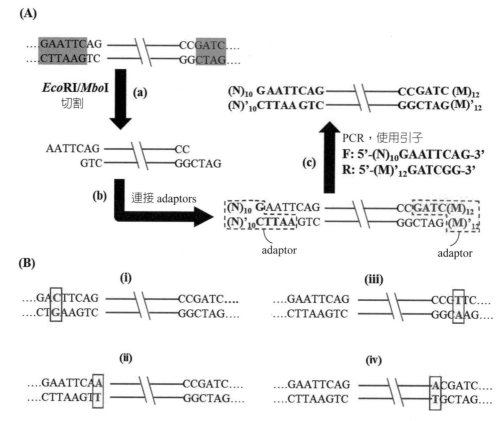

**圖 9.7　AFLP 的分析流程**

(A)AFLP 分析的三個步驟：(a) 選用兩種限制性酵素切割染色體 DNA；(b) 以連接子（粗體字短鏈序列，N、N'、M、M' 代表鹼基）連接上每個切割後的 DNA 片段；(c) 以一對引子進行 PCR 增幅；(B) 不同物種或個體對應的序列，因 SNP 的關係 (i-iv)（變異的鹼基對以框框粗體字母表示），使得它們不會被 (A) 中的同一對引子增幅；因為 (i)：不具 *Eco*RI 切位；(iii)：不具 *Mbo*I 切位；(ii) 和 (iv) 序列不與引子 3' 端互補，不會被增幅。

驟 (b)）；當然有些 DNA 片段不像圖中所示，它們的兩端有可能都是 *Eco*RI，或都是 *Mbo*I 的切頭，在連接反應時，它們的兩端會黏合上相同的 adaptor，但並不影響後續分析。最後，再經由設計的一對引子，進行 PCR（步驟 (c)）。由於物種或個體間有 SNP 的情形，圖 9.7(A) 中能被 PCR 增幅的片段，若使用別個物種或個體的基因體 DNA，可能就不會產生。如圖 9.7(B) 中 (i) 和 (iii)，SNP 發生在 *Eco*RI（GAATTC）和 *Mbo*I（GATC）序列上（框框粗體字母標示變異的核酸對），它們將不被切割；無法連接對應的 adaptors；也不生成最後 PCR 產物。但要注意的是，如圖 9.7(B) 中 (ii) 和 (iv)，核苷酸變異發生的位置不在限制性酵

素的序列上，它們雖可被有效地切割並連接上 adaptor，但若一樣使用圖 9.7(A) 中所示的 PCR 引子做增幅，因引子的最 3' 端的鹼基（5'-(N)$_{10}$GAATTCAG-3'，5'-(M)'$_{12}$GATCGG-3'）並不互補於發生變異的核苷酸，因此無法延伸，不會有 PCR 產物生成。這告訴我們，在 AFLP 分析中，一特定 PCR 產物的生成與否，不只決定於 SNP 是不是發生在限制性酵素的序列，還決定於 PCR 中所選用的引子序列，也因此 DNA 條帶不會過多，整個圖譜也才能被清楚地判讀。

3. **設計引子進行 PCR 增幅，電泳圖譜分析**：連接反應結束後，樣品需於 70℃ 加熱 20 分鐘以去除連接酶的活性，之後再以苯／三氯甲烷萃取，或以市售 DNA cleanup 管柱來純化 DNA，避免殘留的 adaptors 或寡核苷酸對後續 PCR 增幅與最終 AFLP 圖譜造成影響。PCR 的循環溫度與時間之設定基本上是遵循典型 PCR 的設定原則（第二章），只是循環中的延伸步驟時間多半要 ≥ 2 分鐘。反應試劑除了 Mg$^{2+}$ 及 *Taq* 聚合酶的濃度可能需調高外（需做測試，找出最適當的濃度），其餘成分基本上可依循典型 PCR 的配方即可。

其實，AFLP 所得的結果（圖譜）是高度取決於 PCR 引子的設計，這一對引子必須在所採用的循環黏合溫度下分別黏合（尤其是引子的 3' 端必須互補）在各解鏈的單股 DNA 序列上，且這兩個黏合序列間的距離不能太遠，如此才能被延伸成為產物之一。為避免產生的 DNA 產物過多，圖譜難以判讀，引子的序列設計經常會在限制性酵素序列的 3' 端再加 1-3 個隨機選取的核苷酸，例如圖 9.7（A）的 F 引子：5'-(N)$_{10}$ GAATTCAG-3'，AG 是隨意選定多加的兩個核苷酸；若非如此，所有與 *Eco*RI adaptor 連接的 DNA 端頭都可以被引子 5'-(N)$_{10}$GAATTC-3' 黏合延伸，造成錯綜複雜的圖譜。如若多加兩個核苷酸，圖譜條帶仍太多，我們可以再加一個鹼基，改用 5'-(N)$_{10}$ GAATTCxyz-3' 引子（xyz 為隨機選定之鹼基，例如 AGC）進行 PCR；反之，若原引子增幅所得的圖譜條帶太少，我們就應將此引子改成 5'-(N)$_{10}$ GAATTCx-3'，只多加一個鹼基「x」，降低其專一性，使其能黏合到更多位置並延伸產出較多產物。根據以上說明，我們應該就會了解，在 AFLP 分析中，造成 PCR 產物不被擴增的 SNP 有可能發生在我們所選用的限制性酵素序列上，使之不能被切割，也就不能與 adaptor 連接；也可能是發生在限制性酵素序列的 3' 端之 x、y，或 z 的互補位置，PCR 引子若能黏合，則會延伸；若有**錯誤配對（mismatch）**，

當然就不會。基因體序列之變異程度愈大，就愈會造成差異性的 PCR 產物產出，圖譜差異也愈大。

## 9-3　IRS-PCR：散布型重複序列 PCR（Interspersed Repeat Sequence PCR）

IRS-PCR 是一種全基因體 PCR 增幅的特殊方法，其主要特色是，PCR 中所使用的引子是根據散布於生物基因體 DNA 中為數眾多之重複序列來設計的。**散布型重複序列**（**interspersed repeat sequences**）有別於「串聯型重複序列」（**tandem repeat sequences**），並非一個重複序列緊接著另一重複序列。Alu 及 L1 序列就是人類基因體 DNA 中最常見的兩種散布型重複序列。很多證據證實，它們是在演化過程中，人類基因體內起初所含的**跳躍基因**（**transposons**）經多次複製／插入所致。L1 是真核生物長散布型重複序列（**long interspersed elements; LINEs**）中最常見的一種，人類基因體 DNA 含有約 500,000 個 L1 序列，每個序列長度約為 6000-8000 個核酸對，全部 L1 序列相加總的長度約占基因體 DNA 的 17%；值得注意的是，不同個體間 L1 的 copy 數不同，每個 L1 的核酸序列也不盡相同（演化過程突變所造成），它們的 5' 端序列具有高度序列差異性，但 3' 端的序列（尤其是一段 208 核酸對的序列）是相當一致的。因此，我們可以針對此區域序列來設計引子做 PCR 增幅。Alu 序列則是屬於人類基因體短散布型重複序列（**short interspersed elements; SINEs**）中最常見的一種。長度約只有 300 個核酸對，因其含有 *Alu*I 限制性酵素的辨識序列 AGTC 而得名。人類染色體中大約有 $1 \times 10^6$ 個 copies，廣泛地分布於基因體中。與 L1 類似，不同個體間的 Alu copy 數也有相當大的差異（尤其是沒有血緣關係之個體），且每個 Alu 的核酸序列也不完全相同，雖然如此，但在各個 Alu 中仍有一 DNA 區域的序列是高度保留的，若根據這個區域來設計引子，將不同個體的基因體 DNA 以 PCR 增幅，我們應可獲得具差異性之多重 PCR 產物（或 DNA 圖譜）。

(A) IRS-PCR 引子：

**Alu-517:** 5'-CGACCTCGAGATCT(C/T)(G/A)GCTCACTGCAA-3'
**Alu-559:** 5'-AAGTCGCGGCCGCTTGCAGTGAGCCGAGAT-3'
**L1Hs:**    5'-CATGGCACATGTATACATATGTAAC(T/A)AACC-3'

(B) IRS-PCR 的引子黏合與產出：

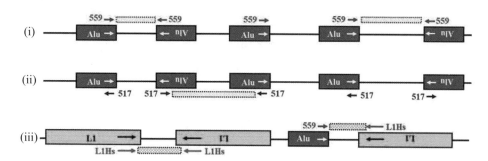

**圖 9.8　利用 IRS-PCR 做基因體差異性分析**

(A) 引子 Alu-517 和 Alu-559 是根據 Alu 重複單位之保留序列設計的，它們會各自互補於此序列的上下股，但此兩種引子的 3' 端序列會互補（底線標示）。（C/T）：代表此位置的鹼基設計可以是 C 或是 T；引子 LlHs 是依據 L1 重複序列之保留序列設計的。(B)Alu-517 和 Alu-559 必須單獨使用：(i) 和 (ii)，也可分別與 LlHs 搭配做 PCR：(iii)。PCR 的產出（▨▨▨▨▨）完全看重複序列出現的位置、距離，與方向而定。（資料來源：*"PCR: A Practical Approach,"* pp.107-19. [Mcpherson, M.J., Quirke, P., and Taylor, G. R. Eds]. (1991)）

　　IRS-PCR 的實驗步驟很簡單，只需製備欲分析之基因體 DNA，再以一個會黏合上 Alu 或 L1 重複序列的專一性引子進行 PCR 即可。由於最終預期會有多重 PCR 產物生成，PCR 的反應成分勢必在聚合酶及 Mg$^{2+}$ 的濃度上要做一個最佳化的調整，其餘成分及反應條件，基本上類似於第二章中所敘述的典型 PCR。先前的研究者就曾根據 Alu 與 L1 的的序列保留區域設計特定的引子來做基因體差異性分析。引子 Alu-517 和 Alu-559 會專一性地黏合於 Alu 保留序列，而 L1Hs 則可以互補並延伸 L1 的序列（圖 9.8(A)）。其實，Alu-517 與 Alu-559 可分別黏合於 Alu 保留序列的上下單股，且它們的 3' 端互相互補（底線標示的序列），在做 IRS-PCR 時不可同時使用此兩引子；但 Alu-517 或 Alu-559 可個別搭配 L1Hs 引子來做分析，不同個體之基因體因 Alu 及 L1 重複序列出現數目、位置及方向性的差異，產出的 IRS-PCR 產物圖譜也就有差異。

## 9-4 STR-PCR：短而連續重複序列 PCR（Short Tandem Repeat PCR）

除了前述散布型重複序列，人類的基因體序列中還存在著一些相當短（有些甚至 < 10 核苷酸對）、但串聯重複（**tandem repeats**）很多次的 DNA 序列。這些序列在不同個體的基因體 DNA 中重複的次數經常有所不同，因此被歸類為「**變異數目串聯重複**」（**variable number tandem repeats, VNTR**）。VNTRs 又可根據其每個重複單位之長度分成微衛星（**microsatellite**）（1-6 核酸對）及迷你衛星（**minisatellite**）（10-60 核酸對）重複序列。由於個體間重複單位的數目及總長度都有不同，1985 年所發明的 **DNA 指紋分析**（**DNA fingerprinting analysis**），便是根據迷你衛星序列之分布特性所發展出來的方法（圖 9.9）。這項基因體差異性研

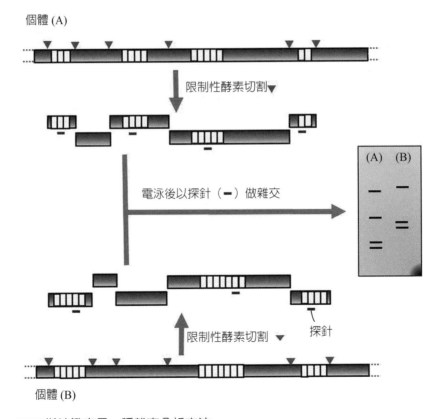

### 圖 9.9 DNA 指紋鑑定是一種雜交分析方法

在一個特定染色體的區域，兩個不同個體（(A) 和 (B)）的一種迷你衛星序列（▯）的重複次數與分布有所差異，經一限制性酵素切割，電泳後以重複序列做探針進行雜交，便會得到差異性圖譜。

究是一種以雜交為主的技術應用，不是 PCR 之應用。雖是早期親緣鑑定或法醫學研究的重要利器；但最大的缺點是費時耗材，且有時因條帶太多，所獲得之雜交圖譜的解析度並不令人滿意。

　　現今，類似的基因體變異性分析多採用 PCR，並針對微衛星序列做增幅。微衛星序列是屬於簡單重複序列（**simple sequence repeats, SSR**），有時被稱為**短的串聯重複序列**（**short tandem repeats, STRs**）。這種序列廣泛地分布於真核生物（包括人類）的染色體中，主要是 2-3 個核苷酸的重複單位，例如 $(CA)_n$ 及 $(CAC)_n$，n 值有時高達 50,000。除了重複次數有差異外，兩段串聯重複的 SSR 之間的距離也經常有差異。據此，Zietkiewicz 於 1994 年發明了一種全基因組擴增分析的方法，利用 PCR 來增幅 SSR 間之 DNA 片段，稱為**簡單重複序列間 -PCR**（**inter-simple sequence repeat PCR: ISSR-PCR**），只需設計一個（不是一對）長度約 16-18 鹼基的寡核苷酸作為引子來進行 PCR 即可。如圖 9.10 中所示，理論上只要將欲分析的染色體 DNA 以任一個引子（$\alpha$、$\beta$，或 $\gamma$）增幅，只要條件適當，兩個相同引子分別黏合在染色體的中一段 DNA 的上下兩股，且被黏合的兩個 SSR 間的長度距離又屬適中，便會有 PCR 產物生成，這些產物最終就會編織出一個特定的 DNA 圖譜。但在這三種可使用的引子中，以完全的串聯重複序列（$(CA)_n$）

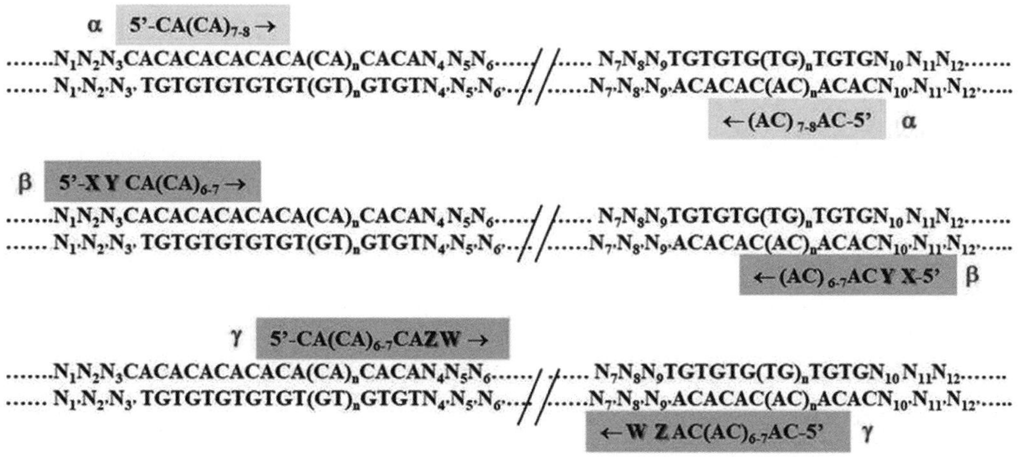

圖 9.10　ISSR-PCR 之引子設計

ISSR-PCR 的分析只需一個引子，有三種序列設計：α 引子（上圖）：引子序列僅含連續之重複序列（本例中：CA）；β 引子（中圖）：引子的 5' 端為 XY，加上連續重複 CA 於 3' 端；γ 引子（下圖）：引子的 5' 端為連續重複 CA，另加兩個鹼基（ZW）於 3' 端。

所設計的引子（i.e. $\alpha$ 引子）增幅專一性最低，得到的 DNA 條帶（PCR 產物）很可能多到不行，導致增幅產物在膠體上層層疊疊，圖譜無法分析。因此，所設計的引子，多半在數個串聯重複序列 $((CA)_n)$ 的 5' 或 3' 端會加上幾個（1-3 個）非重複的錨定鹼基（例如 $\beta$ 引子 5' 端之 XY 鹼基，$\gamma$ 引子 3' 端之 ZW 鹼基），用以增進專一性。舉上圖為例，$\gamma$ 引子的 3' 端序列 ZW 必須與目標 DNA 之 $N_4N_5$ 及 $N_9N_8$ 序列一樣，才能增幅出產物。如此，就能避免過多 PCR 產物的問題。如若產物條帶仍然太多，可以多加一個特定鹼基在 3' 端，$\gamma$ 引子的序列就變成 5'-CA(CA)$_{6-7}$ CAZWX。

## 9-5 CODIS：組合式 DNA 指標系統（Combined DNA Index System）

在微衛星重複序列中有一群相當特別的短串聯重複序列（STR），它們的重複單位是 4 個鹼基對，在人類染色體中至少有 16 種這類的 STR。除了四個鹼基重複次數因人而異外，比較特殊的是：(1) 每一種 STR 的多重 copy 的兩側序列都具有獨特性，(2) 這些 STR 的特定外側序列在不同個體的基因組中都相同。舉例來說，CSF1PO 就是一種 4 個鹼基「TAGA」連續重複的 STR，分布於人類第 5 號染色體中的 20 個對偶基因（**alleles**）中，重複次數為 6-16 次，因人而異。若使用一對特定 PCR 引子（圖 9.11(A)）針對某一個 allele 做擴增，預期會有 290-330 核酸對的 PCR 產物生成，主要是重複次數不同，不同個體的基因體同一 locus 被 PCR 增幅出來的產物長度就可能不同（圖 9.11(B)，(C) 中個體 (1)、(2) 和 (3)）。

類似 CSF1PO 的 4 個鹼基對的 STR 在人類染色體的 13 個位點（**loci**）上都已被發現。它們不但重複的 4 個鹼基不同（表 9.1），且 STR 兩側的序列一樣也各自有特定序列，可用來設計引子做 PCR 增幅。自 1998 年，由美國 FBI 所贊助的研究已根據這些 STR 的特性，成功地建立了一個遺傳標記的分析資料庫，稱為 **combined DNA index system**（**CODIS**），主要是從事法醫學分析比對。其理論是，不同個體的基因體 DNA 若分別以數對引子去增幅數個不同的 STR loci，所獲得的綜合圖譜（**profile**）比對，一定會出現差異，且親緣關係愈接近之個體，DNA 的

(A) 針對 STR CSFIPO 所設計之一對 PCR 引子：

**5'-AACCTGAGTCTGCCAAGGACTAGC-3'**
**5'-TTCCACACACCACTGGCCATCTTC-3'**

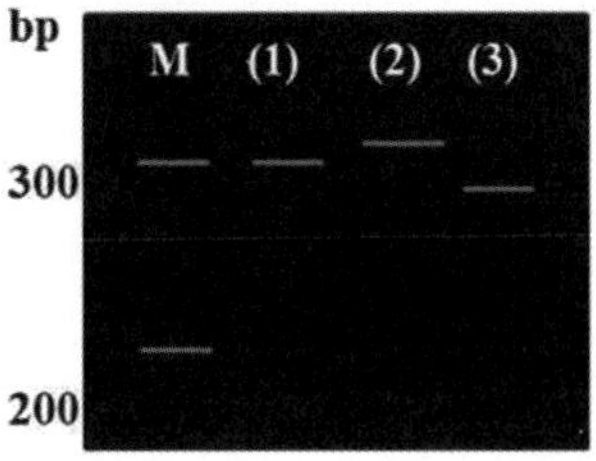

(B) 不同基因體樣品，相同 locus 的結構與 PCR 增幅：

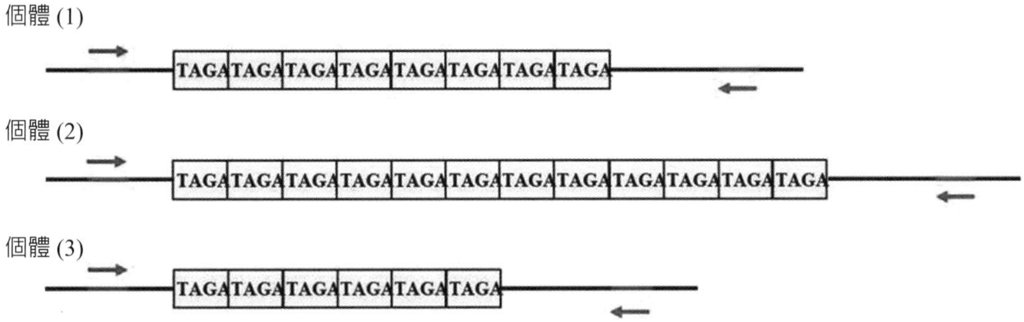

**(C) PCR 結果**

個體 (1)

個體 (2)

個體 (3)

### 圖 9.11　STR CSFIPO 之 PCR 增幅

STR CSFIPO（TAGA 重複）存在於約 20 個對偶基因的 loci。本圖僅就其中一個 locus 在三個不同個體中的分布差異 (B) 做分析。即便重複次數不同，但所有 STR CSFIPO 連續重複區域之外側序列均相同，因此可據此設計一對引子（(A)：序列及 (B) 中箭頭），以 PCR 增幅出不同長度之 PCR 產物 (C)。

### 表 9.1　combined DNA index system（CODIS）所分析之 STR

| 位點 | 染色體 | 重複單位序列 | 連續重複次數 |
|---|---|---|---|
| TPOX | 2 | GAAT | 4-16 |
| D3S1358 | 3 | [TCTG][TCGA] | 8-21 |
| FGA | 4 | CTTT | 12-52 |
| D5S818 | 5 | AGAT | 7-18 |
| CSF1PO | 5 | TAGA | 6-16 |
| D7S820 | 7 | GATA | 5-16 |
| D8S1179 | 8 | [TCTG][TCTA] | 7-20 |
| TH01 | 11 | TCAT | 3-14 |
| VWA | 12 | [TCTG][TC TA] | 10-25 |
| D13S317 | 13 | TATC | 5-16 |
| D16S539 | 16 | GATA | 5-16 |
| D18S51 | 18 | AGAA | 7-39 |
| D21S11 | 21 | [TCTA][TCTG] | 12-41 |

資料來源：*J. Forensic Sci.* 51: 253-265, 2006

分析會呈現愈相似之圖譜，除非同卵雙胞胎，不同個體 DNA 的綜合圖譜，就如人類的指紋一樣，都有所不同。

## 參考文獻

1.  Williams, J.G.K., Kubelik, A.R., Livak, K.J., Rafalski, J.A., and Tingey, S.V. (1990). DNA polymorphisms amplified by arbitrary primers are used as genetic markers. *Nucleic Acids Res.* **18**: 6531-5.

2.  Atienzar, F., Evenden, A., Jha, Λ., Savva, D., and Depledge, M. (2000). Optimized RAPD analysis generates high-quality genomic DNA profiles at high annealing temperature. *BioTechniques* **28**: 52-4.

3.  Caetano-Anollés, G., Bassam, B.J., and Gresshoff, P.M. (1991). DNA amplification fingerprinting using very short arbitrary oligonucleotide primers. *BioTechniques* **9**: 553-7.

4.  Bentley, S., and Bassam, B.J. (1996). A robust DNA amplification fingerprinting system applied to analysis of genetic variation within Fusarium oxysporum f.s.p cubense. *J. Phytopathol.* **144**: 207-13.

5.  Palombi, M., and Damiano, C. (2002). Comparison between RAPD and SSR moleculer markers in detecting genetic variation in kiwifruit. *Plant Cell Reports* **20**: 1061-6.

6.  Powell, W., Morgante, M., Andre, C., Hanafey, M., Vogel, J., Tingey, S.V., and Rafalski, A. (1996). Comparison of RFLP, RAPD, AFLP and SSP (microsatelliters) markers for germplasm analysis. *Mol. Breed* **2**: 225-38.

7.  Vos, P., Hoqers, R., Bleeker, M., Reijans, M., van de Lee, T., Hornes, M., Frijters, A., Pot, J., Peleman, J., Kuiper, M., and Zabeau, M. (1995). AFLP: a new technique for DNA fingerprinting. *Nucleic Acids Res.* **23**: 4407-14.

8.  Mueller, U.G., and Wolfenbarger, L.L. (1999). AFLP genotyping and fingerprinting. *Trends Ecol. Evol.* **14**: 389-94.

9. Lin, J., Kuo, J., and Ma, J. (1996). A PCR-based DNA fingerprinting technique-AFLP for molecular typing of bacteria. *Nucleic Acids Res.* **24**: 3649-50.

10. Janssen, P., Coopman, R., Huys, G., Swings, J., Bleeker, M., Vos, P., Zabeau, M., and Kersters, K. (1996). Evaluation of the DNA fingerprinting method AFLP as a new tool in bacterial taxonomy. *Microbiology* **142**: 1881-93.

11. Habu, Y., Fukada-Yanaka, S., Hisatomi, Y., and Iida, S. (1997). Amplified restriction fragment length polymorphism-based mRNA fingerprinting using a single restriction enzyme that recognizes a 4-bp sequence. *Biochem. Biophys. Res. Commun.* **234**: 516-21.

12. Hughjones, M., Kuster, C.R., and Jackson, P. (1997). Molecular evolution and diversity in *Bacillus anthracis* as detected by amplified fragment length polymorphism markers. *J. Bacteriol.* **179**: 818-24.

13. Janssen, P., and Dijkshoorn, L. (1996). High resolution DNA fingerprinting of acinetobacter outbreak strains. *FEMS Microbiol. Lett.* **142**: 191-4.

14. Huang, J., and Sun, M. (1999). A modified AFLP with fluorescence-labelled primers and automated DNA sequencer detection for efficient fingerprinting analysis in plants. *Biotechnol. Tech.* **13**: 277-8.

15. Bensch S., and Akesson, M. (2005). Ten years of AFLP in ecology and evolution: why so few animals? *Mol. Ecol.* **14**: 2889-914.

16. Tautz, D. (1989). Hypervariability of simple sequences as a general source for polymorphic DNA markers. *Nucleic Acids Res.* **17**: 6463-71.

17. Wyman, A.R., and White, R. (1980). A highly polymorphic locus in human DNA. *Proc. Natl. Acad. Sci. USA* **77**: 6754-8.

18. Jeffreys, A.J., Wilson, V., and Thein, S.L. (1985). Individual-specific fingerprints of human DNA. *Nature* **316**: 76-9.

19. Tautz, D., and Renz, M. (1984). Simple sequences are ubiquitous repetitive components of eukaryotic genomes. *Nucleic Acids Res.* **12**: 4127-38.

20. Himmelbauer, H., Schalkwyk, L.C., and Lehrach, H. (2000). Interspersed repetitive

sequence (IRS)-PCR for typing of whole genome radiation hybrid panels. *Nucleic Acids Res.* **28**: e7.

21. Schmid, C.W., and Jelinek, W.R. (1982). The Alu family of dispersed repetitive sequences. *Science* **216**: 1065-70.

22. Nelson, D.L., Ledbetter, S.A., Corbo, L., Victoria, M.F., Ramírez-Solis, R., Webster, T.D., Ledbetter, D.H., and Caskey, C.T. (1989). Alu polymerase chain reaction: a method for rapid isolation of human-specific sequences from complex DNA sources. *Proc. Natl. Acad. Sci. USA* **86**: 6686-90.

23. Zimdahl, H., Gösele, C., Kreitler, T., and Knoblauch, M. (2004). Applications of interspersed repeat sequence polymerase chain reaction. *Methods Mol. Biol.* **255**: 113-29.

24. Ledbetter, S.A., and Nelson, D.L. (1991). Genome amplification using primers directed to interspersed repetitive sequences (IRS-PCR). *In PCR: A Practical Approach,* pp. 107-19. [Mcpherson, M.J., Quirke, P., and Taylor, G.R. Eds], IRL. Press, Oxford.

25. Gosden, J., Breen, M., and Lawson, D. (1994). Alu- and L1-primed PCR-generated probes for nonisotopic in situ hybridization. *Methods Mol. Biol.* **29**: 479-92.

26. Kass, D.H. and Batzer, M.A. (1995). Inter-Alu polymerase chain reaction: advancements and applications. *Anal. Biochem.* **228**: 185-93.

27. McCarthy, L., Hunter, K., Schalkwyk, L., Riba, L., Anson, S., Mott, R., Newell, W., Bruley, C., Bar, I., and Ramu, E. (1995). Efficient high-resolution genetic mapping of mouse interspersed repetitive sequence PCR products, toward integrated genetic and physical mapping of the mouse genome. *Proc. Natl. Acad. Sci. USA* **92**: 5302-6.

28. Romsos, E.L., and Vallone, P.M. (2015). Rapid PCR of STR markers: Applications to human identification. *Forensic Sci. Int. Genet.* **18**: 90-9.

29. Butts, E.L., and Vallone, P.M. (2014). Rapid PCR protocols for forensic DNA typing on six thermal cycling platforms. *Electrophoresis* **35**: 3053-61.

30. Kasai, K., Nakamura, Y., and White, R. (1990). Amplification of a variable number

of tandem pepeat (VNTR) locus (pMCT118) by the polymerase chain reaction (PCR) and its application to forensic science. *J. Forensic Sci.* **35**: 1196-200.

31. Budowle, B., Chakraborty, R., Giusti, A.M., Eisenberg, A.J., and Allen, R.C. (1991). Analysis of the VNTR locus D1S80 by the PCR Followed by high-resolution PAGE. *Am. J. Hum. Genet.* **48**: 137-44.

32. Jeffreys A.J., Wilson V., and Thein S.L. (1985). Hypervariable minisatellite regions in human DNA. *Nature* **314**: 67-73.

33. Edwards, A., Hammond, H.A., Jin, L., Caskey, C.T., and Chakraborty, R. (1992). Genetic variation of five trimeric and tetrameric tandem repeat loci in four human population groups. *Genomics* **12**: 241-53.

34. Edwards, A., Civitello, A., Hammond, H.A., and Caskey, C.T. (1991). DNA typing and genetic mapping with trimeric and tetrameric tandem repeats. Am. J. *Hum. Genet.* **49:** 746-56.

35. Gill, P., Jeffreys, A.J., and Werrett, D.J. (1985). Forensic applications of DNA "fingerprints." *Nature* **318**: 577-9.

36. Möller, A., Meyer, E., and Brinkmann, B. (1994). Different types of structural variation in STRs: HumFES/FPS, HumVWA and HumD21S11. *Int. J. Legal Med.* **106**: 319-23.

37. Kimpton, C.P., Gill, P., Walton, A., Urquhart, A., Millican, E.S., and Adams, M. (1993). Automated DNA profiling employing multiplex amplification of short tandem repeat loci. *PCR Meth. Appl.* **3**: 13-22.

38. Kimpton, C.P., Fisher, D., Watson, S., Adams, M., Urquhart, A., Lygo, J., and Gill, P. (1994). Evaluation of an automated DNA profiling system employing multiplex amplification of four tetrameric STR loci. *Int. J. Legal Med.* **106**: 302-11.

39. Weber, J.L., and May, P.E. (1989). Abundant class of Human DNA polymorphisms which can be typed using the polymerase chain reaction. *Am. J. Human Genet.* **44**: 388-96.

40. Zietkiewicz, E., Rafalski, A., and Labuda, D. (1994). Genome fingerprinting by

simple sequence repeat (SSR)-anchored polymerase chain reaction amplification. *Genomics* **20**: 176-83.

41. Jaran, A., and Yasin, S. (2006). Species specificity using fifteen PCR-based human STR systems. *J. Biol. Sci.* **6**: 200-1.

42. Butler, J.M. (2006). Genetics and genomics of core short tandem repeat loci used in human identity testing. *J. Forensic Sci.* **51**: 253-65.

43. Paredes, M., Galindo, A., Bernal, M., Avila, S., Andrade, D., Vergara, C., Rincón, M., Romero, R.E., Navarrete, M., Cárdenas, M., Ortega, J., Suarez, D., Cifuentes, A., Salas, A., and Carracedo, A. (2003). Analysis of the CODIS autosomal STR loci in four main Colombian regions. *Forensic Sci. Int.* **137**: 67-73.

44. Budowle, B., Moretti, T.R., Baumstark, A.L., Defenbaugh, D.A., and Keys, K.M. (1999). Population data on the thirteen CODIS core short tandem repeat loci in African, Americans, U.S. Caucasians, Hispanics, Bahamians, Jamaicans, and Trinidadians. *J. Forensic Sci.* **44**:1277-86.

45. Budowle, B., Shea, B., Niezgoda, S., and Chakraborty, R. (2001). CODIS STR loci data from 41 sample populations. *J. Forensic Sci.* **46**: 453-89.

# CHAPTER 10

# PCR 於基因選殖之應用
## PCR Mediated Gene Cloning

PCR 的應用非常廣泛，無論在生技、生藥、生醫各方面的研究，都可發現它是不可或缺的角色。在 PCR 發明之前，坦白說，**基因選殖**（**gene cloning**）是一項很艱難的實驗工作，其中最主要的瓶頸之一是欲選殖之 DNA 片段不易獲得。試想，若早期我們要選殖人類**六碳糖激酶**（**hexokinase**）的基因，運氣最好的情形是，剛好有別的研究者已將此基因選殖在某個載體中，而且願意提供這個重組載體給我們，我們只需以限制性內切酶切割，並將此基因片段重新連接到我們想用的載體（例如質體）上即可；但世事往往沒有想像中那麼順遂，好事是可遇不可求的。若無 PCR 技術，我們很可能被迫必須先做**基因庫篩選**（**library screening**），使用的同位素標定的探針進行雜交篩選，程序相當複雜，且需花費數個月以上的時間，才有機會獲得我們所要的含六碳糖激酶基因的 clone；最令人煩惱的是，經常運氣不佳，最終白忙一場。然而這些既費時又需靠運氣才能成功的步驟或程序，現今多已被 PCR 取代。**人類基因體計畫**（**Human Genome Project**）已將人類染色體的 DNA 核酸序列解序完成，再加上早期彙整的資料，非常多的基因序列都可由 DNA **資料庫**（**databases**）查到，然後據以設計 PCR 引子。我們只需製備**基因體 DNA**（**genomic DNA**），或先製備**整體 RNA**（**total RNA**），再將之反轉錄成 cDNA，作為 PCR 模板，便能在 2-3 小時內大量增幅欲選殖的基因片段。

更令人讚賞的是，PCR 不但在製取欲選殖的 DNA 或基因有其方便性與快速性，它還可以在被增幅的 DNA 產物兩側加上特定的核苷酸序列，以利選殖。例如，加上原本並不存在的某種限制性內切酶的辨識序列，使得增幅的 DNA 片段後續可以被特定限制酶切割，再連接上選殖的載體。如今，藉助 PCR 來進行基因選殖已成為非常普遍的「家常」步驟，在此僅就常用的幾個選殖方法敘述如下：

# 10-1 T/A（或稱 A/T）選殖（T/A cloning）

就如在第二章 2.1 節中曾被提到，使用 *Taq* DNA 聚合酶來做目標基因的增幅時，生成的 PCR 產物經常不是兩端都為**鈍頭端**（**blunt-end**）的 DNA，而是在其 3' 端上會額外多加一個鹼基，且多半加入的是**腺嘌呤**（**adennine**）。此一突出的「A」反而促使此 PCR 產物在連接反應時具有遠高於鈍頭端相連接的成功機率。只要將

目標基因或 DNA 以 PCR 增幅，純化後不需限制性酵素切割就能選殖入市售的 **T-載體**（**T-vector**，3' 端具有突出「T」的線性質體）（圖 10.1）。這種方法很快速，但缺點是 T-vector 價錢昂貴，而且必須遷就生技廠商所製備販賣的 T-vector 上是否具有我們希望的序列或特性，成功獲得之重組 T-vector 不見得有我們所要的功能。

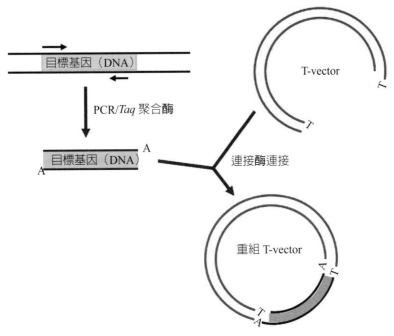

**圖 10.1　T/A 選殖的步驟很簡單**

利用一對引子（小箭頭）及 *Taq* 聚合酶將目標基因（或 DNA）增幅，產物經常會在 3' 端多加一個 "A"，可以有效地連接上 T-vector（它的 3' 端多一個 "T"）。

　　T/A 選殖的成功率除了取決於所使用的 T-vector 的品質外，目標基因增幅時 3' 端多加一個「A」的效率高低也攸關選殖成敗。目前對於加「A」效率的了解是，我們必須選擇不具有校正活性的聚合酶，例如 *Taq* 聚合酶，來增幅目標 DNA；*Pfu* 及 *Vent* DNA 聚合酶，或衍生自它們的市售聚合酶，只會生成鈍頭的 DNA 目標產物，不適用於此種選殖方法。另外，有些研究發現，$Mg^{2+}$ 的濃度較高時也會增進加「A」的效率。

　　T/A 選殖最有價值的是當我們要選殖的目標 DNA 樣品很龐大時，舉例來說，在遺傳疾病研究時發現，有一群病人呈現同一類似的病徵，他們被懷疑可能是因

解碼某一特定功能性蛋白的基因發生突變所致（突變的位置或型態可能相同，也可能不同）。為解開謎團，研究人員便可對所有病人抽取少量血液；製取基因體DNA；然後針對此特定基因設計引子；以 *Taq* 聚合酶進行 PCR 增幅；產物不需費時做限制性酶切割就可快速地被選殖入 T 載體。最後將成功選殖的重組 T 載體中之病人基因做核酸定序，便可以清楚知道這些病人是否都有相同病灶（同一基因發生突變）？若是，那致病的基因突變點是否都一樣？當然，有人會認為，為何不將每個病人的 PCR 產物直接定序，連選殖都不必做，不是更快速嗎？主要的道理是，PCR 產物直接定序時，量要高、要純，而且在定序步驟中，因 PCR 產出之雙股DNA 相對於質體 DNA 是比較短的，解鏈後互補的單股很容易快速再黏合，會使得定序引子不易黏合上 DNA 產物，較會造成定序失敗。

## 10-2 利用 PCR 將目標 DNA 兩側加入選殖所需特定限制性內切酶之辨識序列

雖然比 T/A 選殖的方法要來得麻煩且費時，但將目標 DNA（或基因）植入一個經限制性內切酶切割的質體，仍是多數研究室經常採行的基因選殖策略。其基本要求是，被選殖的目標 DNA 兩側也需具有相同或共容（**compatible**）之限制性酶的切割位。PCR 不但可以大量擴增目標 DNA，只要善於設計 PCR 引子的序列，它也可以輕易地將特定的限制性酶的序列加入到擴增後的 DNA 產物兩側。就如圖10.2 所示，我們可以將限制性酶的辨識序列（圖中之 *Eco*RI：GAATTC 及 *Bam*HI：GGATCC）加入到引子的 5' 端，而每個引子的 3' 端（圖中的箭頭所代表的序列）就類似典型 PCR 之引子設計，至少需有約 15 個鹼基的長度與模板 DNA 互補，才能順利地將目標 DNA 專一性地增幅。引子靠近 5' 區域的序列在增幅剛開始時雖不互補於模板，但最終它的雙股序列卻會出現在增幅後的 PCR 產物兩側。在經由 *Eco*RI 及 *Bam*HI 切割後，此 DNA 便能連接至相同限制性酵素切割的質體。整個流程相當直截了當，但有一項很容易被忽略的關鍵事項：緊鄰限制性酶的辨識序列，需多加幾個鹼基到引子的最 5' 端（圖 10.2 中引子序列中之 nnnnn），因為限制性酵素的序列若緊鄰 DNA 的端頭，經常被切割的效率會嚴重下降，這個小小

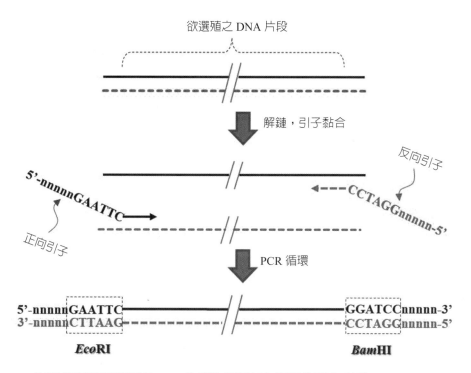

**圖 10.2　引子的序列設計可使 PCR 的產物兩側加上限制性酵素序列**

正向引子除了 3' 端有 >15 個鹼基序列（以 ➡ 表示）與模板互補外，5' 端被加入序列 nnnnnGAATTC；n 代表任何鹼基；GAATTC 是 *Eco*RI 限制酶之辨認序列。相類似的，反向引子被加入 GGATCC，*Bam*HI 限制酶之辨認序列。

的疏忽，經常會導致選殖的大潰敗。理由是 PCR 產物兩側限制性酵素切位有無成功地被切割，DNA 的長度相差並不大，跑電泳也無法分辨，若沒有切割，最終當然會造成選殖失敗。要注意的是，多添加的鹼基（nnnnn）並沒有特定序列限制，但需添加多少個鹼基方能提升切割效率呢？答案是依限制性酵素序列的不同而有所差異。生技公司 New England Biolab 曾就多種常用之限制性酵素做過分析（表 10.1），他們設計了多個含有限制性酵素辨識序列的短鏈雙股 DNA，且在辨認序列的兩側加上不同長度的鹼基對，然後以限制性酵素切割 2 或 20 小時，分析其切割效率。這項結果很清楚的顯示，多數限制性酵素切位要被有效率地切割都需至少多加 3 個鹼基對在其辨識序列的 5' 端；而若序列是 *Nco*I、*Nde*I、*Nhe*I，或 *Pst*I 的辨識序列，那麼額外多加的鹼基對甚至要超過 5 個。

　　除了上述的方法，我們還可以使用另一種設計來將一限制性酵素的切位加到

表 10.1　限制性酵素兩側序列的長度與切割效率的關係

| 限制酶 | 序列 | 長度 | % 切割 2 h | % 切割 20 h | 限制酶 | 序列 | 長度 | % 切割 2 h | % 切割 20 h |
|---|---|---|---|---|---|---|---|---|---|
| Bam III | CGGATCCG | 8 | 10 | 25 | Nco I | CCCATGGG | 8 | 0 | 0 |
|  | CGGGATCCCG | 10 | >90 | >90 |  | CATGCCATGGCATG | 14 | 50 | 75 |
|  | CGCGGATCCGCG | 12 | >90 | >90 |  |  |  |  |  |
| Bgl II | CAGATCTG | 8 | 0 | 0 | Nde I | CCATATGG | 8 | 0 | 0 |
|  | CGAGATCTTC | 10 | 75 | >90 |  | CCCATATGGG | 10 | 0 | 0 |
|  | GGAAGATCTTCC | 12 | 75 | >90 |  | CGCCATATGGCG | 12 | 0 | 0 |
|  |  |  |  |  |  | GGGTTTCATATGAAACCC | 18 | 0 | 0 |
|  |  |  |  |  |  | GGAATTCCATATGGAATTCC | 20 | 75 | >90 |
| Cla I | CATCGATG | 8 | 0 | 0 | Nhe I | GGCTAGCC | 8 | 0 | 0 |
|  | GATCGATC | 8 | 0 | 0 |  | CGGCTAGCCG | 10 | 10 | 25 |
|  | CCATCGATGG | 10 | >90 | >90 |  | CTAGCTAGCTAG | 12 | 10 | 50 |
|  | CCCATCGATGGG | 12 | 50 | 50 |  |  |  |  |  |
| Eco RI | GGAATTCC | 8 | >90 | >90 | Pst I | GCTGCAGC | 8 | 0 | 0 |
|  | CGGAATTCCG | 10 | >90 | >90 |  | TGCACTGCAGTGCA | 14 | 10 | 10 |
|  | CCGGAATTCCGG | 12 | >90 | >90 |  |  |  |  |  |
| Himd III | CAAGCTTG | 8 | 0 | 0 | Sac II | GCCGCGGC | 8 | 0 | 0 |
|  | CCAAGCTTGG | 10 | 0 | 0 |  | TCCCCGCGGGGA | 12 | 50 | >90 |
|  | CCCAAGCTTGGG | 12 | 10 | 75 |  |  |  |  |  |
| Kpn I | GGGTACCC | 8 | 0 | 0 | Sma I | CCCGGG | 6 | 0 | 10 |
|  | GGGGTACCCC | 10 | >90 | >90 |  | CCCCGGGG | 18 | 0 | 10 |
|  | CGGGGTACCCG | 12 | >90 | >90 |  | CCCCCGGGGG | 10 | 10 | 50 |
|  |  |  |  |  |  | TCCCCCGGGGGA | 12 | >90 | >90 |

（資料來源：New England Biolab 公司目錄）

PCR 增幅的 DNA 產物一端。適逢其會，有時目標 DNA 的 5' 序列本就與某一限制性酵素序列非常相近（圖 10.3 中之虛線框框），我們就可以設計一個 PCR 引子將此辨識序列加入。引子的序列（圖中加上底色的箭頭）與模板序列間雖有一個**鹼基錯誤配對**（**A/G mismatch**），但並非發生在引子的最 3' 端。只要將 PCR 循環的黏合溫度降低幾度，經常也能有效的增幅出目標 DNA，而且產物的一端就會被加入此限制性酵素（*Eco*RI）之序列。原本的「類 *Eco*RI 序列」（圖中 GCATTC）經引子錯誤配對並增幅，最終被改變成 *Eco*RI 序列（GAATTC）。這種方法所設計的引子長度與典型 PCR 之引子相當，錯誤配對之鹼基可以超過一個，且一般為確保引子 3' 端可與模版完全互補，會將錯誤配對的鹼基（圖中「A」）設計於較靠引子序列的 5' 端或中間的位置。

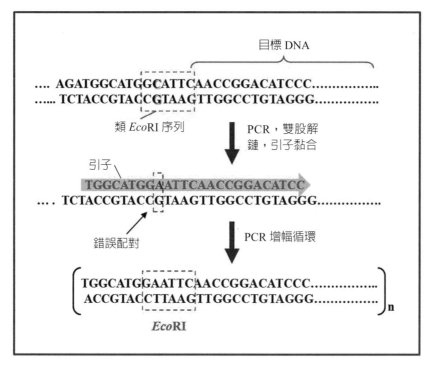

**圖 10.3　與限制性酵素序列相近的序列可經由 PCR 改為限制性酵素序列**

目標 DNA 一側的「類 *Eco*RI 序列」（GCATTC）可藉由引子（加底色的粗箭頭）在增幅過程中改成 *Eco*RI 切位。引子序列中刻意加入 GAATTC（*Eco*RI）序列。

## 10-3 不需使用連接酶或限制性酵素的特殊 PCR 基因選殖

　　就如前兩節中所述，PCR 可以在欲選殖的 DNA 兩端（3' 端）製造出額外的一個「A」，使其可以插入 T- 載體中；或是在其兩端加入限制性酵素的辨認序列，使其可被切割，並連接到相同限制性酵素切割後的質體，完成選殖。但試想，若欲將一段 DNA 植入一個質體的某一特定位置，而此位置卻非任何限制性酵素的辨認序列；又若欲將 DNA 植入一個質體，而此質體的植入點是平頭（或鈍頭）的結構，對連接反應非常不利，那麼，不但 T- 載體派不上用場，10-2 節中所說的選殖方法也沒有用武之地了。幸運的是，有兩個 PCR 的應用方法卻可以讓我們達成這種非傳統的選殖企圖。其中一個，我把它稱爲**巨引子延伸法**（**megaprimer extension**），它可以在不使用限制性酶及連接酶的情形下將一目標 DNA 植入質體

的任何特定點；另一個，我們暫且稱它為 λ 核酸外切酶雜交延伸法（λ **exonuclease-hybridization extension**），它可以不經連接反應，將一目標 DNA 植入平頭端頭之質體。

## 10-3-1 巨引子延伸（Megaprimer Extension）

這是一個很有趣且非常有用的 PCR 基因選殖方法，完全不需使用限制性酵素和 DNA 連接酶，而且可以將 PCR 增幅的產物植入質體的任何一個選定點，完全不受限於質體序列中有無特定限制性酵素的切位。這種選殖方法有三個步驟，其基本概念就如圖 10.4 中所描繪的：首先利用一對特殊設計的 PCR 引子（F 與 R，長度約 40 核苷酸）將目標基因（細虛實線雙股）擴增（步驟 (i)），使 PCR 產物的兩側加入額外的序列（約 20 核酸對；黑色粗線條），它們剛好是欲插入之選殖位兩側的序列。此 PCR 產物便能在步驟 (ii) 中被當成巨引子（**megaprimer**）使用，與 *Dpn*I（GATC）甲基化的選殖質體一起進行解鏈、黏合、延伸（使用 *Pfu* 聚合酶），並如一般 PCR 般重複循環數十次。甲基化的質體模板並不會影響聚合酶延伸，且生成的雙股 DNA 產物，除了有些帶有單股（產物 (II)）或雙股都甲基化的原始質體序列（產物 (I)）外，主要的是在 PCR 中被新延伸形成之雙股。它們是雙股都沒有甲基化，且兩股都具有缺口（**nick**）的重組質體（產物 (III)）。雖然圖 10.4 並無進一步之描述，但若在轉型細菌前以 *Dpn*I 處理，那些單股或雙股 DNA 中帶有甲基化之（GATC）的質體（(I) & (II)）會被切割成線性 DNA，無法有效轉型細菌；而無甲基化的重組質體（DNA (III)）不會被 *Dpn*I 線性化，雖有沒共價連接之「缺口」，仍能有效地轉型細菌，成功長成菌落。

## 10-3-2 λ 核酸外切酶雜交延伸法（λ Exonuclease-Hybridization Extension）

在基因選殖的程序中，我們一般會避免使用平頭切割的端頭做連接，因為連接的效率非常低，獲得重組質體或菌落的機會相當渺茫。以下，筆者所介紹方法的最大優點之一，就是可以用平頭切割的質體做選殖。此方法的特色也在於 PCR 引子的設計，流程就如圖 10.5，我們需將欲選殖之 DNA 片段先以一對引子增幅出來（步驟 (i)），這對引子除了 5' 端必須磷酸化外（圖中 Ⓟ 的標示），它們的 3' 端序列（實線箭頭部分）長度約 18-24 核苷酸，是用來互補黏合並增幅目標 DNA；

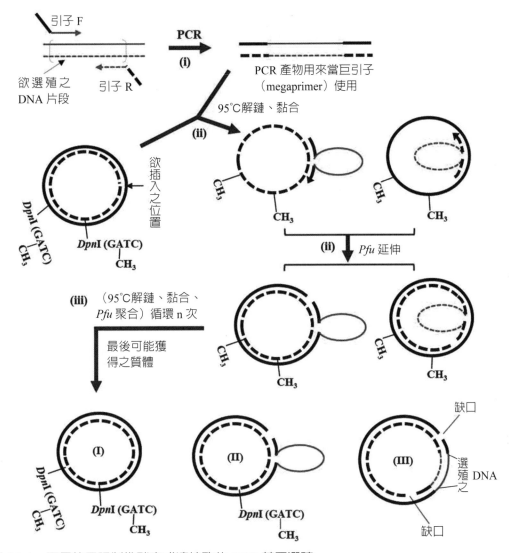

**圖 10.4　不需使用限制性酵素或連接酶的 PCR 基因選殖**

三個步驟：(i) 利用一對引子 F 和 R 增幅欲植入質體之 DNA（以細實線／虛線表示雙股），所得的
產物被當作巨引子，進行步驟 (ii)）。每一巨引子單股以其兩側序列（粗黑實線／虛線）互補在欲插
入點兩側，再以聚合酶 *Pfu* 延伸。(iii) 經重複解鏈、黏合、聚合就可能生成三種不同產物 (I)、(II) 和
(III)。經 *Dpn* I 切割後，理論上只有質體 (III) 可成功轉型細菌。

較特殊的是，它們的 5' 端序列（虛線的部分）是根據欲插入之質體的兩個端頭的
核酸序列所設計的。增幅後的 PCR 產物兩端便會具有與質體切割後兩個端頭的相
同序列（虛線雙股序列，一般要 ≥ 5 bp）。之後，我們可將此產物混合平頭端頭的
質體，一起用 λ exonuclease 簡略處理（步驟 (ii)）。此核酸酶的特性是可由帶有磷

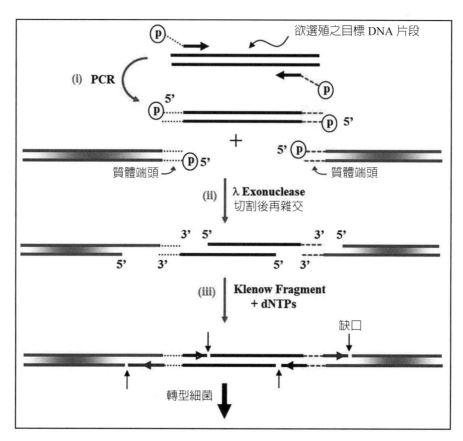

**圖 10.5　λ 核酸外切酶雜交延伸選殖方法**

(i) 先用一對 5' 端磷酸化（P）的引子增幅欲選殖之 DNA 片段。引子的 5' 端序列（虛線部分）是根據欲插入的質體的端頭序列設計的。(ii)PCR 的產物及端頭切割後的質體先以 λ exonuclease 短暫處理再雜交，(iii) 以 Klenow fragment 延伸，即便最後產物有缺口（nicks），不需連接，亦可轉型細菌。（*Bio-Techniques* 27:1240-4）

酸根的 DNA 5' 端往 3' 端切割，一小段時間後，我們再使切割後的目標 DNA 與質體端頭雜交一起。最後加入 DNA 聚合酶 Klenow fragment 及四種 dNTP 進行延伸（步驟 (iii)）。如此，目標 DNA 便與質體兩端接合，延伸後的重組 DNA 有四個**缺口**（**nicks**，箭頭所示），它們不用連接酶連接也不會嚴重影響重組 DNA 轉型細菌的效率。等進入細菌後，缺口會被細胞中修復機制修復，不影響質體複製。

　　雖然有些實驗顯示，在這個方法中互補於質體端頭的序列（引子虛線區域），長度可以短到只有 3 核苷酸，但太短可能會使雜交的效率變低，建議稍微長一點較保險。還有，這個方法雖然可以克服平頭端選殖的困難，但並非被侷限於平頭端選

殖的實驗，即便是**黏頭端**（**sticky end**），只要 5' 端有磷酸根，都適用此方法。最後要強調的是，這個方法除了可以用來做質體的基因選殖外，只要搭配連接酶的步驟，它也可以用來增幅一個兩端具有特殊序列的 DNA 片段，將任意兩段 DNA 做聯結。就以下簡圖所示：PCR 增幅片段之左側（虛線）及右側（粗線條）序列，分別與片段(I) 右側及片段(II)左側序列重疊，將此三段 DNA 用 λ exonuclease 處理、雜交、聚合延伸，最後再用連接酶連接，三段 DNA 連接便大功告成。

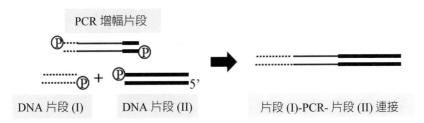

圖 10.6　以 λ 核酸外切酶雜交方法將一段 PCR 增幅之 DNA 連接到兩個 DNA 片段之間

## 10-4 使用 Degenerate 引子的 PCR 與基因建構

在本章之最後，我們要介紹一個特殊的基因選殖方法，這個方法可以幫我們克服一項有可能會遇到的困境：若我們想選殖某一蛋白的 cDNA 序列，但基因庫中除了有此蛋白的胺基酸序列外，並無登錄任何對應之 DNA 或 mRNA 的序列。沒有 DNA 序列，難道引子的設計便卡關，PCR 便無法進行？其實不然，我們可以設計 degenerate 引子來做 PCR（10-4-1 小節）。另外，在 10-4-2 小節中，我們還要為您敘述另一項令人讚嘆的 PCR 基因操作：**基因建構**（**gene construction**）。它可以讓我們在沒有模板的情形下做 PCR 增幅，製備一個特定的 DNA 或基因，甚至我們可以無中生有，創造自己想要的一段 DNA 或一個基因，即便其序列在自然界中並不存在。

### 10-4-1 使用 Degenerate 引子來做 PCR

有些人應該有此經驗，針對一個很感興趣的蛋白，在**基因庫**（**database**）中找得到胺基酸序列，但其 mRNA 或 cDNA 之序列卻付之闕如，很多植物性蛋白的基

因尤其如此。如果想要應用或選殖它的基因序列，我們又該怎麼做？簡單的說就是，如何由此蛋白之胺基酸序列去獲取它的 cDNA 序列？其實我們只要根據胺基酸的對應密碼子（**codons**）及此蛋白的兩段胜肽序列去設計所謂的「degenerate 引子」，然後以 PCR 增幅即能達到我們的目的。就如圖 10.7 所示，欲獲得此蛋白之cDNA，我們可以根據其 N 端及 C 端的胺基酸序列 (A) 去設計 PCR 引子。一般而言，引子的長度 ≥ 17 個核苷酸即可，但要根據哪一段胺基酸序列來設計？這就需先分析每個胺基酸的可能對應密碼子（圖 10.7(B)），然後選擇那一段密碼組合最

A. 蛋白之部分胺基酸序列（只有 N 端與 C 端序列）

NH₃-Gly-Ala-Leu-Arg-Trp-Met-Asp-His-Asn-Gly-Met-Leu-Asp-Gln-Trp-Gly-
- - - - - - - - - - - - - - - - - - - - - - - - - - - - - - - - - - - - -
- - - - - - - - - - - - - -Gln-Leu-Asn-Ala-Thr-Asn-His-Asp-COO⁻

B. 根據胺基酸對應密碼子設計 degenerate 引子

N 端：　　　　　　　　　************************

NH₃-Gly-Ala-Leu-Arg-Trp-Met-Asp-His-Asn-Gly-Met-Leu-Asp-Gln-Trp-Gly---

對應密碼子

| GGG | GCG | CTG | CGG | TGG | ATG | GAC | CAC | AAC | GGG | ATG | CTG | GAC | CAG | TGG | GGG |
| GGC | GCC | CTC | CGC | | | GAT | CAT | AAT | | GGC | CTC | GAT | CAA | | GGC |
| GGT | GCT | CTT | CGT | | | | | | | GGT | CTT | | | | GGT |
| GGA | GCA | CTA | CGA | | | | | | | GGA | CTA | | | | GGA |
| | | TTA | AGA | | | | | | | | TTA | | | | |
| | | TTG | AGG | | | | | | | | TTG | | | | |

正向 degenerate 引子序列可以是：

5'- TGGATGGA(C/T)CA(C/T)AA(C/T)GG-3' 或

5'- TGGATGGA(C/T)CA(C/T)AA(C/T)GGNATG-3'

C 端：　　　　　　　　　***********************

- - - -Gln-Leu-Asn-Ala-Thr-Asn-His-Asp-COO⁻

對應密碼子

| CAG | CTG | AAC | GCG | ACG | AAC | CAC | GAC |
| CAA | CTC | AAT | GCC | ACC | AAT | CAT | GAT |
| | CTT | | GCT | ACT | | | |
| | CTA | | GCA | ACA | | | |
| | TTG | | | | | | |
| | TTA | | | | | | |

逆向 degenerate 引子序列可以是：

5'-TC(A/G)TG(A/G)TTNGTNGC(A/G)TT-3'

圖 10.7　根據胜肽序列及胺基酸對應之密碼來設計 degenerate 引子

A：一個假設性蛋白的兩端胜肽序列；B：分別根據 N 端及 C 端胜肽序列來設計正向及逆向的 degenerate 引子。陰影加星號的區域是標示為最低 dengeracy 之胜肽區域，引子設計所依據的序列。（X/Y）：代表此位置在有些引子序列是 X，另一些引子序列則是 Y。

低的胜肽片段來設計 degenerate 引子，就如圖 10.7(B) 中以一串 * 所標記的片段。它具有最低的 redundancy 或 degeneracy，密碼子的可能組合方式最少。這樣的引子，其實是多種寡核苷酸序列的混和，我們稱之為 **degenerate** 引子。序列中之（C/T）代表此位置在有些引子序列中是「C」；在另一些引子中則是「T」，而圖中正向引子 5'-TGGATGGA(C/T)CA(C/T)AA(C/T)GG-3' 就是一個含 8 種（2×2×2）不同序列的 degenerate 引子，**degeneracy** = 8。這 8 種核酸序列有差異的混合引子中，在增幅時，只有一種會完全互補於目標 DNA 模板；若 degeneracy 太高，會完全互補的那種專一性引子的比例就會變得很低，例如 1/256，摻雜在其中的多種不完全互補的引子，就很容易會黏合到錯誤的 DNA 位置，生成非專一性產物。因此，選取用來設計 degenerate 引子的胜肽序列時，應儘量避開含 Leu、Arg，或 Ser 胺基酸的序列，因為這幾個胺基酸的對應密碼子都各有 6 種，以之設計引子，會造成 degeneracy 大大增加。圖中逆向引子中的核苷酸「N」，代表此位置可以是 G、A、T 或 C，但這些位置也可用**肌苷酸（inosine: (I)）**來取代，因為 inosine 與 G、A、T、C 四種鹼基都可配對，因此，圖 10.7B 中所設計的逆向引子也可以設定為 5'-TC(A/G)TG(A/G)TTIGTIGC(A/G)TT-3'。要注意的是，應避免將 I 設計在引子的最 3' 端上，以降低生成非專一性產物的風險。

　　除了上述引子的設計較不同外，使用 degenerate 引子所進行的 PCR，其反應條件與典型的 PCR 並無太大差別。一般為避免非專一性產物生成，循環步驟中的黏合溫度應儘可能設得高一點，引子的使用濃度也要比典型的 PCR 使用單一序列引子時要來得高很多，試想，在多種序列組合的引子中，理論上會完全互補於目標序列的只有一種，在 degenerate 引子中，它的濃度等於被高度稀釋。先前就有一個實驗，使用的一對引子各自之 degeneracy = 128，遵循典型 PCR 反應的引子使用量（100 µl 使用 100 pmole），並無法成功增幅；但使用 71 倍量（7.13 nmole）的 degenerate 引子就能獲得相當好的增幅結果。

## 10-4-2 利用 PCR 進行基因建構（Gene Construction）

　　什麼是 PCR 基因建構？簡單的說就是在沒有模板的情形下，利用 PCR 編製出一段 DNA 或一個基因。一般我們會認為任何 PCR 都需有模板才能進行增幅，其實

不然，基因建構就可以讓我們在模板不易取得的情形下，只需知道想增幅的基因或 DNA 片段的核酸序列，就能利用 PCR 去大量得到它。舉一個假設性的例子，若我們對某一高度傳染性病毒的一個基因有興趣，此基因的核酸序列雖已發表；但因此病毒不易取得，或我們未被相關機關授權可以操作此高危險性的病毒，自然就無法獲取此病毒的基因體 DNA 或 cDNA 來進行 PCR。有了基因建構技術，這就不成問題了，唯一的限制是，每次建構的基因或 DNA 最好不要超過 1000 核酸對，過長的 DNA 建構失敗率變得非常高。就如圖 10.8 所示，我們需根據要建構的 DNA 雙股序列（上圖，黑色實、虛雙線條）先設計一系列的引子，一組皆是**意涵股（sense strand）**序列（F1～F5），另一組則皆是**反意股（antisense strand）**序列（R1～

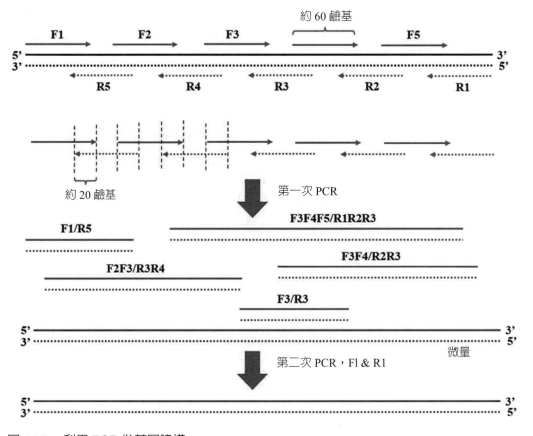

**圖 10.8　利用 PCR 做基因建構**

一段已知核酸序列的 DNA 可以藉由兩次的 PCR 建構出來。先根據序列之意涵股與反意股設計兩組引子。除 F1 和 R1，每個引子的 3' 和 5' 端（約 20 個核苷酸）需與另一股相鄰的兩個引子的 3' 和 5' 的序列互補。第一次 PCR 使用等量的全部引子增幅；第二次 PCR 則以少量第一次 PCR 所得之產物爲模板，且僅以 F1 和 R1 做增幅。

R5），每一個引子長度約 60 核苷酸，長度可以不同，但它們互補區的 $T_m$ 值要盡可能相近。除此之外，相鄰兩意涵股與反意股引子序列間都需有約 20 鹼基的互補性，例如，R5 引子的 3' 端與 F1 的 3' 端需互補，R5 的 5' 端也需與 F2 的 5' 端互補（互補區域以兩垂直虛線標示）。如此，在第一次 PCR 時，模板缺席，但引子間卻可以互相黏合、延伸、產生多種產物，其中也包括微量的全長之產物。不必分析這些產物，我們可以直接取少量的它們來做模板，以最外圍引子 F1 及 R1 進行第二次 PCR。所要的全長 DNA 序列就會被大量增幅出來了。

　　其實這個方法最迷人的地方是，只要善加設計引子，我們甚至可以創造自然界原本不存在的一段 DNA，或一個基因，然後藉由基因轉殖與重組蛋白表現的程序，製取一個從沒在生物體中被發現過的蛋白。例如，我們可以創造一個組合型的奇特蛋白，其 N 端具有某一**蛋白激酶**（**protein kinase**）的序列與活性，而 C 端序列卻具有**蛋白去磷酸酶**（**protein phosphatase**）的活性；我們也可以根據一個蛋白已發表的胺基酸序列，然後遵循**遺傳密碼**（**genetic codes**）的規則建構此蛋白的**類 -cDNA** 序列（跟真正此蛋白之 cDNA 的核酸序列可能不完全相同），最終經由選殖，再以重組蛋白的方式大量表現此不易獲得的蛋白。這就像筆者於課堂上曾舉的一個假設性的例子，若某種恐龍蛋白的胺基酸序列是已知的，理論上，我們就能用 PCR 基因建構，再搭配基因選殖與重組蛋白表現來大量製備它。

## 10-5 利用 PCR 來製備單股目標基因（或 DNA）

　　對有些基因選殖或操作，有時我們所需要的是單股 DNA，例如，以單股 DNA 進行核酸定序，或製備雜交實驗所需之單股核酸探針等。早期製備特定單股 DNA 片段的方法多使用類似 M13 噬菌體基因轉殖的步驟，過程不但複雜、耗時，且限制甚多。現今有了 PCR，製取一段單股的 DNA 早已變成是一件輕而易舉的事了。在本章的最後一節，筆者將舉出兩個製備單股 DNA 的簡易方法，希望對相關的研究者有所幫助！

## 10-5-1 不對稱 PCR（Asymmetric PCR）

在多數的 PCR 中，一般都使用一對濃度相同（各約 1 μM）的引子來進行，最終，雙股的目標 DNA 片段會因此被大量增幅。然而不對稱 PCR 卻非如此，它使用的兩個引子濃度是一高一低，其中一個維持在 1 μM，而另一個引子的濃度只為此濃度之 1/5 或更低 1/10。如圖 10.9(A)，若 PCR 的增幅效率不錯，增幅 10 到 15 個循環後，就會順利生成雙股的目標產物。這些產物當然可以是後續循環的模板，但濃度低的引子很可能在這個階段後便已用罄（或剩餘相當低的濃度），因此，後續之 PCR 循環就只能看較高濃度的那個引子表演了。後半段的增幅，每個循環解鏈後，只有單一引子（高濃度之引子）會黏合在其中一股，延伸生成單股 DNA。做完所有 PCR 循環後，所產出的就會是單股與雙股目標 DNA 產物的混合。由於長鏈的單股 DNA 會以特定二級結構存在，相對於相同長度的雙股螺旋 DNA，在洋菜膠電泳中的泳動較慢（圖 10.9(B)）。若用較長的膠，便能順利分離萃取出來。方便的是，只需設定其中一個引子的濃度遠高於另一個引子，我們就能任意選擇並製備那一股的單股 DNA。

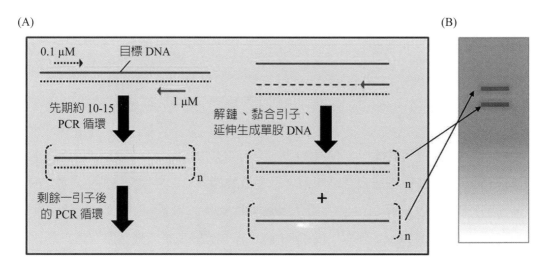

**圖 10.9　不對稱 PCR**

(A) 當兩個引子濃度相差甚大，上方的引子很可能經過約 10-15 個循環後便已耗盡，剩餘的循環只有下方的引子會持續運作，最終的 PCR 產物就含有雙股與單股之 DNA；(B) 洋菜膠電泳分析 PCR 產物。

## 10-5-2 利用 λ 核酸外切酶製備單股 DNA（ssDNA Generated by λ Exonuclease）

λ 核酸外切酶（λ exonuclease）可以切割單股或雙股的 DNA，但方向限定是由帶有磷酸根的 5' 端往 3' 端逐次將 DNA 完全切割，不具磷酸根的 DNA 不是它的反應物。藉由這種特性，一個特定的單股 DNA 就能以如圖 10.10 所描述的步驟製備完成。而且，我們一樣可以藉由選擇使用哪一個引子 5' 端被磷酸化來製備我們所欲獲得與之互補的單股 DNA。

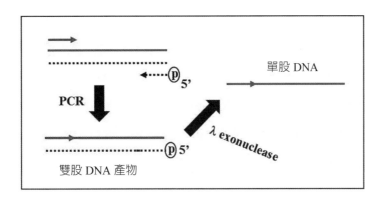

**圖 10.10　利用 λ 核酸外切酶製備單股 DNA**

先以一對 PCR 引子增幅目標 DNA，其中一個引子的 5' 端被磷酸化，增幅產生的雙股 DNA 就會有一股 5' 會帶磷酸。最後產物再經 λ 核酸外切酶充分切割，就可以獲得單股 DNA。

其實 PCR 在基因操作上的應用非常廣泛，它不僅僅是上述基因選殖時的常用技術，也可以用來快速建構 **cDNA 庫**（**cDNA library**）、分析真核基因體 **DNA**（**genomic DNA**）中之內含子／外插子（**intron/exon**）的結構，或進行定點突變（**site-directed mutagenesis**）（本書第十二章會有詳盡說明）等等。現今，它更被結合到很多較新穎、較具創新性的基因或 DNA 相關的研究中，例如**染色質免疫沉澱**（**chromatin immunoprecipitation, ChIP**）分析及**染色體構型擷取**（**chromosome conformation capture, 3C**）研究，都需仰賴 PCR 來獲得重要的結果與資訊。

# 參考文獻

1. Dubey, A.A., Singh, M.I., and Jain, V. (2016). Rapid and robust PCR-based all-recombinant cloning methodology. *PLoS One* **11**: e0152106.

2. Mead, D.A., Pey, N.K., Herrnstadt, C., Marcil, R.A., and Smith, L.M. (1991). A universal method for the direct cloning of PCR amplified nucleic acid. *Biotechnology* **9**: 657-63.

3. Zhou, M.Y., and Gomez-Sanchez, C.E. (2000). Universal TA cloning. *Curr. Issues Mol. Biol.* **2**: 1-7.

4. Zimmermann, K., Schögl, D., and Mannhalter, J.W. (1998). Digestion of terminal restriction endonuclease recognition sites on PCR products. *BioTechniques* **24**: 582-4.

5. Aslanidis, C., de Jong, P.J., and Schmitz, G. (1994). Minimal length requirement of the single-stranded tails for ligation-independent cloning (LIC) of PCR products. *PCR Methods Appl.* **4**: 172-7.

6. Chen, G.J., Qiu, N., Karrer, C., Caspers, P., and Page, M.G.P. (2000). Restriction site-free insertion of PCR products directionally into vectors. *BioTechniques* **28**: 498-505.

7. Little, J.W. (1981). Lambda exonuclease, *In Gene amplification and analysis.* pp. 135-145. (J.G. Chirikjian, and T.S. Papas, Eds.), Elsevier, Amsterdam.

8. Tseng, H. (1999) DNA cloning without restriction enzyme and ligase. *BioTechniques* **27**: 1240-4.

9. Geiser, M., Cèbe, R., Drewello, D., and Schmitz, R. (2001). Integration of PCR fragments at any specific site within cloning vectors without the use of restriction enzymes and DNA ligase. *BioTechniques* **31**: 88-92.

10. Patil, R.V., and Dekker, E.E. (1990). PCR amplification of an *Escherichia coli* gene using mixed primers containing deoxyinosine at ambiguous positions in degenerate amino acid codons. *Nucleic Acids Res.* **18**: 3080.

11. Kwok, S., Chang, S.-Y., Sninsky, J.J., and Wang, A. (1994). A guide to the design and use of mismatched and degenerate primers. *PCR Methods Appl.* **3**: S39-S47.

12. Yang, X., and Marchand, J.E. (2002). Optimal ratio of degenerate primer pairs improves specificity and sensitivity of PCR. *BioTechniques* **32**: 1002-6.

13. Girgis S.I., Alevizaki, M., Denny, P., Ferrier, G.J.M. and Legon, S. (1988). Generation of DNA probes for peptides with highly degenerate codons using mixed primer PCR. *Nucleic Acids Res.* **16**: 10371.

14. Larrick, J.W., Danielsson, L., Brenner, C.A., Wallace, E.F., Abrahamson, M., Fry, K.E., and Borrebaeck, C.A.K. (1989). Polymerase chain reaction using mixed primers: cloning of human monoclonal antibody variable region genes from single hybridoma cells. *Biotechnology* **7**: 934-8.

15. Telenius, H., Carter, N.P., Bebb, C.E., Nordenskjöld, M., Ponder, B.A., and Tunnacliffe, A. (1992). Degenerate oligonucleotide-primed PCR: general amplification of target DNA by a single degenerate primer. *Genomics* **13**: 718-25.

16. Nagata, K., Sasamura, H., Miyata, M., Shimada, M., and Yamazoe, Y. (1990). cDNA and deduced amino acid sequences of a male dominant P-450Md mRNA in rats. *Nucleic Acids Res.* **18**: 4934.

17. Stemmer, W.P., Crameri, A., Ha, K.D., Brennan, T.M., and Heyneker, H.L. (1995). Single-step assembly of a gene and entire plasmid from large numbers of oligodeoxyribonucleotides. *Gene* **16**: 49-53.

18. Cherry, J., Nieuwenhuijsen, B.W., Kaftan, E.J., Kennedy, J.D., and Chanda, P.K. (2008). A modified method for PCR-directed gene synthesis from large number of overlapping oligodeoxyribonucleotides. *J. Biochem. Biophys. Methods* **70**: 820-2.

19. White, B.A. (1998). Generation of single-stranded DNA via asymmetric PCR. *In PCR Protocols: Current Methods and Applications*, pp. 145-7. (B.A. White, Ed), Humana Press, Totowa, NJ.

20. Wooddell, C., and Burgess, R.R. (1996). Use of asymmetric PCR to generate long primers and single-strands DNA for incorporating cross-linking analogs into specific sites in a DNA probe. *Genome Res.* **6**: 886-92.

21. Ling, X.-Y., Zhang, G., Pan, G., Long, H., Cheng, Y., Xiang, C., Kang, L., Chen, F., and Chen, Z. (2015). Preparing long probes by an asymmetric polymerase chain reaction-based approach for multiplex ligation-dependent probe amplification. *Anal. Biochem.* **487**: 8-16.

22. Belyavsky, A. Vinogradova, T., and Rajewsky, K. (1989). PCR-based cDNA library construction: general cDNA libraries at the level of a few cells. *Nucleic Acids Res.* **17**: 2919-32.

23. Piao, Y., Ko, N.T., Lim, M.K., and Ko, M.S.H. (2001). Construction of long-transcript enriched cDNA libraries from submicrogram amounts of total RNAs by a universal PCR amplification method. *Genome Res.* **11**: 1553-8.

24. Lambert, K.N. and Williamson, V.M. (1993). cDNA library construction from small amounts of RNA using paramagnetic beads and PCR. *Nucleic Acids Res.* **21**: 775-6.

25. Suzuki, Y., Yoshitomo-Nakagawa, K., Maruyama, K., and Suyama, A. (1997). Construction and charactrrization of a full length-enriched and a 5' end-enriched cDNA library. *Gene* **200**:149-56.

26. Orlando, V. (2000). "Mapping chromosomal proteins *in vivo* by formaldehyde-crosslinked-chromatin immunoprecipitation". *Trends Biochem. Sci.* **25**: 99-104.

27. Nelson, J., Denisenko, O., and Bomsztyk, K. (2006). "Protocol for the fast chromatin immunoprecipitation (ChIP) method". *Nature Protocols* **1**: 179-85.

28. Nelson, J., Denisenko, O., and Bomsztyk, K. (2009). "The fast chromatin immune-precipitation method". *Methods Mol. Bio.* **567**: 45-57.

29. Simonis, M., Klous, P., Splinter, E., Moshkin, Y., Willemsen, R., de Wit, E., van Steensel B., and de Laat W. (2006). Nuclear organization of active and inactive chromatin domains uncovered by chromosome conformation capture-on-chip (4C). *Nature Genetics* **38**: 1348-54.

30. Kurukuti, S., Tiwari, V.K., Tavoosidana, G., Pugacheva, E., Murrell, A., Zhao, Z., Lobanenkov, V., Reik, W., and Ohlsson, R. (2006). CTCF binding at the H19 imprinting control region mediates maternally inherited higher-order chromatin

conformation to restrict enhancer access to Igf2. *Proc. Natl. Acad. Sci. USA* **103**: 10684-9.

31. Hagège, H. Klous, P. Braem, C. Splinter, E. Dekker, J. Cathala, G. de Laat W., and Forné, T. (2007). Quantitative analysis of chromosome conformation capture assays (3C-qPCR). *Nature Protocols* **2**: 1722-33.

# CHAPTER    11

## 利用 PCR 偵測基因變異
### Mutation Detection by PCR

我們都清楚，不同物種的基因體序列差異性相當大；其實，即便是相同物種中的不同個體，它們的基因體序列也有很多差異，兩個人若無血緣關係，他們的基因體（約 30 億鹼基對）中至少會有 $1 \times 10^6$ 鹼基對是不同的，這些差異被稱為個體間的**單核苷酸多型性（single nucleotide polymorphism, SNP）**。由於如此，人跟人不但外觀有差異，其代謝機能有好壞，且對疾病的抵抗力與復原能力也會有顯著的不同。因此，精準地偵測到個體基因的變異，對臨床診斷、病理機轉，及醫療藥物的發展等就變得非常重要。基因突變（或變異）無論是遺傳性或起因於環境與飲食中的致變劑，核酸定序仍是最直接的鑑定方式；但若抽取整個基因體 DNA 做模板來定序一個特定基因，是有其複雜度與困難度，尤其當定序的樣品數量很龐大的時候；藉由 PCR 增幅，不但可以輕易地獲得欲定序的特定 DNA（基因）片段，最重要的是，有些 PCR 的應用方法，還能快速地偵測被增幅的樣品 DNA 序列是否有突變，在面對數量龐大的分析樣品時，可以快速篩檢出極可能帶有突變，需要被定序的樣品。如此，不但省荷包，又有效率。

如果不做定序，我們又如何在定序之前就能偵測一 DNA（或基因）有否刪除突變或點突變？傳統的偵測方法多半採用雜交的技術，例如**南方轉漬（點墨）法（southern blotting）**或**北方轉漬（點墨）法（nothern blotting）**。這些方法都需使用昂貴的實驗材料與密集勞力，勢必無法同時操作數十個以上樣品的分析，且最大的問題是，這些方法的靈敏度並不高，細微的核酸序列變異經常無法被精確地檢測出來。現今，拜 PCR 應用方法的快速發展所賜，已有很多以 PCR 為基礎的偵測方法可以讓我們達到既精準又有效率的偵測目的。在本章中，筆者先將基因變異分成兩大類來討論：其一是特定基因已知會發生變異之鹼基對的偵測，例如分析一群病人中有哪些人可能是**鐮刀型貧血（sickle-cell anemia）**的帶因者或病患？根據理論，我們知道應偵測他們的**血紅素 β 鏈（β chain of hemoglobin）**的第 6 個胺基酸的密碼子是否有發生 GAG → GTG 的突變？不但事先知道變異發生的位置，而且知道變異的方式（A → T）。另一類的變異偵測則是針對特定基因之未知突變點和未知變異方式的偵測，例如研究一群疑似罹患**胞囊狀纖維化（cystic fibrosis）**病人的基因變異。我們雖然知道應分析病人 CFTR 傳輸蛋白的基因是否有變異，但根據先前的致病突變分析統計，造成此疾病的突變 CFTR 並沒有固定的突變發生點或變異方式。對此，我們就需採用另一類的 PCR 偵測方法來進行檢測。

# 11-1 已知突變點與突變方式之 PCR 偵測

以 PCR 的方法來偵測一個基因的某一特定點的特定突變相對比較簡單。在本章中，考量篇幅，我們僅提出以下幾個方法，詳加說明，究竟哪些方法較適用於哪位研究者，端視個人喜好與材料取得的方便性而定。

## 11-1-1 錯誤配對化學切割法（Chemical Cleavage of Mismatch）

此方法簡稱 CCM，它的基本步驟如圖 11.1。首先利用一對引子（F 和 R）分別增幅對照組（被認定沒變異）及測試組樣品中的特定基因（含變異鹼基）的 DNA 片段。圖中是以偵測遺傳性鐮刀型貧血之突變作例子來說明，此疾病的 DNA 特定突變是發生在血紅素的 β 鏈基因的第六個密碼子，由 GAG（解碼胺基酸 Glu）突變成 GTG（解碼胺基酸 Val）。在 PCR 增幅後，我們可將對照組（或測試組）所增幅的 DNA 產物一股的 5' 端進行同位素或螢光標定，再將之與等量 PCR 增幅測試組（或對照組）所得到的 DNA 產物混和，煮沸 5 分鐘 denature，之後於 42℃ 緩慢冷卻，進行雜交。而預期結果為：除了來自原先雙股 DNA 之單股可能會再自行黏合，形成圖中之 (A) 和 (B)DNA 外，來自對照組與測試組 PCR 產物之單股也可能交叉配對，生成雜交之 (C) 和 (D)DNA。它們分別帶有 A/A 與 T/T 的錯誤配對。其中錯誤配對的 T（產物 (D)），會被化學藥品 $OsO_4$ 修飾，之後又可被有機鹼 piperidine 切割，造成單股 DNA 缺口（本例中因錯誤配對是 T/T，故兩股的 T 都可能被修飾切割，圖中虛線箭頭所示）。加熱解鏈後之產物經含尿素之聚丙烯醯胺膠體電泳分析，會顯現此較短之單股 DNA 產物（其長度應吻合由標定點至突變點之距離）。測試樣品若有此突變，最終就會有一長一短的訊號產物；若受測者並無此突變，雜交後之產物理應只有 DNA(A) 和 DNA(B)，$OsO_4$ 不會修飾，X 光片也僅會顯現較長之一條 DNA 訊號。

其實 CCM 的分析方法可以很有彈性，螢光或同位素可標定在兩股中之任一股的 5' 端，理論上也可標在測試組的 PCR 產物 DNA 端頭上，但若欲測試之樣品數量較多時，仍以標定在對照組 PCR 產出之 DNA 較方便。還有，除了任何錯誤配對中的 T 可以被 $OsO_4$ 修飾，任何錯誤配對中若有 C，也可用羥胺（**hydroxylamine**）

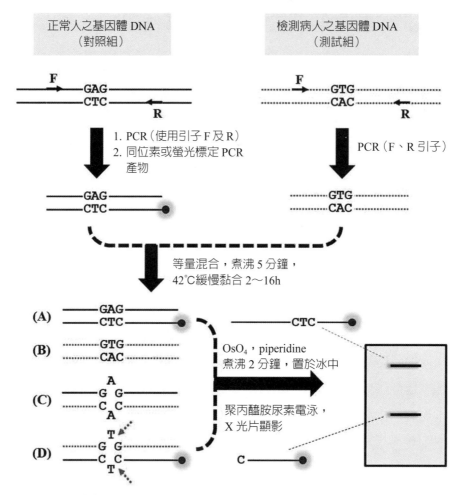

**圖 11.1　CCM 突變偵測的流程**

先以一對引子（F 和 R）將欲偵測的 DNA 片段分別由對照組及測試組的樣品中增幅出來。將其中之一產物（本例為對照組產物）5′ 端標定，之後將兩組產物以等量混合，加熱解鏈並緩慢再黏合。四種互補雙股 DNA（(A)-(D)）可能生成，若其中有不配對的「T」，就會被 $OsO_4$ 修飾，之後再被 piperidine 切割，煮沸解鏈，跑電泳，兩個單股標定 DNA 條帶就會顯現。

修飾，之後同樣也可被 piperidine 切割。如此，就如圖 11.2 所示，若能重複做兩次實驗，分別標定對照組 PCR 產物不同股的 5′ 端，且雜交後，兩種化合物的修飾（$OsO_4$ 及 $HONH_2$）都採用，那麼任何發生在測試組 PCR 產物的**不同點突變（point mutation**）都無可遁形。也因為這樣，CCM 對突變的偵測也就不侷限於針對已知突變點與突變方式之分析。

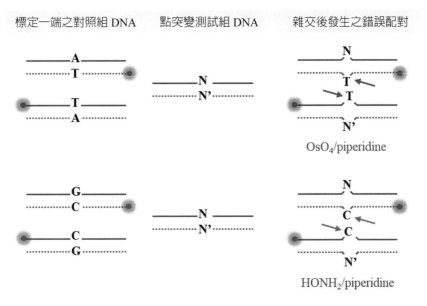

標定一端之對照組 DNA　　點突變測試組 DNA　　雜交後發生之錯誤配對

OsO₄/piperidine

HONH₂/piperidine

**圖 11.2　CCM 可以偵測任何點突變**

只要每次實驗分別標定上下兩股對照組的 5' 端，且分別以 OsO₄ 及 HONH₂ 修飾及 piperidine 切割，任何點突變由鹼基對 A/T、T/A、G/C，或 C/G 突變成 N/N'，都可在 OsO₄/piperidine 或 HONH₂/piperidine 切割後生成具標定的切割片段。

## 11-1-2 Amplification Refractory Mutation System（ARMS）

ARMS 這個方法其實還有幾個不同的名稱：**等位基因專一性 PCR（allele-specific PCR，(ASP)）、PCR amplification of specific allele（PASA）及 allele-specific amplification（ASA）**。此種偵測方法不但簡單，且靈敏性極佳，即便在 $10^5$ 個正常細胞中出現一個突變的惡性生長細胞，亦可能被 ARMS 偵測到。它已成為基因多型性研究與體細胞（或生殖細胞）突變分析之利器。如圖 11.3 所示，由於事先認定所欲分析之突變基因是哪一個，也知道其點突變發生的位置與可能的鹼基變化，我們只需根據正常的鹼基對（圖中之 A/T 對，以空心與實心 ○/● 表示）與發生突變後之鹼基對（G/C 對，以 □/■ 表示），分別設計一個正常引子（—○）與一突變引子（—□）。它們唯一的差異是核苷酸序列的最 3' 端，分別是「A」與「G」，將其分別與下游的一個共同逆向引子（←）搭配，對受測 DNA 進行兩次 PCR 增幅，再由是否有預期之 PCR 產物生成來鑑定受測 DNA 樣品是否有此突變。若成對染色體 DNA 之目標對偶基因都為野生型（圖中之 (a)），那就只有正常

引子與 ← 引子搭配時才會增幅出預期之 PCR 產物；若染色體 DNA 為異型合子突**變型**（**heterozygous mutant**）（圖中之 (c)），則不論正常引子或突變引子，與 ← 引子搭配，都會增幅出預期之 PCR 產物；而若受測 DNA 樣品為同型合子突變型（**homozygous mutant**）（圖中之 (b)），則只有突變引子搭配 ← 引子才能增幅出預期之 PCR 產物。

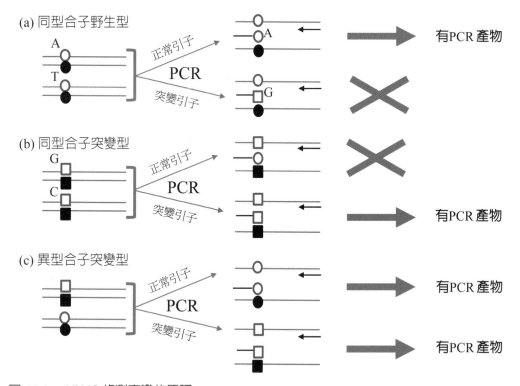

**圖 11.3　ARMS 偵測突變的原理**

一對對偶基因有可能是同型合子野生型、異型合子突變型，或同型合子突變型。若野生型的 A/T 對（以 ○● 表示）突變成 G/C 對（以 □■ 表示），只要設計一個正常引子（—○：3' 端最後一個鹼基為 A）和一個突變引子（—□：3' 端最後一個鹼基為 G），分別搭配一個共同的逆向引子（←）做兩次 PCR；同型合子野生型對偶基因只使用正常引子才會有 PCR 產物：同型合子突變只有使用突變引子才會有 PCR 產物；而異型合子突變對偶基因，則不論使用正常或突變引子都會有 PCR 產物生成。

　　ARMS 的步驟雖然超級簡單，每個受測 DNA 樣品做兩次 PCR，然後以洋菜膠電泳分析有無 PCR 產物即可，不涉及雜交步驟，也無需使用同位素；然而以下有幾點提醒，ARMS 主要依據的原理是：PCR 引子的最 3' 端的鹼基若沒能配對於模板上，是無法被延伸聚合出 PCR 產物的。因此，不建議使用具有 3' → 5' 核酸外切

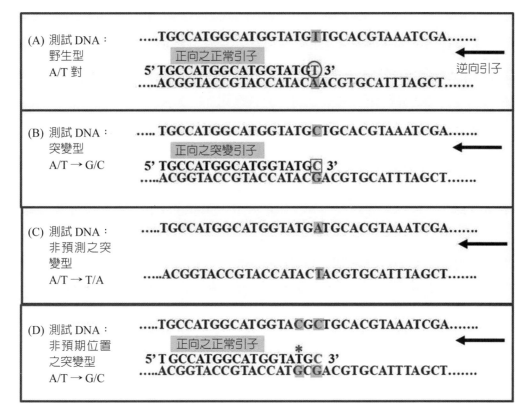

**圖 11.4　特殊樣品會造成 ARMS 偵測的誤判**

ARMS 方法的根據是特定基因上的鹼基對會突變成另一特定鹼基對，野生型的 A/T 對（(A) 中灰底字母）會突變成 G/C 對（(B) 中灰底字母），它們分別可以被正常引子和突變引子增幅。測試樣品 (C)：突變為 T/A 對，而不是預期的 G/C 對，正常與突變之正向引子皆不會黏合，都不會有 PCR 產物。測試樣品 (D)：除了預期之 G/C 突變外，與引子 3' 端倒數第三個鹼基互補的位置又發生了額外且非預期的突變（* 表示）。使得相同 PCR 條件下，兩個正向引子皆不能與之黏合，無法增幅出產物。

酶活性的聚合酶（例如 *Pfu* 或 *Vent* 聚合酶）來做 PCR，它們可能會將不互補的引子 3' 鹼基做校正，校正後再繼續進行聚合，生成不應產生卻產生的產物。另外，有些特殊的情形可能會造成 ARMS 的誤判，以圖 11.4 做說明：野生型 DNA 中有一鹼基對（圖 11.4(A) 中 A/T 對；灰底色），本預期會突變成 G/C 對（圖 11.4(B) 中灰底色）；但有時測試的 DNA 樣品有非預期之突變（圖 11.4(C)），突變後之鹼基對（T/A 對）並非預期會發生之突變（G/C 對），使得不論所設計的正常或突變的正向引子的 3' 端鹼基（T 或 C，圓圈或方形字母）皆無法與之（i.e. T）互補，最終沒有產出 PCR 產物。如果此種非預期的突變是異型合子突變，就經常會被錯

誤判讀爲野生型；又若其爲同型合子突變，則所設計的兩個引子皆無法增幅出產物，此樣品便需進一步使用其他方法來分析。另有一種基因多型性的變異，如圖 11.4(D) 所示，有一額外出現的非預期突變發生在非常靠近並與引子 3' 端互補的模板序列上（另一灰底色顯示之 G/C 對，3' 端倒數第三對鹼基對）。此突變的位置會造成本來會黏合的突變引子，在 PCR 的黏合條件下不黏合，也不增幅。此情形若發生在異型或同型合子突變樣品，也會造成類似 (C) 的誤判。

時至今日，ARMS 的應用已愈來愈多樣化，其偵測速度也變得非常快。例如我們可以將 ARMS 的步驟結合到多重引子 **PCR**（**multiplex PCR**）的分析中，同時分析基因體中多個可能的 DNA 突變點；我們也可以在所設計的正常與突變引子的 5' 端分別標記上不同的**螢光團**（**fluorophore**），它們可被激發並釋出不同波長之螢光。如此，我們便可將兩個正向的引子（正常的與突變的引子）一起加入 PCR 中，每個受測的 DNA 樣品就只需做一次 PCR，所生成的 PCR 產物在洋菜膠上經 UV 光激發，分析其釋放之螢光，便知哪個引子有或無生成產物，好處是若針對龐大數量的受測 DNA，此項改進應可有效地節省材料、人力，還有時間。

## 11-1-3 等位專一性寡核苷酸分析（Allele-Specific Oligonucleotide Analysis: ASO）

ASO 是一種結合 PCR 與雜交技術的突變分析方法，整個流程請見圖 11.5 之描述來加以了解。首先以一對 PCR 引子（圖中短箭頭）來增幅可能含有特定突變的測試 DNA，然後以**點轉漬雜交**（**dot blot hybridization**）來分析增幅出的 DNA 片段是否含有預期的突變；PCR 產物先經 NaOH **解鏈**（**denaturation**）後，等量地將其點在兩張條狀的小濾膜或濾紙上（例如耐龍膜或 PVDF 濾紙），最後再以兩個同位素或螢光標定的寡核苷酸探針，分別對兩張濾膜上的 PCR 產物做雜交偵測。因爲兩個探針的序列在突變點的鹼基不同（一個是野生型探針，另一個是突變之探針，突變的核苷酸以 * 表示），在高**嚴謹度**（**stringency**）的雜交條件下，只有完全互補時才會有最終的雜交訊號。根據雜交後 X 光底片所呈現的結果（圖 11.5(B)）就能判斷受測 DNA 是野生型、異型合子突變或同型合子突變。

在了解 ASO 的步驟後，不難發現，其分析的成敗是非常倚賴於雜交的嚴謹度

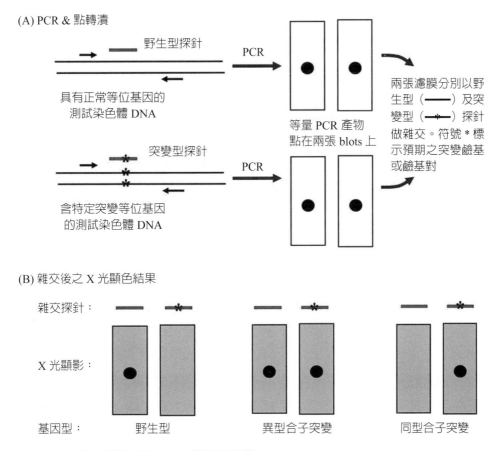

(A) PCR & 點轉漬

野生型探針

PCR

具有正常等位基因的
測試染色體 DNA

突變型探針

PCR

含特定突變等位基因
的測試染色體 DNA

等量 PCR 產物
點在兩張 blots 上

兩張濾膜分別以野
生型（——）及突
變型（—✳—）探針
做雜交。符號＊標
示預期之突變鹼基
或鹼基對

(B) 雜交後之 X 光顯色結果

雜交探針：

X 光顯影：

基因型：　　　　　野生型　　　　　　異型合子突變　　　　　同型合子突變

**圖 11.5 ASO 的分析結合了 PCR 與雜交技術**

(A)：以一對 PCR 引子（短箭頭）增幅含有預期突變鹼基對（星號）的區域 DNA，然後將等量 PCR 產物分別點在兩張雜交膜上進行雜交。(B)：雜交時，兩張膜分別使用兩種探針：代表正常基因之寡核苷酸探針（——）和根據點突變所設計之寡核苷酸探針（—✳—）。根據 X 光顯影結果就能判斷測試樣品是野生型、異型合子突變，或同型合子突變。

設定，雜交溶液之溫度與鹽類濃度需事先仔細調整，使得只有探針在完全互補時才能顯現訊號。例如對於野生型之 PCR 產物，突變探針序列雖幾近完全互補，僅有一個鹼基對之**錯誤配對**（**mismatch**），但在所設定之野生型探針方可雜交的條件下，它就不會成功雜交。另外，在設計探針時還有一項應注意的，雖然理論上它可以是**意涵股**（**sense strand**），也可以是反意股（**antisense strand**）的單股核酸序列；但有些時候是有所差別的，就以圖 11.6 的情形來說明，野生型的探針若是根據反意股序列來設計，它與突變的 DNA 意涵股就很可能會有接近完全互補的雜交。這

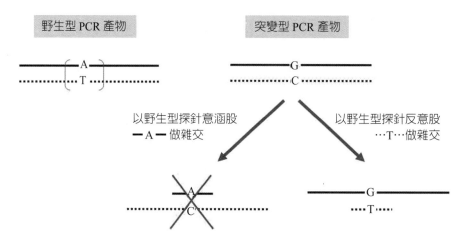

**圖 11.6 ASO 分析時探針根據意涵股或反意股序列來設計是有關係的**

以野生型序列之意涵股所設計之探針（—A—）不會雜交上突變序列之反意股；但以野生型序列之反意股所設計之探針（…T…）雖是錯誤配對，但可穩定地雜交上突變序列之意涵股。

是因為「T/G」的錯誤配對是所有 12 種錯誤配對中最穩定的一種，即便採用很高的雜交嚴謹度，也經常無法與「T/A」對區別，最後造成錯誤的雜交訊號。會使同型合子突變被錯誤判讀為異型合子突變。因此，在此實驗中我們應選擇使用意涵股序列設計的探針做 ASO。

近年來，ASO 的分析技術也有了新的發展，研究者可將多重引子 PCR 與 ASO 結合，來一次性的分析檢測染色體 DNA 中多個基因的特定突變點（圖 11.7 中以 4 個基因為例）。測試的 DNA 用 4 對引子（小箭頭）同時放大 4 個基因的 DNA 產物。由於事先在每對引子中的一個 5' 端標定有螢光或同位素（圓形光暈），生成之 PCR 產物便可作為探針，去雜交點在濾膜上針對每個基因具有特定突變或野生型的寡核苷酸（例如 a' 與 a），最後由其雜交結果來判斷，此樣品中的四個基因，哪幾個有我們預期的突變。就如圖中所示之結果，此測試的 DNA 增幅出的 PCR 產物可與有特定突變之 b' 寡核苷酸雜交，但不與野生型 b 寡核苷酸（與前者只差一個鹼基）雜交，證實測試樣品的基因 2 具有同型合子之突變，其他三個基因皆為同合子野生型。這種方法不但可同時偵測樣品 DNA 中數個基因的特殊鹼基對是否有特定之突變，當面對數量龐大的受測樣品時，就更能顯現其快速性與實用性。有趣的是，這個方法與先前所述之雜交流程（圖 11.5）不太相同，有人稱之為**逆向點轉漬（reversed dot blotting）**，PCR 的產物不是用來點製濾膜，而是作為探針。此實

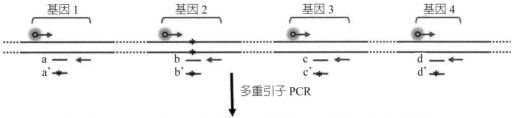

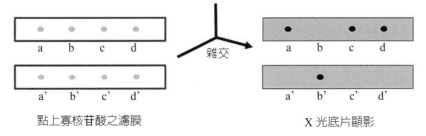

點上寡核苷酸之濾膜　　　　　　　　　　X 光底片顯影

**圖 11.7　結合 ASO 與多重引子 PCR 對多個基因之突變同時偵測**

圖中顯示四個基因片段可以同時在一次 PCR 中以四對引子（小箭頭）增幅。每對中的一個引子的 5’ 端被標定（以光暈顯示）。多重引子 PCR 產製之標定 DNA 片段再用來作爲逆向點轉漬的探針，去雜交點有各個基因的野生型（abcd）及突變型（a’b’c’d’）寡核苷酸的雜交膜（以 * 代表突變鹼基），最後根據 X 光顯影結果判斷哪個基因有突變。

驗的成敗，很大一部分是取決於每一個寡核苷酸（a-d 及 a’-d’）之設計，它們的 $T_m$ 值要儘可能相等，如此才能在同一張濾膜上進行一次性的雜交。

## 11-1-4 競爭性寡核苷酸起引（Competitive Oligonucleotide Priming; COP）

　　COP 也是一種需要使用螢光或同位素標定引子的方法。如圖 11.8 所示，在 PCR 增幅一個測試樣品的目標基因時，除了一個逆向引子（虛線箭頭）外，還需加入兩個正向引子，WF 爲野生型序列，MF 則爲突變引子。MF 除了帶有一特定突變鹼基外，與 WF 序列完全相同。因此，它們的 $T_m$ 值有些微的差異，根據這個，我們可以設定一個嚴謹的 PCR 黏合步驟的溫度，使得其中一個引子會黏合，另一個則不會。若其中一個引子的 5’ 端事先以螢光或同位素標定（如圖中的引子 WF），且受測 DNA 爲野生型，則產出之 PCR 產物都應具有螢光標定，因爲只有完全互補的 WF 會黏合，增幅出帶有標定訊號的產物；若做兩次 PCR，一次使用標定的

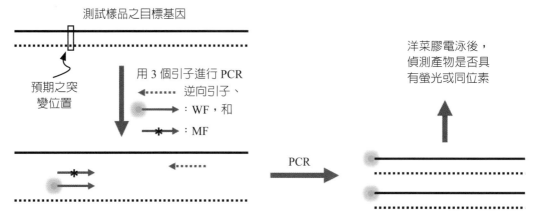

測試樣品之目標基因

預期之突變位置

用 3 個引子進行 PCR
逆向引子、
：WF，和
：MF

PCR

洋菜膠電泳後，
偵測產物是否具
有螢光或同位素

**圖 11.8　COP 的分析要用三條引子**

將欲測試之樣品 DNA 以三條引子做 PCR 增幅，一條逆向引子（◀┄┄┄）、一條爲 5' 端標定的野生型
序列正向引子 WF（———）、最後一條則是帶有預期突變鹼基之正向引子 MF（—✱—）。PCR 產物
以洋菜膠電泳分離，若預期長度之 DNA 產物有標定訊號，即表示受測 DNA 不是野生型，便是異型
合子突變。

WF，另一次則使用標定的 MF，只需根據增幅出之產物有無螢光或同位素的結果，
便能快速判定測試樣品爲野生型、異型合子突變，或同型合子突變。

## 11-1-5 藉由創造一限制性酵素切位來偵測突變

　　這個方法是利用突變點的鹼基變化（圖 11.9 中之 A vs. G），使用一特殊設計
之 PCR 引子（灰色箭頭）進行 PCR 增幅測定。這個引子的特色是其序列的最 3'
端（「C」）是被設定在預測可能發生突變的鹼基隔鄰，而且在靠近引子 3' 端的序
列上，故意再加入一個錯誤、不互補的鹼基「A」。這有何用意呢？雖然有錯誤鹼
基，但只需在進行 PCR 時，將黏合溫度降低幾度，一樣可以生成 PCR 產物；但野
生型 DNA 被增幅出之 DNA（圖 11.9(A)），會出現「AGATCT」限制性酵素 *Bgl*II
之切位；而測試 DNA 若爲突變型，增幅出之 DNA 序列則爲「AGATCC」，並非
*Bgl*II 之切位（圖 11.9(B)）。以此例來說，PCR 的產物若有部分或完全不被 *Bgl*II
切割，此測試 DNA 便應是異型合子或同型合子突變。

　　此方法雖然簡單，但有幾項限制：(1) 突變點周遭的序列要剛好能用來設計這
種引子；(2) 引子中故意加入的錯誤鹼基因靠近 3' 端，有可能會影響 PCR 的增幅
效率；(3) 新限制性酵素切位會出現在 PCR 產物的端頭上，若 PCR 產物過長，一
側被切除～20 鹼基對，長度減少有限，不容易以電泳判定其可否被此酵素切割。

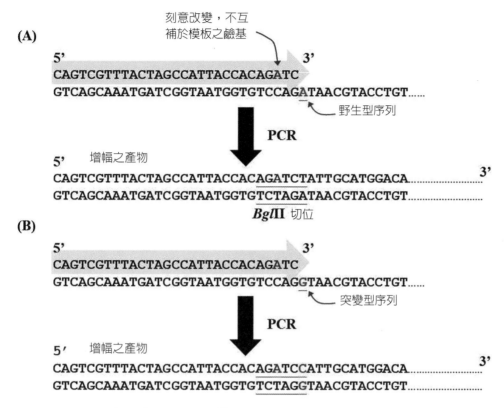

**圖 11.9　以 PCR 增幅後產物之有無一特定限制性酵素切位來偵測特定之突變**

若特定之突變點為 <u>A</u> → <u>G</u>：可以設計一個引子（灰色箭頭）與另一下游引子（未標示）搭配增幅，特定設計之引子的最 3' 端鹼基（"C"）剛好止於突變之相鄰位置，且刻意加入一個不與模板互補的鹼基（"A"）。因此，野生型樣品（A）增幅後會創造出 AGATCT 的 *Bgl*II 切位；而突變型 DNA（B）生成之序列為 AGATCC，不是 *Bgl*II 切位。PCR 產物能否被 *Bgl*II 切割，就成為判定野生型 / 突變型之依據。

## 11-1-6 單一核苷酸引子延伸（Single Nucleotide Primer Extension; SNuPE）

　　SNuPE 是一個兩步驟的分析方法，首先用 PCR 增幅目標 DNA 片段，再將獲得之 PCR 產物解鏈，並與一特定之寡核苷酸引子黏合（圖 11.10 中 SNuPE 引子），最後加入聚合酶及一螢光或同位素標定之去氧核醣核苷酸三磷酸做延伸。以野生型及突變型染色體所增幅出之 DNA 的差異（<u>G</u> vs. <u>A</u>）作為 SNuPE 引子 3' 端繼續延伸下一個鹼基的依據。聚合酶 Klenow fragment 加入後，分別再添加同位素或螢光標定的 dCTP 或 dTTP 進行延伸，模板是 <u>G</u> 就會加入 dCTP；若是 <u>A</u> 就會加入

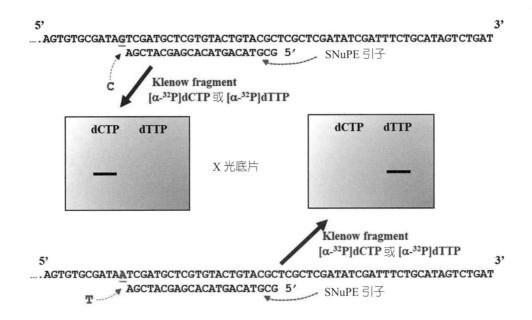

## 圖 11.10　單一核苷酸引子延伸（SNuPE）之原理

先以 PCR 將測試樣品可能發生突變的片段增幅出來，加熱解鏈後，與 SNuPE 引子黏合。此引子之序列會互補模板至突變點隔鄰的鹼基，突變點（A ↔ G）的鹼基以底線標記，將黏合的產物加入聚合酶（Klenow fragment）及同位素之 dCTP 或 dTTP，延伸一個核苷酸。若突變點是 G（上方序列），那麼只有加入 dCTP，SNuPE 引子才會被延伸，跑膠後可由 X 光顯影偵測到。若突變點為 A（下方序列），則只有用 dTTP，SNuPE 引子才會被延伸。

dTTP，延伸後之產物最後以電泳／X 光底片分析被延伸的引子，最終就能判定樣品是野生型、異型合子突變或同型合子突變。當然，若為異型合子突變，不管加入 dCTP 或 dTTP 都能使 SNuPE 引子延伸。

　　SNuPE 的程序需先將測試 DNA 中之欲分析片段以 PCR 放大製備，再以此 PCR 產物跟 SNuPE 引子黏合，而不是直接使用染色體 DNA 做黏合，因為這樣可以大量增進靈敏性與專一性。然而筆者建議在 PCR 時應採用忠誠度較佳的聚合酶與反應條件，以避免 PCR 發生錯誤鹼基，造成 SNuPE 引子不黏合。

## 11-1-7 PCR 結合寡核苷酸連接分析（PCR Coupled with Oligonucleotide Ligation Assay; PCR/OLA）

　　與 SNuPE 方法一樣，這個方法也需要先以 PCR 將測試樣品中含有可能發生特定突變的 DNA 片段增幅出來，然後再進行後續分析。PCR/OLA 的實驗設計也

A. 製備的一對寡核苷酸探針

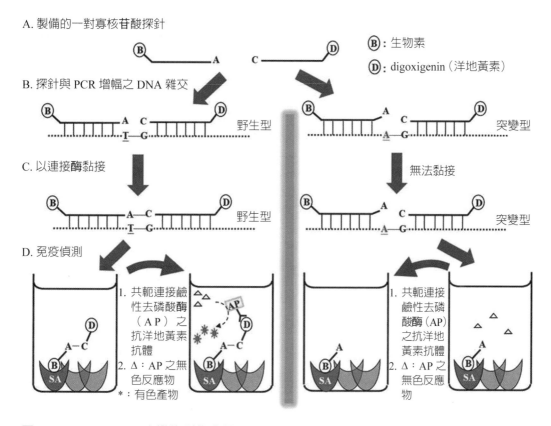

Ⓑ：生物素

Ⓓ：digoxigenin（洋地黃素）

B. 探針與 PCR 增幅之 DNA 雜交

野生型

突變型

C. 以連接酶黏接

野生型

無法黏接

突變型

D. 免疫偵測

1. 共軛連接鹼性去磷酸酶（AP）之抗洋地黃素抗體

2. △：AP 之無色反應物

＊：有色產物

1. 共軛連接鹼性去磷酸酶（AP）之抗洋地黃素抗體

2. △：AP 之無色反應物

**圖 11.11　PCR/OLA 突變偵測的流程**

首先設計一對寡核苷酸探針 (A)：其中一個的 5' 端標定生物素，而其最 3' 端則設定會互補在突變點（"T"）；另一探針則 3' 端被標定毛地黃素，最 5' 端之鹼基（"C"）帶有磷酸且緊鄰另一探針之 3' 端鹼基。經黏合到野生型或突變型之增幅 DNA(B) 後，只有相鄰的兩個鹼基都互補於模版上（如野生型）兩個探針方能被有效連接 (C)，之後也才能與貼附於樣品孔之 steptavidin（SA）吸附，並以帶有鹼性去磷酸酶（AP）之抗毛地黃素抗體做免疫偵測 (D)。右半圖中突變型 DNA 因無法使兩個探針連接，免疫偵測結果便爲陰性。

有些類似 ARMS（本章 11-1-2 節），要先設計一對寡核苷酸探針（圖 11.11 步驟 A），它們是屬於同一股的序列，其中一個的 5' 端被標上生物素（**biotin**）（以 Ⓑ 表示），且其 3' 端的鹼基被設計爲「A」，剛好是會互補於特定突變點發生的位置；而另一個探針則在其 3' 端標上洋地黃素（**digoxigenin**）（以 Ⓓ 表示），5' 端的「C」則加上磷酸根。最特別的是，如果目標基因是野生型序列，此兩探針各自一端的鹼基（A 和 C）剛好就可與由 PCR 增幅所得之目標 DNA（步驟 B 中虛線的序列）之相鄰兩個鹼基（T-G）互補（或雜交），然後在步驟 C 中順利地被 **DNA**

連接酶（**DNA ligase**）連接；但若增幅的 DNA 是突變序列（圖 11.11 右半部），探針黏合時會造成 A/A 錯誤配對（步驟 B），使得它無法與「C」成功連接。PCR/OLA 分析的最後階段（步驟 D）非常類似於 ELISA，先在樣品槽內覆上卵白素（**streptavidin; SA**），然後將步驟 C 處理後的 DNA 解鏈（**denaturation**），再加入樣品槽中，不論兩探針間有沒有成功連接，帶有生物素的探針都會緊密地結合在 SA 上；但只有探針間有連接才會連帶具有洋地黃素，也才能被抗洋地黃素抗體偵測顯色（圖中左半部偵測野生型 DNA 之結果）。

若根據上述例子中所陳述的步驟，PCR/OLA 似乎無法區別野生型與異合子突變型，因為免疫偵測的結果都會是陽性；但若重複做兩次實驗，第二次使用的是 3'端為「T」（而非「A」）的生物素標定探針，那麼所有測試 DNA 之突變就能清楚判定。還有，我們也可在 PCR/OLA 的步驟 C 中使用熱穩定性的 DNA 連接酶，加入探針後便可反覆加熱解鏈，降溫雜交並連接，大量增加連接成功之產物，增強免疫偵測之訊號。

其實除了 SNuPE 及 PCR/OLA，至少還有一個很有名的方法也是常用來偵測目標基因的單核苷酸多型性，叫作分子信標（**molecular beacon**）。一樣的，將測試 DNA 中之目標基因先以 PCR 增幅出來，然後再用特定螢光探針與 PCR 產物雜交。由於這幾個方法中偵測突變之關鍵技術並非 PCR 本身，PCR 只是增進受測 DNA 的量，以加強訊號，受限於篇幅，molecular beacon 之原理僅能請讀者參閱本書第八章 8-2 節。

## 11-2 特定基因中之未特定突變點（或突變樣式）之 PCR 相關偵測

有些時候，我們可以猜測出某種疾病或生理狀態很可能是因某個特定基因有缺陷（或突變）所造成的，但並沒有足夠的臨床或醫學證據指出，這個疾病關聯性的基因有共同的突變點或突變型式，例如胞囊狀纖維化，這個常見的遺傳疾病被證實主要是基因 *CFTR*（解碼一個 Cl⁻ 離子通道蛋白）有缺陷所致。雖然經研究發現，超過 60% 患者的 *CTFR* 基因突變是 ΔPhe508（第 508 個胺基酸 Phe 被刪除），但此

基因仍有約 1500 個不同突變點或突變型態，亦會導致此疾病。針對這種類型的基因突變就需採用另一類的 PCR 偵測方式，以下僅就其中幾種加以敘述。

## 11-2-1 錯誤配對化學切割法（Chemical Cleavage of Mismatch）

　　這個方法其實已在本章 11-1-1 節中描述過，它也可以用來分析一個基因中非特定的突變，其分析步驟與流程都與先前之敘述無異，只是因為突變點與突變樣式事先是未知的，因此，為使所有可能之突變都能順利地被偵測到，如圖 11.2，我們可能需分別標定由 PCR 增幅而來的對照組 DNA 兩股的 5' 端，且每一種標定之 DNA 後續要分別使用 $OsO_4$ 與 $HONH_2$ 做切割。雖然突變點未知，但在電泳分析時若發現有標定的單股 DNA，其長度比標定的對照 DNA 單股來得短，即表示這個測試樣品的相同基因中含有一突變；反之，若無比對照 DNA 單股長度來得短的標定訊號，這個樣品理論上就是野生型。如此，我們就可以快速地由為數眾多的分析樣品中先篩選出有突變的樣品，再進一步定序分析。通常我們要以野生型 DNA 做對照，將其與所篩選出之具有突變之樣品 DNA 一起做核酸定序，就如多半實驗室的做法，以雙重去氧核苷酸終結法（dideoxynucleotide termination method）獲得序列（如圖 11.12），與野生型比較，就能判定它們的突變點與突變型式，我們甚至可以判定突變樣品是異型合子或同型合子突變。

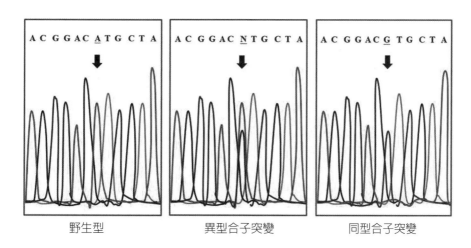

**圖 11.12　雙重去氧核苷酸終結法定序結果**

在篩選出有突變的 DNA 樣品後，可以用雙重去氧核苷酸終結法定序，不但能獲悉突變點及突變樣式（箭頭所示），亦能區別每個樣品在此突變位是野生型、異型合子突變，或同型合子突變。

## 11-2-2 單股構型多型性分析（Single Strand Conformation Polymorphism: SSCP）

　　SSCP 這個方法也是先以 PCR 將目標基因（或 DNA 片段）由對照組與受測組樣品中分別增幅出來，然後再針對它們的 PCR 產物進行分析比較（圖 11.13）。SSCP 分析的原理是，單股的 DNA 在沒有**變性劑**（**denaturants**，例如尿素）的存在下，就如 RNA，會形成特殊的核酸二級結構（**secondary structure**）。此種結構的構型取決於單股 DNA 的長度與序列，相同長度的兩條單股 DNA，例如一個雙股 DNA 中之意涵股（**sense strand**）與反意股（**antisense strand**），序列不同，二級結構也會不同，甚至只有單一核苷酸的變異，二級結構構型也可能有些微差異。這使得它們在聚丙烯醯胺的膠體（不含 SDS 或尿素）電泳中泳動速度不同。若在特定的電泳條件下，將測試樣品與對照樣品增幅而來的目標 DNA 解鏈，以電泳分析再比對訊號，訊號若有差異就表示測試目標基因內含有某種突變。

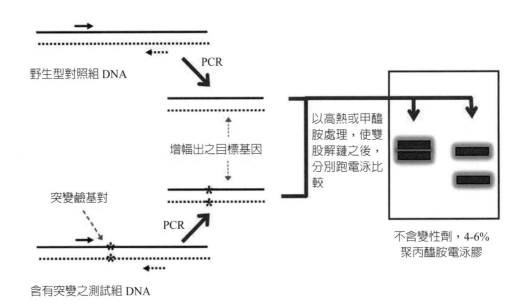

**圖 11.13　SSCP 的突變分析**

以一對引子（實線與虛線小箭頭）來分別增幅測試樣品及對照樣品中目標基因的 DNA 片段（一般長度 ≤ 300 核酸對）。將 PCR 產物純化，以高熱或甲醯胺解鏈，最後再以聚丙烯醯胺膠體電泳分析單股 DNA。（＊：突變鹼基）

　　SSCP 的結果好壞與電泳的條帶解析效果息息相關。電泳膠的 **bisacrylamide/acrylamide**（甲叉雙丙烯醯胺 / 丙烯醯胺）的比例（一般需 ≤ 1/39）、膠中是否含有甘油以及電泳的溫度（經常選擇 4℃），都會造成相當程度的影響。除此之外，PCR 增幅出之目標基因的 DNA 長度最好不要超過 300 核苷酸，太長的 DNA 無法有效地在聚丙烯醯胺膠中泳動，若欲分析的目標基因全長超過 300 鹼基對，我們就必須分次以 PCR 增幅它的不同區段，再分別進行分析。再者，電泳的時間也要夠長，才能獲得好的條帶解析，若擔心膠體過熱，可於 4℃ 冷房中進行電泳。有時爲增進條帶訊號，我們也可以使用 5' 端同位素標定的 PCR 引子來增幅製備電泳的 DNA，增強分析之靈敏度，惟需使用 X 光底片顯影。

## 11-2-3 變性劑梯度膠體電泳（Denaturant Gradient Gel Electrophoresis; DGGE）

　　DGGE 也是一種可以用來偵測 DNA 的刪除（**deletion**）、插入（**insertion**），或取代性點突變（**substitutive point mutation**）的分析方法。這個方法的主要理論根據是，突變的 DNA 與野生型的雙股 DNA 會在不同濃度的變性劑下**解纏繞**（**unwinding**），而部分解纏繞的雙股 DNA 在聚丙烯醯胺膠體中的泳動會比完全雙股 DNA 來得慢。如圖 11.14A 的 DGGE 流程，步驟 (i)：先用 PCR 增幅野生型的對照組與可能含有突變的測試組（樣品 2 或 3）的目標基因片段（< 350 鹼基對）。比較特別的是，其中一個引子的 5' 端序列要加入～40 個高 GC 的鹼基（被稱爲 **GC 夾**（**GC clamp**））。這段寡核苷酸與目標基因並不互補，但可使得 PCR 增幅的目標基因片段的一端帶有高 GC 的雙股序列（虛線線條），其作用是避免這些雙股的 DNA 在電泳過程中，於很低的變性劑（尿素或甲醯胺）濃度下便完全解鏈；若非如此，所有增幅之雙股 DNA 便很容易在相同且低濃度之變性劑下，完全解鏈成趨近線性且無二級結構之單股 DNA。由於長度相同，構型也相近，所有樣品都將呈現單一，且泳動距離無甚差別之訊號，如此便失去了偵測突變之意義。步驟 (ii)：將由對照組與測試組樣品所增幅出的 PCR 雙股 DNA 煮沸 2 到 5 分鐘，使其成爲單股 DNA，然後再慢慢冷卻，使互補之單股再一次地黏合。如圖 11.14B 所示，對照組（樣品 1）成對等位基因（**alleles**）皆爲野生型，而測試組樣品若爲同

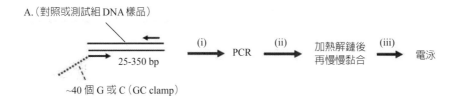

A.（對照或測試組 DNA 樣品）

25-350 bp

~40 個 G 或 C（GC clamp）

(i) → PCR → (ii) → 加熱解鏈後再慢慢黏合 → (iii) → 電泳

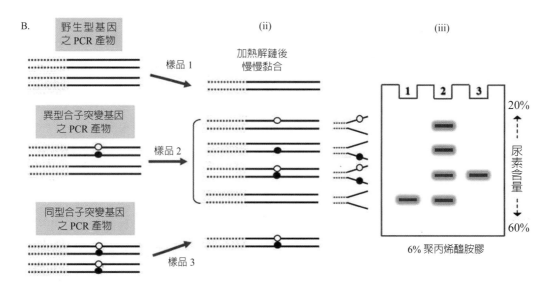

**圖 11.14　DGGE 的突變偵測步驟**

A. DGGE 主要有三個步驟：(i) 以一個帶有 GC clamp 的引子增幅樣品中目標 DNA 片段；(ii) 將 PCR 生成之雙股 DNA 產物加熱解鏈，再緩慢黏合：(iii) 以具有尿素梯度之聚丙烯醯胺膠體電泳分析。B. 整個流程的 DNA 結構示意圖：實心及空心小圓圈代表突變之鹼基。

型合子突變（樣品 3），成對等位基因都具有相同之突變（以空心與實心圓形代表突變之鹼基對），這兩種樣品於解鏈後再黏合，都只會形成一種完全互補的雙股 DNA（只差一對鹼基對）；然而樣品若為異型合子之突變（樣品 2），相同處理後則會生成四種雙股 DNA，多出兩種帶有單一**錯誤配對**（**mismatch**）（雙股中只有一股有圓圈）的不穩定雙股 DNA。錯誤配對使得它們的 PCR 增幅區域（實線雙股部分）在膠中相對較低的尿素濃度下先被解鏈（步驟 (iii)），在膠中較上部就形成單股，泳動變慢；而完全互補的增幅雙股 DNA，則需遇到較高濃度之尿素（靠膠體下方）方才解鏈，泳動速率就相對比較快。值得注意的是，完全互補的野生型雙股（如樣品 1）與具有一對鹼基對突變的雙股（如樣品 3）的相對泳動速率是決定於發生何種突變，若是 A::T 對（或 T::A 對）突變成 G:::C 對（或 C:::G 對），較

不易解鏈，突變之 DNA 的泳動速率會變快，反之則變慢。另外就是，爲達到最佳的條帶分離效果，獲得最佳之 DGGE 結果，適度調整電壓及測試變性劑的種類與其適當的濃度梯度範圍，也是必要課題。

## 11-2-4 溫度梯度膠體電泳（Temperature Gradient Gel Electrophoresis; TGGE）

TGGE 與 DGGE 的實驗流程與原理其實非常相近，最主要的不同是 DNA 電泳時，促成雙股 DNA 在聚丙烯醯胺膠體中變性（或解鏈）的方式不同而已，TGGE 是利用溫度梯度，而不是變性劑濃度梯度。不同序列或有無錯誤配對的雙股 DNA，因具有不同的**變性溫度**（**denaturation temperature**），在膠中特定的溫度位置會有不同程度的解鏈，進而影響泳動速率。爲製造溫度梯度，電泳槽需有特定溫控設計，若其能使溫度梯度由膠體上緣往下緣遞增，那麼 TGGE 的實驗原理與結果就會與 DGGE 非常的類似；但有一種溫控方式，溫度梯度是由膠體左側（或右側）往右側（或左側）遞增，且製作的膠只有一個長長的樣品槽，所得到的電泳訊號就很不一樣（圖 11.15）。具有 GC 夾的雙股 DNA 若注入樣品槽中，靠近左側的樣品，因溫度很低（30℃），在電泳過程中會持續保持雙股的結構泳動往下；而最靠樣品槽右側（70℃）之樣品，很可能在進入膠中一小段距離，目標基因片段便已完全解鏈，變成叉型 DNA 結構（如圖 11.14B），相對於最左側保持雙股 DNA 的樣品，電泳速率會非常慢。而靠中間的樣品也會因溫度的梯度差異而出現不同程度的雙股解鏈，愈靠近右側（溫度愈高），解鏈程度愈高，電泳速率也就愈慢。若分析之樣品的目標基因片段爲野生型或同型合子突變，加熱解鏈再黏合時，只會形成單一種完全互補之雙股 DNA，在 TGGE 實驗中就只會出現一條曲線（圖 11.15 中之曲線 (a) 或 (b)）；若分析之樣品爲異型合子突變，加熱解鏈再黏合後，就會有 4 種 $T_m$ 值有差異之雜交雙股 DNA（類似圖 11.14B），因此會出現 4 條 TGGE 解鏈曲線。其中有兩種雙股 DNA 序列具有錯誤配對（圖 11.15 中之曲線 (c) 和 (d)），它們與樣品 (a) 或 (b) 相比，要造成相同程度的解鏈只需較低之溫度，因此曲線會往左位移。我們也可將一野生型 DNA 加入到待測之樣品中，作爲內在對照組（internal control）。如此，除非待測 DNA 爲野生型，否則 TGGE 就會有 ≥ 2 的電泳條帶出現。

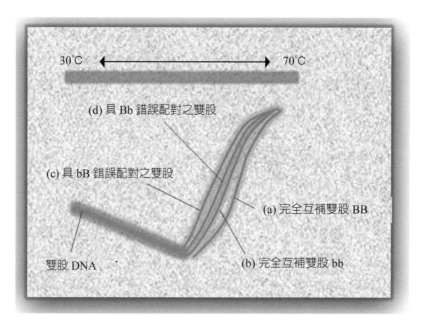

**圖 11.15　特定溫度梯度聚丙烯醯胺膠進行的 TGGE 突變分析**

這種分析只有一個樣品槽，溫度梯度設定由左至右（30℃至70℃），注入的樣品若靠左側，可保持完全雙股的結構，泳動速率就較快；若靠右側，溫度較高，有利於雙股 DNA 解鏈，雙股中若含有 mismatch 的單股 DNA 結構，泳動速率就變慢。若一對的等位基因都是野生型或同合子突變型（BB 對突變成 bb 對），它們加熱解鏈再黏合後，都只會有一種雜交雙股 DNA 形成，也只會有一條 TGGE 線條（圖中曲線 (a) 或 (b)）：但若樣品為異型合子突變，結果就會如圖中之四條曲線，曲線 (c) 和 (d) 是來自於加熱解鏈再黏合時，所形成的具有錯誤配對之雙股 DNA，它們在相對低溫時就有相同程度之解鏈。

## 11-2-5 以多重引子 PCR 偵測（外插子）刪除性之突變（Multiplex PCR for (Exon) Deletion Detection）

　　有些突變是較少見的，例如特定疾病的關聯性基因的解碼區發生一段 DNA（或整個 exon）的刪除性突變，但是只要夠細心，此種突變是可以很容易地藉由 RT-PCR 偵測到。首先由對照組與測試組樣品製備整體 RNA 或 mRNA，反轉錄為 cDNA，再根據特定基因兩側序列設計引子，以 PCR 增幅整個解碼區。若在高嚴謹度之條件下仍會增幅出較短的 PCR 產物，便暗示此測試樣品為同型或異型合子之刪除性突變（圖 11.16）。

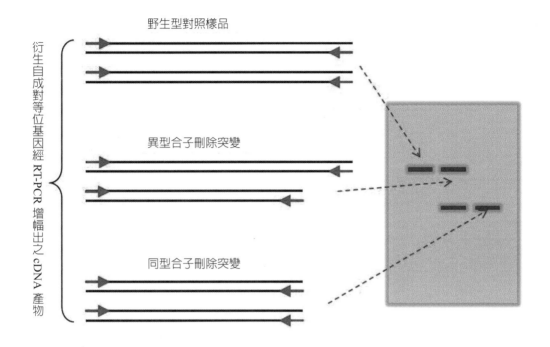

図中縱排文字：衍生自成對等位基因經 RT-PCR 增幅出之 cDNA 產物

野生型對照樣品

異型合子刪除突變

同型合子刪除突變

**圖 11.16　RT-PCR 偵測大片段 DNA（或 exon）刪除性突變**

先將來自各樣品之 mRNA 反轉錄爲 cDNA，再以一對互補於最 5' 及 3' 端 exon 之引子（箭頭所示）做 PCR 增幅。由 PCR 產物之長短（與對照組比較），便知樣品是否有刪除性突變。

　　上述方法雖說相當簡單，但需注意長 PCR 產物的增幅，有其困難度。還有，除了核酸定序外，研究者又如何能獲知被刪除片段的確切位置？答案是，可以利用多重引子 PCR 來進一步分析。我們只需針對此基因的各個 exon 的兩側序列設計數對引子，以 RT 製備的 cDNA 做模板進行 mPCR，最後再根據所增幅出的產物差異就能判斷刪除突變是發生在測試樣品基因的哪個 exon？大約被刪除多長的片段？就如圖 11.17 之實驗，樣品 (b) 和 (c) 都是同型合子刪除突變；(b)：exon 3 中 100 鹼基對片段被刪除；(c)：整個 exon 2 都被刪除；(d)：樣品是一個異型合子刪除突變，其中一個對偶基因爲野生型，另一個則類似樣品 (b) 之刪除突變。

　　上述的分析方法其實是有些限制的，其一是 mPCR 之最佳條件與引子的設定都需花時間事先測試，相當耗時。另外，有些刪除突變是無法被偵測到的，例如刪除的片段太短（例如 < 15 bp），或是有些 exon 的部分序列被刪除後，其長度剛好非常接近於另一本來就較短的 exon，如此就很容易做出誤判。還有一種情形也無

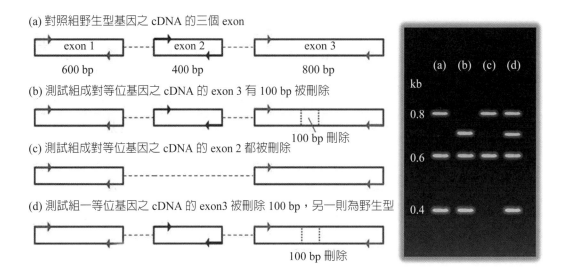

圖 11.17　多重引子 PCR 偵測 exon 刪除之突變

先將各個測試樣品（(b)—(d)）及對照組樣品 (a) 之 mRNA 反轉錄成 cDNA，再根據各個 exon 之兩側序列，設計引子進行 mPCR。產出之 PCR 產物經電泳分析，與對照組比較便能獲悉各樣品 exon 的變異。

法依本方法做判定，那就是異型合子刪除突變，一個等位基因為野生型，另一個則被刪除掉某一整個的 exon，會被誤判為野生型。

## 11-2-6 以含特殊化學成分的電泳膠來分析 PCR 產物之變異性

在先前的幾個小節，我們已介紹過 SSCP、DGGE 及 TGGE 等分析方法（第 11-2-2～4 小節），它們都可以解析相同長度，但系列有差異（突變）的 DNA。這些方法皆使用聚丙烯醯胺膠，必須搭配特定儀器，實驗前也必須仔細研究並篩選出最佳的電泳條件，而且僅能分析相對較短的 DNA（約 < 350 bp）。在本章的最後，筆者要介紹另一個較簡單且發展較早的方法。它的原理主要是利用染劑 **bisbenzimide** 的 **DNA 嵌入劑**（**DNA intercalator**）的特性。**bisbenzimide**（又稱 **hoechst 33342**）傾向於會與富含 A::T 鹼基對的 DNA 區域鍵結，結合在 DNA 的次凹槽（**minor groove**），且在紫外線的照射下會釋出約 460 nm 的藍色螢光。如果將之共價連接在聚合物聚乙二醇（**polyethylene glycol 6000; PEG6000**）上，然後均勻摻入洋菜膠中，它會在電泳過程中嵌入 DNA，造成泳動減緩。泳動滯緩的效應與 AT 含量成正比（圖 11.18）。因此，這種 bisbenzimide/PEG 的膠便能用來解析

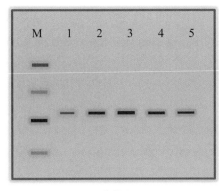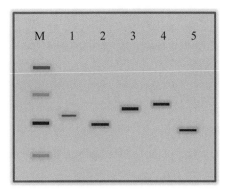

2% 洋菜膠        2% 洋菜膠合 0.025 O.D. 單位之
bisbenzimide/PEG6000

**圖 11.18** 洋菜膠合 bisbenzimide/PEG6000 用以偵測相同長度但不同 AT 含量之 DNA

相同長度的 DNA 在一般洋菜膠電泳（左），泳動速率相當，無法區別；但在含有 bisbenzimide/PEG6000 的洋菜膠（右），相同長度之 DNA 會因 AT 含量之不同，在膠中的泳動速率也不同。

長度相同但序列有較大差異的 DNA。先前的實驗證實，即便兩個 DNA 的 AT 含量相差 < 1%，也能被清楚分開。與 SSCP、DGGE，和 TGGE 相比，這種方法相當簡單，不需特殊儀器，我們只需用 PCR 增幅對照組與測試組樣品的特定基因片段，然後跑電泳即可。最大的優點是，分析的 DNA 長度可以長達～1500 bp。可以分析小片段刪除、插入或取代性突變；但對點突變的偵測靈敏度不高。

　　最後要強調的是，不管是偵測已知或未知突變，除了 ARMS 外，應使用具有校正活性之 DNA 聚合酶來做 PCR，也應採用忠誠度最高的 PCR 條件（請參考本書第四章），以避免 PCR 增幅中的額外突變所造成的困擾與錯誤判讀。

## 參考文獻

1. Cotton, R.G.H., Rodrigues, N.R., and Campbell, R.D. (1988). Reactivity of cytosine and thymine in single-base pair mismatches with hydroxylamine and osmium tetroxide and its application to the study of mutations. *Proc. Natl. Acad. Sci. USA* **85**: 4397-4401.

2. Forrest, S.M., Dahl, H.H., Howells, D.W., Dianzani, I., and Cotton, R.G.H. (1991). Mutation detection in phenylketonurial by using chemical cleavage of mismatch: importance of using probes from both normal and patient samples. *Am. J. Hum. Genet.* **49**: 175-83.

3. Montandon, A.J., Green, P.M., Giannelli, F., and Bentley, D.R. (1989). Direct detection of point mutations by mismatch analysis: application to haemophilia B. *Nucleic Acids Res.* **17**: 3347-58.

4. Ramus, S., and Cotton, R.G.H. (1996). Chemical cleavage of mismatch. *In laboratory Protocol. For Mutation Detection.* pp. 50-53. (U. Landegren Ed.), Oxford University Press.

5. Saleeba, J.A., and Cotton, R.G.H. (1992). Chemical cleavage of mismatch to detect point mutations. *Methods Enzym. Recomb. DNA* **217**: 286-95.

6. Cotton, R.G.H. (1993). Current methods of mutation detection. *Mutat. Res.* **285**: 125-44.

7. Major, Jr., J.G. (1992). A rapid PCR method of screening for small mutations. *BioTechniques* **12**: 40-3.

8. Newton, C.R., Graham, A., Heptinstall, I.E., Powell, S.J., Summers, C., and Kalsheker, N. (1989). Analysis of any point mutation in DNA. The amplification refractory mutation system (ARMS). *Nucleic Acids Res.* **17**: 2503-15.

9. Okayama, H., Curiel, D.T., Brantly, M.L., Holmes, M.D., and Crystal, R.G. (1989). Rapid nonradioactive detection of mutations in the human genomeby allele-specific amplification. *J. Lab. Clin. Med.* **114**: 105-13.

10. Sarkar, G., Cassady, J., Bottema, C.D.K., and Sommer, S.S. (1990). Characterization of polymerase chain reaction amplificationof specific alleles. *Anal. Biochem.* **186**: 64-8.

11. Sommer, S.S., Groszbach, A.R., and Bottema, C.D.K. (1992). PCR amplification of specific alleles (PASA) is a general method for rapidly detecting known single-base changes. *BioTechniques* **12**: 82-7.

12. Green, E.K. (2002). Allele-specific oligonucleotide PCR. *In PCR Mutation Detection Protocols*, pp. 47-50. (B.D.M. Theophilus and R. Rapley Eds.), Humana Press UK.

13. Kaufhold, A., Podbielski, A., Baumgarten, G., Blokpoel, M., Top, J., and Schouls, L. (1994). Rapid typing of group A streptococci by the use of DNA amplification and non-radioactive allele-specific oligonucleotide probes. *FEMS Microbiology Letters* **119**: 19-25.

14. Schwartz, M., Petersen, K.B., Gregersen, N., Hinkel, K., and Newton, C.R. (1989). Prenatal diagnosis of alpha-1-antitrypsin deficiency using polymerase chain reaction (PCR). Comparison of conventional RFLP methods with PCR used in combination with allele specific oligonucleotides or RFLP analysis. *Clin. Genetics* **36**: 419-26.

15. Saiki, R.K., Chang, C.-A., Levenson, C.H., Warren, T.C., Boehm, C.D., Kazazian, H.H., and Erlich, H.A. (1988). Diagnosis of sickle cell anemia and $\beta$-thalassemia with enzymatically amplified DNA and nonradioactive allele-specific oligonucleotide probes. *New Engl. J. Med.* **319**: 537-41.

16. Efremov, D.G., Dimovski, A.J., and Efremov, G.D. (1991). Detection of beta-thalassemia mutations by ASO hybridization of PCR amplified DNA with digoxigenin ddUTP labeled oligonucleotides. *Hemoglobin* **15**: 525-33.

17. Saiki, R.K., Bugawan, T.L., Horn, G.T., Mullis, K.B., and Erlich, H.A. (1986). Analysis of enzymatically amplified beta-globin and HLA-DQ alpha DNA with allele-specific oligonucleotide probes. *Nature* **324**: 163-6.

18. Gibbs, R.A., Nguyen, P.N., and Caskey, C.T. (1989). Detection of single base differences by competitive oligonucleotide priming. *Nucleic Acids Res.* **17**: 2437-48.

19. Haliassos, A., Chomel, J.C., Tesson, L., Baudis, M., Kruh, J., Kaplan, J.C., and Kitzis, A. (1989). Modification of enzymatically amplified DNA for the detection of point mutations. *Nucleic Acids Res.* **17**: 3606.

20. Sorscher, E.J., and Huang, Z. (1991). Diagnosis of genetic disease by primer-specified restriction map modification, with application to cystic fibrosis and retinitis pigmentosa. *Lancet* **337**: 1115-8.

21. Bal, J., Rininsland, F., Osborne, L., and Reiss, J. (1992). Simple non-radioactive detection of the CFTR mutation N1303K by artificial creation of a restriction site. *Mol. Cell Probes* **6**: 9-11.

22. Gasparini, P., Bonizzato, A., Dognini, M., and Pignatti, P.F. (1992). Restriction site generating-polymerase chain reaction (RG-PCR) for the probeless detection of hidden genetic variation: application to the study of some common cystic fibrosis mutations. *Mol. Cell Probes* **6**: 1-7.

23. Bui, M.-H., Stone, G.G., Nilius, A.M., Almer, L., and Flamm, R.K. (2003). PCR-oligonucleotide ligation assay for detection of point mutations associated with quinolone resistance in streptococcus pneumonia. *Antimicrob. Agents Chemother.* **47**: 1456-9.

24. Stone, G.G., Shortridge, D., Versalovic, J., Beyer, J., Flamm, R.K., Graham, D.Y., Ghoneim, A.T., and Tanaka, S.K. (1997). A PCR-oligonucleotide ligation assay to determine the prevalence of 23S rRNA gene mutations in clarithromycin-resistant Helicobacter pylori. *Antimicrob. Agents Chemother.* **41**: 712-4.

25. Nickerson, D.A., Kaiser, R., Lappin, S., Stewart, J., Hood, L., and Landegren, U. (1990). Automated DNA diagnostics using an ELISA-based oligonucleotide ligation assay. *Proc. Natl. Acad. Sci. USA* **87**: 8923-7.

26. Kuppuswamy, M.N., Hoffmann, J.W., Kasper, C.K., Spitzer, S.G., Groce, S.L., and Bajaj, S.P. (1991). Single nucleotide primer extension to detect genetic diseases: experimental application to hemophilia B (factor IX) and cystic fibrosis genes. *Proc. Natl. Acad. Sci. USA* **88**: 1143-7.

27. Singer-Sam, J., LeBon, J.M., Dai, A. and Riggs, A.D. (1992). A sensitive, quantitative assay for measurement of allele-specific transcripts differing by a single nucleotide. *PCR Methods Appl.* **1**: 160-3.

28. Nikolausz, M., Chatzinotas, A., Táncsics, A., Imfeld, G., and Kästner, M. (2009). The single-nucleotide primer extension (SNuPE)method for the multiplex detection of various DNA sequences: from detection of point mutations to microbial ecology. *Biochem Soc. Trans.* **37**: 454-9.

29. Michaelides, M., Schwaab, R., Lalloz, M.R.A., Schmidt, W., and Tuddenham, E.G.D. (1995). Mutation analysis: new mutations. *In PCR 2: A Practical Approach*, pp. 255-

288. (M.J. McPherson, B.D. Hames, and G.R. Taylor Eds.), Oxford University Press, New York.

30. Orita, M., Iwahana, H., Kanazana, H., Hayashi, K., and Sekiya, T. (1989). Detection of polymorphisms of human DNA by gel electrophoresis as single-strand conformation polymorphisms. *Proc. Natl. Acad. Sci. USA* **86**: 2766-70.

31. Hayashi, K. (1991). PCR-SSCP: A simple and sensitive method for detection of mutations. *PCR Methods Appl.* **1**: 34-8.

32. Ganguly, A., Rock, M.J., and Procjop, D.J. (1993). Conformation sensitive gel electrophoresis for rapid detrection of single-base differences in double-stranded PCR products and DNA fragments: evidence for solvent-induced bendsin DNA heteroduplexes. *Proc. Natl. Acad. Sci. USA* **90**: 10325-9.

33. Spinardi, L., Mazars, R., and Theillet, C. (1991). Protocols for an improved detection of point mutations by SSCP. *Nucleic Acids Res.* **19**: 4009.

34. Fodde, R. and Losekoot, M. (1994). Mutation detection by denaturing gradient gel electrophoresis (DGGE). *Hum. Mutat.* **3**: 83-94.

35. Fischer, S.G., and Lerman, L.S. (1983). DNA fragments differing by single base-pair substitutions are separated in denaturing gradient gels: correspondence with melting theory. *Proc. Natl. Acad. Sci. USA* **80**: 1579-83.

36. Hovig, E., Smith-Sorensen, B., Brogger, A., and Borresen, A.-L. (1991). Constant denaturant gel electrophoresis, a modification of denaturing gradient gel electrophoresis, in mutation detection. *Mutation Research* **262**: 63-71.

37. Cariello, N.F., Swenberg, J.A., and Skopek, T.R. (1991) Fidelity of thermococcus litoralis DNA polymerase (*Vent*) in PCR determined by denaturing gradient gel electrophoresis. *Nucleic Acids Res.* **19**: 4193-8.

38. Myers, R.M., Maniatis, T., and Lerman, L.S. (1987) Detection and localization of single base pair changes by denaturing gradient gel electroiphoresis. *Meth. Enzymol.* **155**: 501-27.

39. Guldberg, P., and Guttler, F. (1993). A simple method for identification of point mutations using denaturing gradient gel electrophoresis. *Nucleic Acids Res.* **21**: 2261-2.

40. Rosenbaum, V., and Riesner, D. (1987). Temperature-gradient gel electrophoresis. Thermodynamic analysis of nucleic acids and proteins in purified form and in cellular extracts. *Biophys. Chem.* **26**: 235-46.

41. Thatcher, D.R., and Hodson, B. (1981). Denaturation of proteins and nucleic acids by thermal-gradient electrophoresis. *Biochem. J.* **197**: 105-9.

42. Wartell, R.M., and Benight, A.S. (1985). Thermal denaturation of DNA molecules: A comparison of theory with experiment. *Physics Reports* **126**: 67-107.

43. Birmes, A., Sättler, A., and Maurer, K.H. (1990). Analysis of the conformational transitions of proteins by temperature gradient gel electrophoresis. *Electrophoresis* **11**: 795-801.

44. Wiese, U., Wulfert, M.l., and Prusiner, S.B. (1995). Scanning for mutations in the human prion protein open reading frame by temporal temperature gradient gel electrophoresis. *Electrophoresis* **16**: 1851-60.

45. Muller, W., Hattesohl, I., Schuetz, H.J., and Meyer, G. (1981). Polyethylene glycol derivatives of base and sequence specific DNA ligands: DNA interaction and application for base specific separation of DNA fragments by gel electrophoresis. *Nucleic Acids Res.* **9**: 95-119.

46. Wawer, C., Rüggeberg, H., Meyer, G., and Muyzer, G. (1995). A simple and rapid electrophoresis method to detect sequence variation in PCR-amplified DNA fragments. *Nucleic Acids Res.* **23**: 4928-9.

# CHAPTER 12

# 利用 PCR 來創造突變
## PCR Mediated Mutagenesis

　　在前幾個章節中，我們已經描述過幾個重要且基礎的 PCR 應用，包括全基因體變異性分析（第九章）、基因選殖（第十章）和突變的偵測（第十一章）。其實 PCR 的多才多藝不只如此，我們還可以利用 **PCR 做定點突變（PCR mediated site-directed mutagenesis）**或創造多種特定突變。定點突變是一種非常有價值，對生醫和生技相關的研究都是極端重要的技術。舉例來說，若有一段 DNA 序列是某一特定基因的**啓動子（promoter）**，今欲求證此序列中的某一對（或幾對）鹼基對對此基因之轉錄的關鍵性，我們就可以使用定點突變，將此（幾）對鹼基對改換成別的鹼基對，建構出突變的啓動子，然後分析它相較於野生序列的轉錄效率，是否有明顯的不同？相同地，若我們想知道一個特定蛋白的某一個胺基酸是否對此蛋白的活性提供關鍵性的角色？我們也可以用定點突變，將此胺基酸所對應的 cDNA 密碼子改換成別種胺基酸的密碼子，之後使其表現出突變蛋白，並與野生型蛋白做活性比較。這種道理，就如筆者常在課堂上做的比喻，如果你想知道 X 同學對班上有何重要性？那就將她（或他）與隔壁班個性與之迥異的 Y 同學對換，再分析比較置換後的這個班級與先前的班級，在各項運作上有何差別？

　　定點突變的實驗技巧其實已經發展了很多年，其中有好幾種是非常有效又快速的 PCR 應用方法，但因很多實驗室過度倚賴試劑組的突變方法，使他們有漸漸被忽略之嫌。在本章中，我們想要跟各位分享數種利用 PCR 來達成定點突變的方法。除此之外，筆者也將介紹一些應用到 PCR 的非定點突變的方法，它們可以用來進行**刪除性突變（deletion mutation）**、**插入性突變（insertion mutation）**、**連接子掃描突變（linker scanning mutagenesis）**或**隨機突變（random mutagenesis）**。這些都是對分子生物學及生物醫學等相關研究有高度應用價值的技術。方法雖老，卻很好用！

## 12-1 利用 PCR 做定點突變（PCR Mediated Site-Directed Mutagenesis）

　　定點突變是一種 *in vitro* 的實驗，欲進行突變的 DNA 片段最好先被選殖出來，且多半是以質體為選殖載體。然而定點突變在現今很多實驗室中，多採用一種商品

化試劑組的方法，根據的理論就如本書第五章，5-2 節（圖 5.7）中所描述之 IPCR 應用。這類的試劑組多半價錢昂貴，成功率又不一定很高，而且必須使用特定會行 DNA 甲基化的細菌菌株；殊不知，還有很多以 PCR 為基礎的定點突變方法，它們大多很簡單，不需使用額外的酵素或菌株，而且成功機率蠻高的。茲詳述幾個方法如下，讀者可就個人喜好或適用性來選用。

### 12-1-1 欲進行突變之鹼基對恰好位於一獨特限制性酵素切位附近

　　這個方法並無特別的名稱，非常簡單，但需剛好符合特定的情況才能用。條件是欲進行定點突變的鹼基對（如圖 12.1 中的星號）的位置，要剛好位於**重組質體**（**recombinant plasmid**）上一個獨特限制性酵素序列（如圖中限制性酵素切位 A）的附近。我們只需設計一對引子（其中一個我們稱之為**突變引子**（**mutagenic primer**）），以重組質體為模板進行 PCR。然後將增幅的 DNA 純化、限制性酵素（如圖中之 A 和 B）切割，再重新連接回去相同限制性酵素切割的質體，轉型細菌便大功告成。值得注意的是，A 和 B 都是重組質體上只出現一次的限制性酵素

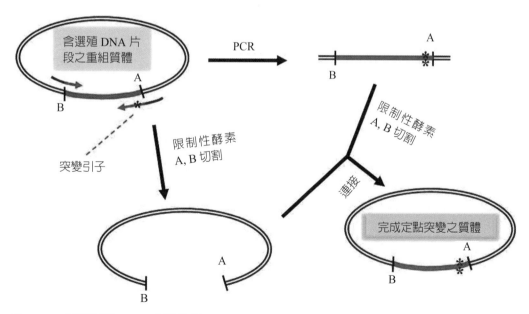

**圖 12.1　最簡易的 PCR 定點突變**

當欲突變的鹼基對剛好鄰近於重組質體上之一特定限制性酵素切位 (A)，我們只需利用一對引子，將欲突變之鹼基 (*) 設計在突變引子上。PCR 增幅後，產物以限制性酵素 A 和 B 切割，再使用連接酶重新植入經相同酵素切割之質體（雙線條）。原始植入於質體之 DNA 以粗實線表示雙股。

切位，它們不必然一定要是質體上的切位，也可以是在選殖 DNA 片段上的序列。引子的設計與先前典型 PCR 中之設計原則相同，只不過其中的突變引子是用來製造突變的，它與模板只有一個錯誤配對的核苷酸（星號的標示），在 PCR 增幅時突變的鹼基對就會被加到產物的一側。最重要的是，這個「突變」的核苷酸不可設計在太靠近突變引子的 3' 端，要靠中間或 5' 端，避免 PCR 增幅失敗。

## 12-1-2 以 PCR 重疊延伸（Overlap Extension by PCR）

這方法也是個非常簡單且好用的技術，是一個兩步驟的定點突變方法。優點是，它不受限於欲突變點周邊是否有獨特的限制性酵素切位。若有一段 DNA 已被選殖入一個質體 X 與 Y 的限制性酵素切位之間（如圖 12.2(A) 之斜線區域），而我

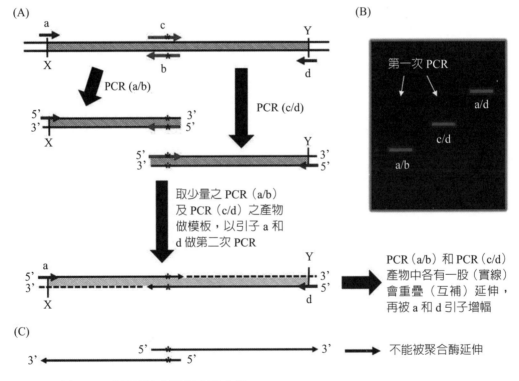

**圖 12.2 以 PCR 重疊延伸來進行定點突變**

(A) 設計兩對引子 ab 和 cd（小箭頭），兩段式增幅選殖的 DNA（灰色區域）。a 和 d 分別含有限制性酵素 X 和 Y 的序列；而 c 和 b 則為突變引子，序列內含突變之鹼基（以 * 表示）。第一次 PCR 之兩個產物（a/b 及 c/d）經電泳 (B) 確認並純化後，各取少量混合，作為第二次 PCR 之模板。因聚合酶延伸的方向為 5' → 3'，兩個雙股 DNA（a/b 和 c/d）只有含 a 和 d 引子序列之單股黏合後才能被 a 和 d 引子延伸，增幅出帶有突變之雙股 PCR（a/d）；(C) 另兩個單股黏合的方式則不會被延伸。

們想進行定點突變，將其中的一對鹼基對置換為另一對（星號標示）。首先，我們需設計 2 對引子（a/b 和 c/d）來進行 PCR，以此重組質體 DNA 為模板，將 X 與 Y 間的區域分兩段增幅。引子 b 和 c 為突變引子，它們的序列互相互補，且除了突變點之鹼基（*）外，與野生型模板序列一樣。所生成之 PCR 產物自然會分別嵌入突變鹼基對，且各自將限制性酵素切位（X 或 Y）加到 DNA 之一側。在經由洋菜膠電泳證實 PCR 成功增幅後（圖 (B)），將此兩 DNA 片段（a/b 和 c/d）分別純化，並各取少量混和，作為第二次 PCR 之模板。由於這兩個 DNA 片段的一側雙股序列是一致的，在第二次 PCR 的前期 cycle 中的黏合步驟，此兩 DNA 各自有一單股的一端就很可能會黏合並延伸，形成雙股（圖 (A) 虛線），最後再於剩餘 cycle 中被引子 a 和 d 增幅，這就等同於將第一次 PCR 中的產物 a/b 和 c/d 片段連接在一起。第二次 PCR 增幅出的產物（圖 (B) 中之（a/d））經純化，以 X 與 Y 切割，再重新植入原 X/Y 切割之質體，便建構出一突變質體。有些人也許會注意到，在第二次 PCR 的前期 cycle 中，應該也會有來自此兩段 DNA 的另兩個單股的互補情形（如圖 (C)）。的確如此，但自然界的 DNA 聚合酶無一例外，聚合的方向都是由 5' → 3'，可想見，它們會互補，但不會被延伸，不會有增幅的產物。

根據上述實驗步驟，不難想像，我們也可用此方法來連接任何兩段來源迥異的 DNA 片段，方法類似，但關鍵是「連接」引子的設計。就如圖 12.3 中之引子 b 和 c，它們的 3' 端序列（≥ 15 個鹼基）會分別黏合到基因 I 和 II，可分別搭配外圍引子 a 和 d 來增幅基因 I 和 II 的部分片段。有趣的是，它們（b 和 c）的 5' 端（≥ 15 鹼基）需設計成互補於對方（c 和 b）的 3' 端。在增幅個別基因之 PCR 剛開始時，5' 端雖無法黏合，但最終會以雙股出現在產物的一端。所以，基因 I 和 II 被增幅出之片段會有一端的序列是一樣的（圖中虛線框框）。若將此兩 PCR 片段純化，各取少量相加作為第二次 PCR 之模板，這兩個來自基因 I 和 II 的片段便能被外圍引子 a 和 d 增幅相連。以上的步驟與應用，其實在分子生物學相關的基因操作上是具有很高的利用價值的。

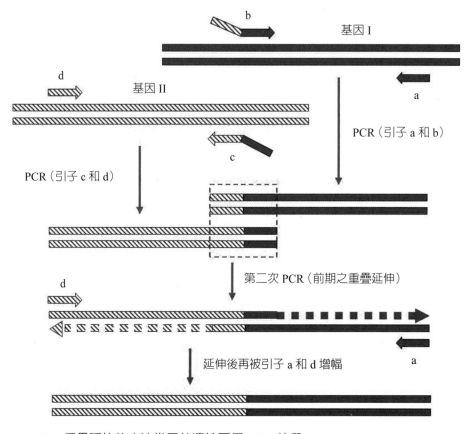

**圖 12.3　PCR 重疊延伸的方法常用於連接兩個 DNA 片段**

與定點突變之應用類似，先用兩對引子（ab 和 cd）分別將欲連接之 DNA 片段由基因 I 和 II 增幅出來，
生成之產物 DNA 之一端會有重疊序列（虛線框框），之後再取一點點量的這兩個產物作爲模板，以
引子 a 和 d 進行第二次 PCR，生成兩 DNA 連接之產物。

### 12-1-3 巨引子 PCR 突變（Megaprimer PCR Mutagenesis）

　　這個方法也是一個早期常用的定點突變的程序。跟上述重疊延伸的實驗策略有
些相似，一樣要做兩次 PCR，但只使用一個（不是一對）突變引子（圖 12.4）。
這個引子的序列中含有欲突變之鹼基（以三角突起標示），可與一外圍引子搭配，
進行第一次 PCR，增幅出含有突變鹼基對之 PCR 產物。之後，將此 DNA 產物純
化，作爲第二次 PCR 之「巨引子」（**megaprimer**），與上游之另一引子搭配，增
幅出帶有突變鹼基對的全長 DNA。其實，我們所指的巨引子就是第一次 PCR 產物
DNA 的一股（虛線），這股 DNA 會黏合在模板上，並如一般引子一樣被延伸，只

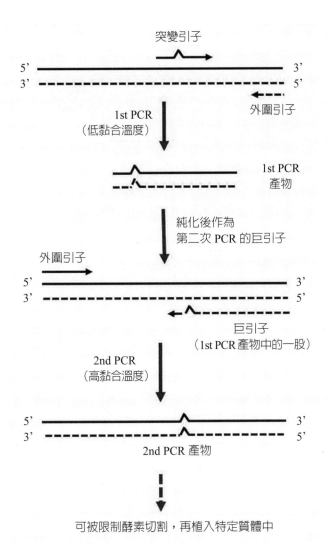

突變引子

5' ————————————————— 3'
3' ----------------------------- 5'

外圍引子

1st PCR
（低黏合溫度）

1st PCR
產物

純化後作為
第二次 PCR 的巨引子

外圍引子

5' ————————————————— 3'
3' ----------------------------- 5'

巨引子
（1st PCR 產物中的一股）

2nd PCR
（高黏合溫度）

5' ————————————————— 3'
3' ----------------------------- 5'
2nd PCR 產物

可被限制酵素切割，再植入特定質體中

### 圖 12.4　巨引子 PCR 突變

欲將圖中之 DNA 的某一對鹼基對做突變，需使用三個引子，兩次 PCR。先用一外圍引子與突變引子做第一次增幅。欲改變的鹼基被加入突變引子序列中（三角形凸起），第一次 PCR 之產物便已加入突變之鹼基對。將其純化後，作為巨引子，再與另一外圍引子進行第二次 PCR，得到帶有突變之雙股 DNA。

是比較長一些而已。設若所用的兩個外圍引子在設計時也加入限制性酵素序列，第二次 PCR 產物就可以被切割，植入適當的質體中。

　　這個方法主要需注意的地方是：1. 不論第一次 PCR 使用的突變引子，或是第二次 PCR 所用的巨引子，與模板都有一錯誤配對。因此，做 PCR 時需適切的調整

反應的條件，尤其是循環步驟中的黏合溫度，才能成功增幅。2. 第一次 PCR 增幅時應避免產物的 3' 端被額外加入一個鹼基，因為這可能使得巨引子因加入的最 3' 端的錯誤配對，造成第二次 PCR 失敗。為此，筆者建議第一次 PCR 最好使用具有校正活性的 *Pfu* 或 *Vent* DNA 聚合酶，不要使用 *Taq* 聚合酶。

## 12-1-4 利用第二型限制性酵素進行重疊延伸（Overlapping Extension by Using Type II Restriction Enzymes）

其實 12-1-2 節中所描述的重疊延伸，是最早被發展出來的 PCR 定點突變方法之一。根據其基本原理，目前已衍生出數個改良的方法。見仁見智，有些使用者認為某些改良的方法較佳；當然也有一些研究者認為，原始的步驟就很受用。本節就來介紹，應用第二型限制性酵素所進行的 PCR 重疊延伸定點突變。第二型的限制性酵素與常用的限制性酵素不同，它們雖然一樣會辨識一個特定的 DNA 序列，但切割的位置卻非辨識序列本身，而是距離辨識序列數個鹼基對外的序列，例如 *Bsp*MI（圖 12.5(A)）。這類限制性酵素其實還很多，如圖 12.5(B) 中所示。利用這個特性，我們可以將其序列（例如 *Bsp*MI 的辨識序列）加入到引子的 5' 端（圖 12.6 中之引子 2 和 3 空心矩形），同時將欲創造之突變鹼基（星號）加入到

(A)                                    (B) 第二型限制性酵素的辨認序列與切割位

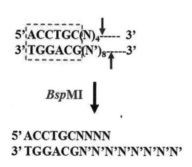

| 酵素 | 辨識序列 | 切割位 |
|---|---|---|
| *Alw*I | GGATC | N4/N5 |
| *Bbv*I | GCAGC | N8/N12 |
| *Bbv*II | GAAGAC | N2/N6 |
| *Bsp*MI | ACCTGC | N4/N8 |
| *Fok*I | GGATG | N9/N13 |
| *Gsu*I | CTGGAG | N16N14 |
| *Hga*I | GACGC | N5/N10 |
| *Hph*I | GGTGA | N8/N7 |
| *Mbo*II | GAAGA | N8/N7 |
| *Mnl*I | CCTC | N7/N7 |
| *Ple*I | GAGTC | N4/N5 |
| *Sfa*NI | GCATC | N5/N9 |
| *Taq*I | GACCGA | N11/N9 |

圖 12.5　第二型限制性酵素的辨識、切割方式，與多個例子

(A) 第二型限制性酵素的切割位與辨識序列不重疊，例如 *Bsp*M1；(B) 其他第二型限制性酵素的例子。

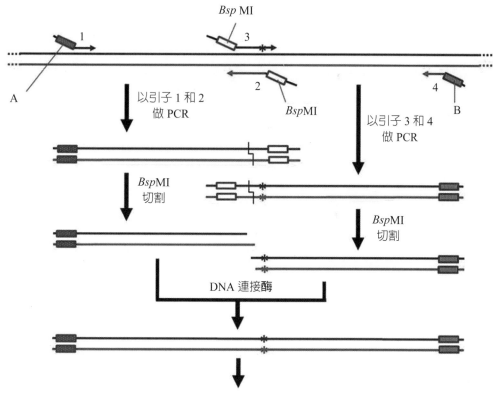

以 A 和 B 限制性酵素切割，再重新插入 A/B 切割之質體

**圖 12.6　利用第二型限制性酵素做 PCR 重疊延伸**

設計 4 個引子，除了突變引子 3 的突變鹼基（*）外，它們各自的 3' 端序列都與模板互補。引子 1 和 4 的 5' 端各加入 A 和 B 的限制性酵素序列；而引子 2 和 3 的 5' 端則加入 *Bsp*MI 序列。目標 DNA 分兩段增幅後，純化 DNA、以 *Bsp*MI 切割、連接，再以 A 和 B 切割、植入載體，即完成定點突變。

其中一個引子（引子 3：突變引子），最後再和外圍的引子（引子 1 和 4）分別進行 PCR。如此，生成的 DNA 雙股產物，自然會在一端加入 *Bsp*MI 辨識序列，而且其中一個產物也會製造出突變鹼基對（星號一對）。將此兩產物純化後，以 *Bsp*MI 切割，再以 DNA 連接酶連接。最後，我們可以直接將連接後之產物以限制性酵素 A 和 B 切割，進行後續選殖；也可以將連接後之產物先以引子 1 和 4 再 PCR 增幅，之後再以限制性酵素 A 和 B 切割並選殖。

　　由於第一次 PCR 產物的一端會被 *Bsp*MI 切割掉，因此儘管 PCR 有 3' 端額外加一核苷酸的情形，也不影響後續實驗。所以，不像先前之方法，*Taq* DNA 聚合酶也適用於此實驗。

## 12-1-5改良的重疊延伸定點突變方法（Modified Overlapping Extension Method for Site-Directed Mutagenesis）

　　這個方法也是改良自 12-1-2 節中所描述的 PCR 重疊延伸定點突變。不同的是，只使用一個突變引子（圖 12.7 中引子 M）、兩個外圍引子（引子 1 和 3），再加上一個 5' 端序列（虛線）並不互補於模板的引子 2。一樣需進行兩段式的 PCR 擴增，第一次 PCR：利用引子 M 和 3（M/3）產製具有突變鹼基對（成對之三角形突起）之右半段雙股 DNA；而引子 1 和 2（1/2）所增幅生成的左半段雙股 DNA 卻有一個小片段（虛線雙股）非原模板序列。之後，各取少量純化後之上述兩種產物混合作為模板，以引子 1 和 3 進行第二次 PCR。此 PCR 的早期循環中，解鏈後再黏合可能會有兩種交錯黏合的雙股 DNA（姑且稱之為 (A) 和 (B)）。若仔細觀察就不難發現，只有 (A) 雙股的下面一股，在第二次 PCR 的早期 cycle 會被延伸（虛線

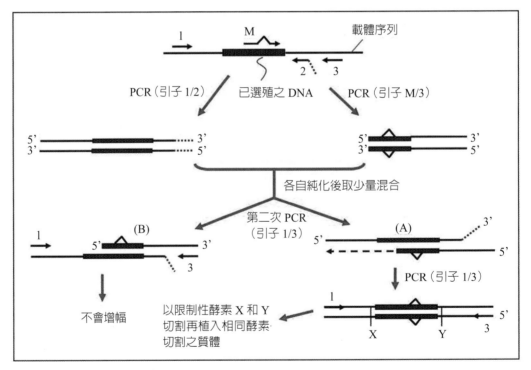

**圖 12.7　改良式的 PCR 重疊延伸之定點突變方法**

此方法需進行兩次 PCR，第一次分別以引子 1 和 2、M 和 3 增幅，引子 M 會互補於野生型選殖序列，加入欲突變之鹼基（三角突出）；第二次 PCR 使用引子 1 和 3；最後藉由限制性酵素 X 和 Y 切割，將突變之雙股 DNA 再植入質體。(A) 和 (B) 代表第二次 PCR 開始時可能形成的兩種黏合雙股。

（參考資料：*Nucleic Acid Res.* 20: 376）

箭頭），此全長並帶有突變的單股又能在後續 cycle 中作為模板，被引子 1/3 增幅；而 (B) 的雙股卻不可能被 1/3 增幅。雖然引子的設計有些複雜，但這樣的改良比起先前 12-1-2 節所敘述的方法，據證實突變率可大大增進。若最後產物突變點區域的兩側有適當的限制性酵素切位（如圖中 X 和 Y），就可以將此突變 DNA 以 X 和 Y 切割，再植入經 X 和 Y 切割的原質體。

不同於前一個實驗，此方法最好使用具有校正活性的 DNA 聚合酶，例如 *Pfu* 或 *Vent* 聚合酶，避免第一次 PCR 時 M/3 增幅的雙股 DNA 的下股的 3' 端額外多加一個核苷酸，它可能會與雙股 (A) 之上股不互補，造成第二次 PCR 失敗。

## 12-1-6 改良的巨引子 PCR 定點突變（Modified Megaprimer PCR Mediated Site-Directed Mutagenesis）

就如本章 12-1-3 節中所述，巨引子（**megaprimer**）PCR 定點突變也是另一類型的常用方法，不需試劑組，但可有效的製備我們所要的點突變。一樣的，根據其基本原理也衍生出數種改良的方法。本節將陳述的只是其中之一。

就如圖 12.8，首先將含有被選殖且欲進行點突變之 DNA 片段（深色區域）之重組質體，分別以限制性酵素 A 和 B 切割。然後以 B 切割後之 DNA 為模板，利用引子 1 和 2（突變引子）增幅出具有突變鹼基對之雙股 DNA。然後，以此 DNA 產物作為巨引子，與引子 3 搭配，使用酵素 A 切割後之質體 DNA 為模板進行 PCR。最後的 PCR 產物，只要長度是正確的，就一定是含有突變鹼基對的 DNA，不會混雜野生型序列，這點與那典型的巨引子定點突變的方法（12-1-3 小節）相比，顯然很有優勢。得到此最後產物後，再將之以限制性酵素 A 和 B 切割，重新連接，並插入相同限制性酵素切割之質體。

這個改良方法也是一個兩次 PCR 的步驟。要注意的是，第一次 PCR 所使用的聚合酶，最好不要選用 *Taq* 或其他會造成 3' 端額外加一鹼基的聚合酶，因為此鹼基最終會出現在巨引子的 3' 端，若與第二次的 PCR 模板不互補，就無法成功增幅。

包括先前 12-1-3 節所述之方法，使用巨引子做 PCR 增幅，需特別注意巨引子很容易在較低溫下形成二級結構，影響增幅。因此，巨引子 PCR 多須採用較高之循環黏合溫度，甚至採行 two-step PCR。

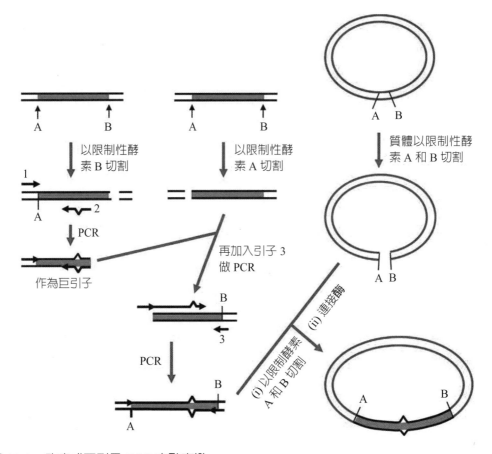

**圖 12.8　改良式巨引子 PCR 定點突變**

先將選殖之 DNA（填滿區域）分別以限制性酵素 A 和 B 分別切割、純化。之後以 B 切割後之 DNA 為模板，使用引子 1 和 2（突變引子；突變點：三角突出）增幅出具突變鹼基對之雙股 DNA。此 DNA 產物便可作為巨引子，搭配引子 3，以酵素 A 切割後之 DNA 為模板，進行第二次 PCR。最後產物再經 A 和 B 切割，便能重新選殖入質體中。（參考資料：*Nucleic Acid Res.* 24: 3276-7.）

## 12-1-7 雙載體巨引子 PCR 定點突變（Two-Vector Megaprimer Site-Directed Mutagenesis）

　　這個方法也是一種改良式的巨引子定點突變的方法。與先前之方法比較，它會稍微麻煩一點，欲進行定點突變之選殖 DNA 片段需事先植入兩個不同的質體中，就如圖 12.9 中之選殖 DNA 片段（以細實線表示；兩種質體序列則以虛線及粗線條表示），雖然多一道手續，但後續定點突變的成功機率卻會大大增加。步驟 (i)：先以引子 M 和 A 進行 PCR，由突變引子 M 加入的突變鹼基（＊符號）便會在增

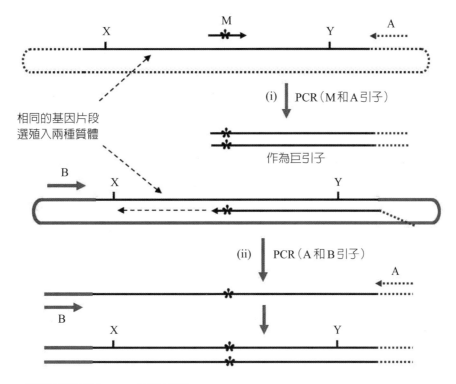

**圖 12.9　雙載體巨引子 PCR 定點突變**

目標基因先被植入兩個不同質體（重組質體以單線條表示；而不同質體序列以虛線及粗實線表示），
然後以引子 M（突變引子）與 A 增幅出含有突變鹼基對（一對*）之雙股 DNA 產物，它之後被用來
當巨引子，搭配引子 B 和 A，以另一重組質體為模板，增幅出突變之目標基因。

幅的 PCR 產物中製造出一對突變的鹼基對。之後再以此 PCR 產物作為巨引子，加
入另一重組質體做模板，以 72℃為黏合溫度，先做約 10 個循環的「兩步驟 PCR」
（請參考 2-2 節），這是為了使雙股的巨引子在解鏈後，於較高的黏合溫度下單股
較不會形成二級結構，其中的一股方能順利地黏合到模板並延伸，成為可以被引子
A 和引子 B 增幅的單股 DNA。如此，後續步驟 (ii)，便能增幅出全長的突變 DNA
片段。之後，若以限制性酵素 X 和 Y 切割，便能重新植入質體。

　　其實這個方法最特別的是，巨引子的上方股與引子 A 都不會以第二個重組質
體做模板延伸，這樣可大大增進步驟 (ii) 的 PCR 專一性與效率。

## 12-1-8利用逆向 PCR 做定點與刪除突變（Point Mutation and Deletion Mutation Constructed by IPCR）

　　逆向 **PCR**（**inverse PCR, IPCR**）是本書第五章所提到過的一種 PCR 應用，它不但可以用來獲取一段染色體中已知 DNA 序列的兩側未知序列，在 5-2 節中也曾描述，IPCR 還可用來進行定點突變，或製備刪除突變。為避免重複論述，本節僅就 IPCR 定點突變的方法做補充。其餘方法的細節說明，請參閱前述之章節。

　　在 5-2 節中所敘述的 IPCR 定點突變方法，很可能是多數市售定點突變試劑組所採用的程序。步驟中需採用 *dam*⁺ 菌株及 *Dpn*I 限制性酵素。這樣的流程雖然對後續突變 DNA 的選殖可能較有利，但整個流程又似嫌複雜，且花費較大。為此，筆者在此提出一個較簡潔的 IPCR 定點突變方法（如圖 12.10），供讀者參考。

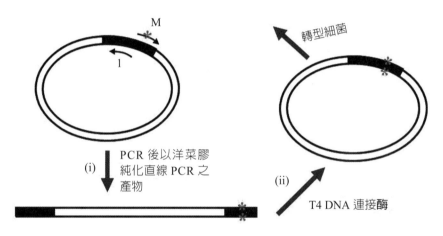

**圖 12.10　利用逆向 PCR（IPCR）進行定點突變**

設計一對逆向的引子 M 和 1，它們會互補於植入質體的 DNA（粗線條區域），M 之序列中含有欲突變之鹼基（＊）。PCR 增幅會得到具有鈍頭端之突變 DNA，最後將之純化，以 T4 DNA 連接酶連接，再轉型細菌。

　　這個方法只有兩個步驟，增幅突變之 DNA（步驟 (i)）及連接反應（步驟 (ii)）。在步驟 (i) 中需使用一對 5' 端帶有磷酸根的背對背引子，其中一個是突變引子（M），用來製備選殖 DNA 之特定點突變（以星號表示）。且此步驟之 PCR 增幅應選用**延續性**（**processivity**）較高且具校正活性之 DNA 聚合酶，例如 *Pfu* 或由其衍生而來、性質相似之聚合酶。這樣才能順利且有效的增幅幾千個鹼基對，且 3'

端不會因額外多出一個鹼基而無法連接。為提高突變率，建議在 PCR（步驟 (i)）之後，一定要用洋菜膠電泳，先將 PCR 生成的線性突變 DNA 與環狀野生型質體模板分離。在步驟 (ii)，雖然鈍頭的 PCR 產物自我連接的效果較差，但在適當條件下仍可達成。連接後的 DNA 便可用於轉型細菌，獲得突變之質體。

## 12-1-9 利用 PCR 進行多位點的定點突變（Multiple Site-Directed Mutagenesis by Using Asymmetric PCR）

其實很多時候我們有可能需對一段 DNA 上的數個鹼基對進行突變。大多數的實驗室可能會選擇先突變一個點，完成定點突變，經定序確認後，再用此突變的 DNA 來進行第二點的突變，完成後再進行第三點、第四點的定點突變。這就等於是將本章前述的實驗步驟重複做數次，不但費時，而且失敗率也較高。在本節中，筆者要與您分享一個較快速且能同時完成數個突變點的定點突變。如圖 12.11 所示，這個方法是衍生自先前學者所發表的方法，先用一對引子進行不對稱 PCR（步驟 a.，原理請參閱本書第十章 10-5-1 節），並純化 5' 端帶有磷酸根之單股產物。之後將之黏合上一個載體引子（虛線箭頭）和帶有突變鹼基之多個突變引子（實線箭頭，圖中各帶有一個突變點，共三個突變引子；突變鹼基以三角突出表示），再以 T4 DNA 聚合酶延伸。步驟 c. 只是單純的 DNA 聚合反應，不是 PCR 增幅。延伸後的 DNA 缺口再以 T4 DNA 連接酶連接，形成之雙股 DNA 一股為野生型序列（5' 端磷酸化的一股），另一股則含有三個突變鹼基之序列。若以 λ 核酸外切酶切除野生序列之一股（步驟 d.，原理請參閱第十章 10-5-2 節），再以兩個外圍載體引子進行（正反向虛線引子）第二次 PCR，如此，就能得到具有三個突變鹼基對的雙股 DNA 了。值得注意的是，圖中雖沒標示，所有突變引子的 5' 端都需有磷酸根，如此，在後續步驟中方能被 T4 DNA 連接酶連接。另外，在步驟 c. 中所使用之聚合酶不能是具有 5' → 3' 核酸外切酶活性之聚合酶，一般實驗室常用的 Klenow fragment 也適用，但 *Taq* DNA 聚合酶不可以，因為此外切酶活性若結合聚合酶活性就會是缺口位移之程序（請參考圖 8.9 之說明），聚合酶一邊聚合，一邊將原來黏合在下游的突變引子由 5' 逐步切除，所有突變引子因此皆會被切成核苷酸，等同於步驟 d. 中只有黏合在載體上引子會延伸，沒有突變。

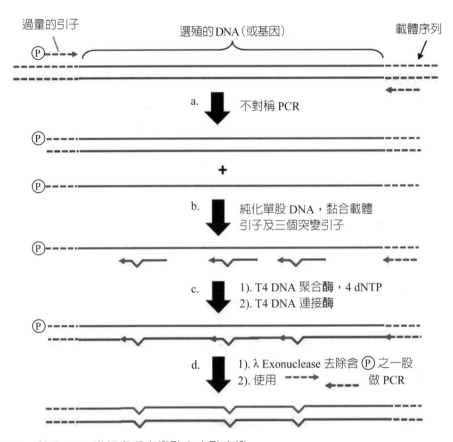

**圖 12.11　利用 PCR 進行多重突變點之定點突變**

a. 先利用不對稱 PCR 製備 5' 端帶有磷酸根之野生型序列單股 DNA；b. 黏合一載體引子（虛線箭頭）和數個突變引子（實線箭頭，具突變鹼基：三角凸出）；c. 以 T4 DNA 聚合酶聚合，並以 T4 DNA 連接酶連接缺口；d. 利用 λ Exonuclease 切除野生型序列（5' 端帶磷酸根）之一股，再以兩個外圍載體引子進行第二次 PCR 增幅。

## 12-1-10 以連接兩個 PCR 產物來進行定點突變（Site-Directed Mutagenesis by the Ligation of Products from Two PCRs）

定點突變雖然可使用本書 12-1-8 節所描述的 IPCR 的方法來進行，但致命傷是 PCR 增幅時需延伸很長的 DNA 序列，其效率經常很低。本節要介紹的方法，就是一個可以克服此問題，同時又非常直截了當的定點突變程序。先將已選殖的 DNA 分兩段以 PCR 增幅（圖 12.12），如此就沒增幅效率差的問題，兩對引子，a 和 c 及 b 和 d 可以分別將選殖入質體的 DNA 片段的上下游兩半序列增幅出來。欲突

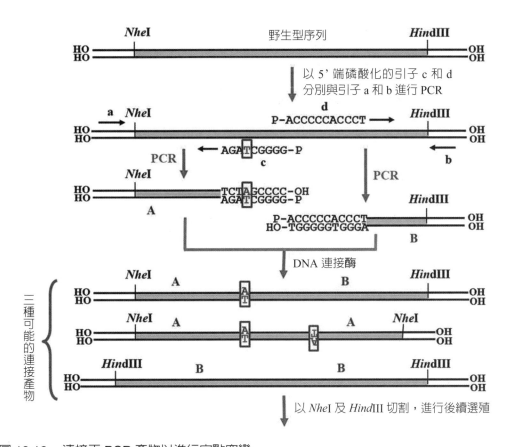

**圖 12.12　連接兩 PCR 產物以進行定點突變**

選殖於質體之野生型序列分別以引子 a 和 c 及 b 和 d 進行 PCR 增幅，生成 A 和 B 的 DNA 片段。c 為突變引子，含有突變鹼基（框框的 T），c 和 d 的 5' 端被磷酸化，以便產物可以被連接酶連接。連接反應可能生成三種產物（A-A、A-B，或 B-B 相連），但只有 A-B 相連之 DNA 才能經 NheI 和 HindIII 切割，再被重新植入相同酵素切割之質體。

變的鹼基（圖中的 ⊤）就加入到其中一個 5' 端帶磷酸根的內在引子（圖中之引子 c）。還有，引子 c 和 d 的最 5' 端的鹼基實為相鄰之鹼基。比較重要的是，PCR 增幅時應使用不會使增幅產物 3' 端被額外多加一個鹼基的聚合酶，*Pfu* 可以，但 *Taq* 就完全不適宜。增幅後的兩個 PCR 產物經純化後便可以 T4 DNA 連接酶連接。最後，雖然可能有三種不同的連接產物，但在限制性酵素 *Nhe*I 和 *Hind*III 切割後，只有最上方的產物能夠重新被植入經 *Nhe*I 和 *Hind*III 切割的質體中。當然，若三種可能的產物長短相差夠大，我們也可以先以洋菜膠分離純化所要的產物，再做 *Nhe*I/*Hind*III 切割選殖。

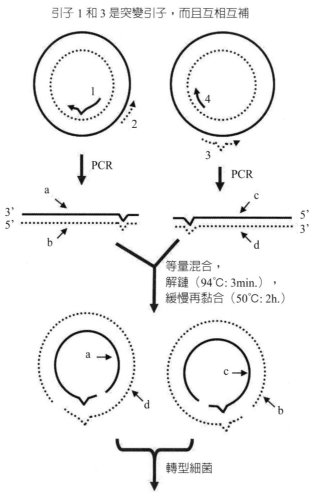

引子 1 和 3 是突變引子，而且互相互補

## 圖 12.13　以重組環形 PCR 做定點突變

利用兩對引子：1/2 及 3/4 分別進行 PCR 增幅出線性突變質體序列。引子 1 和 3 爲突變引子，具有一突變鹼基（角型突起）且它們的序列完全互補。增幅後的兩個產物中的單股各自標示爲 a、b、c 及 d，若將此兩雙股 DNA 產物等量混合、加熱 94℃解鏈、緩慢黏合，再以之轉型細菌，即可獲得帶有定點突變之質體的重組細菌。（參考資料：*Bio Techniques*. 8: 178-83.）

### 12-1-11 重組環形 PCR（Recombinant Circle PCR; RCPCR）

RCPCR 是一種類似 IPCR，但又有點像重疊延伸的定點突變方法。它是以環狀質體爲模板，用兩對引子（1/2 和 3/4，且每對中各有一個是突變引子）分別繞著模板延伸增幅。如圖 12.13 中之引子 1 和 3，內含刻意加入與模板不互補的鹼基（角型突出），它們的位置就是欲進行突變的鹼基對。若以 a、b、c、d 來分別代表 PCR 增幅所獲得之兩個雙股 DNA 產物的四個單股，虛線實線分別代表原質體互補之雙股，就不難理解，我們可以將 PCR 兩種產物等量混合，加熱解鏈後再黏合生成 a/d 或 b/c，兩種具缺口之環狀雙股（nicked circular double strand）。它們可以直接轉型細菌，且效率與無缺口之環狀 DNA 相當。而直線的 a/b 及 c/d 雙股無法轉型細菌。

使用此方法需注意的是，應使用 *Pfu* 等不會在 3' 端額外多加一個鹼基的聚合酶來進行 PCR。另外，筆者會建議在 PCR 之後，最好以洋菜膠電泳先純化出線性突變 DNA（即 a/b 與 c/d 兩個雙股 DNA），再進行後續步驟；若非如此，轉型細菌前沒有將作爲模板的野生型環狀 DNA 去除，轉型後的細菌菌落中便可能有很高的比例所含的質體爲野生型序列，沒有突變。

## 12-2 以兩步驟 PCR 方法來製備一長片段插入性突變（Two-Step PCR Method for Making a Long Insertion Mutant）

若欲製備一個僅僅加入幾個鹼基的插入性突變（例如 < 5 個鹼基對），只要在前述幾個定點突變的方法中的「突變引子」中加入這幾個額外的鹼基即可；但要插入一段較長的 DNA，製造插入性突變，就需使用另一類型的方法。這個小節所介紹的方法，就是屬於此種插入性突變的方法之一。

此方法有兩個步驟，每個步驟皆需使用 PCR（圖 12.14A）。首先以 PCR 將欲插入到別的位置的片段由「來源 DNA」（上方粗實、粗虛線雙股 DNA）中增幅出來。這個步驟需使用一對組合序列的引子，它們的 3' 端序列（各約 20 個核苷酸，

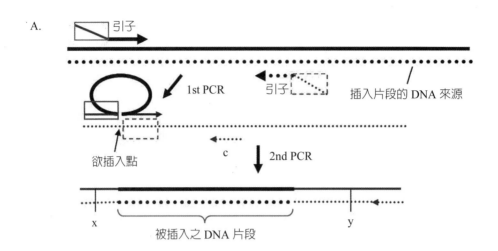

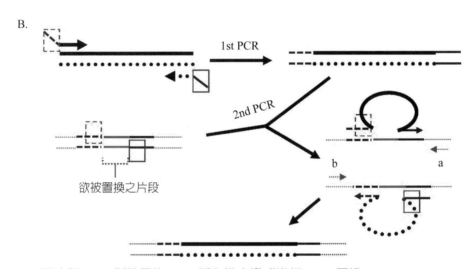

**圖 12.14　兩步驟 PCR 製備長的 DNA 插入性突變或進行 DNA 置換**

A. 以一對組合型引子做第一次 PCR，引子的 3' 區域序列（箭頭）互補於插入 DNA（粗線）之兩側；其 5' 區域的序列（以矩形線條表示）則是根據目標插入點兩側序列來設計。PCR 產物可以作爲巨引子，與引子 c 搭配，進行第二次 PCR，獲得插入性突變 DNA；B. 利用類似的原理與流程製備置換性的突變：主要的差異是第一次 PCR 所用引子的 5' 區域序列（矩形框框）是根據欲被置換的區域的兩側序列來設計。a、b、c 是三條引子；標示相同形狀相同線條樣式代表核酸序列相同。

箭頭部分）與模板 DNA 互補；但 5' 端的序列（也各約 20 個核苷酸，細的虛、實線）則是根據欲插入位置兩側意涵股與反意股的序列來設計（實虛線框框）。將此次 PCR 生成的雙股 DNA 產物作爲「巨引子」，以欲被插入的 DNA 爲模板進行第二次 PCR。圖中顯示它的其中一股，雖然中間的插入序列與模板不互補，會被 looped

out，但仍然可以與下游的另一引子（引子 c）進行增幅，並把粗線雙股 DNA 片段
插入到最後產物中。若兩側有限制性酵素切位（如圖中之 x 和 y），此插入性突變
片段就能再被選殖入原來之質體。

其實這個方法的用途還不只如此，如圖 12.14B 所示，根據相類似的流程，我
們也可以利用第一次 PCR 來製備一段 DNA 片段（粗線雙股），然後用它來置換另
一 DNA 上的一段序列。比較特別的是，第二次 PCR 中除了要用到雙股的「巨引子」
外，還需加入一對互補於上下游的引子 a 和 b。理論上可行，但這樣的 PCR 反應，
有時會因 4 個引子同時現身，造成增幅失敗。為增進成功率，我們也可將第二次
PCR 分成兩管：一管是巨引子 + 引子 a；另一管則是巨引子 + 引子 b，之後各取少
量純化的 PCR 產物，混合後做模板，以引子 a 和 b 再增幅即可。如此改良就非常
近似於先前的 PCR 重疊延伸的步驟（第 12-1-2 節），只不過這次不是做定點突變，
而是將一段 PCR 增幅的 DNA 與另一段 DNA 交換；這次有牽涉到巨引子的應用，
PCR 循環的最佳黏合溫度是成敗關鍵。

# 12-3 連接子掃描突變（Linker Scanning Mutagenesis, LSM）

Linker Scanning Mutagenesis, LSM 是一個非常獨特，並具有特殊用途的技術。
針對一段具有生物特性或活性的 DNA，例如基因**啓動子**（**promoter**）或其他調
控區，若想篩檢出此 DNA 區域中決定其活性的關鍵序列，早期多使用**刪除突變**
（**deletion mutation**）來分析，就是將 DNA 由其一端（5' 或 3' 端）逐次刪除一個
小片段，在得到被刪除長度不同的多種突變 DNA 後，分別進行活性分析，並與全
長的 DNA 活性做比較，最終就能推論出與活性有關聯的 DNA 區間。就如圖 12.15
的例子，顯然活性區域是介於 –1103 與 –510 鹼基對之間。但這個目標範圍似乎有
點太廣，難道將近 600 鹼基對長度的區域對其活性都很關鍵？可否多製備一些突變
建構，且刪除片段相差小一點？這主要是受限於此調控區域中可被利用的限制性酵
素切位太少，無法獲得其他長度的刪除突變，也無法更縮小範圍，找到此區域中的
活性「bullseye」。LSM 顯然就是一個更精準的改良方法，它是將此區域 DNA 由

A.

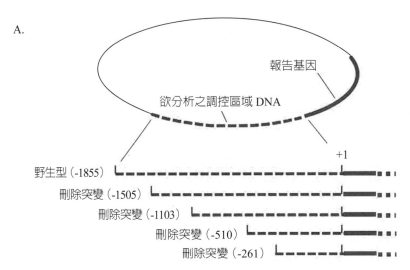

B.

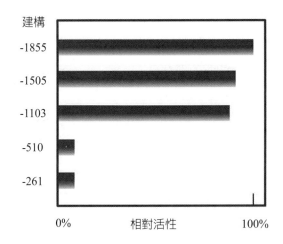

**圖 12.15 刪除突變分析一個基因的調控序列**

A. 要分析一個基因調控區中之重要序列所在的區域，可以先將此調控區序列（■■■）植入一報告
基因的解碼區（▬▬▬）上游，然後由最上游逐次刪除部分序列，製備多個刪除突變質體。+1：代
表轉錄起始點；B. 野生型與各個刪除突變之相對活性分析結果。

一端開始，一次針對一小段序列（約 10～20 個鹼基對）逐次以相同的一個**連接子**
（**linker**）去置換，建構一序列的突變 DNA（圖 12.16），再將每個突變 DNA 與原
來野生型 DNA 的活性做比較，若發現一個或幾個突變 DNA 的活性降低很多，便
能推論它們被連接子置換的小片段是與其活性相關的 element。

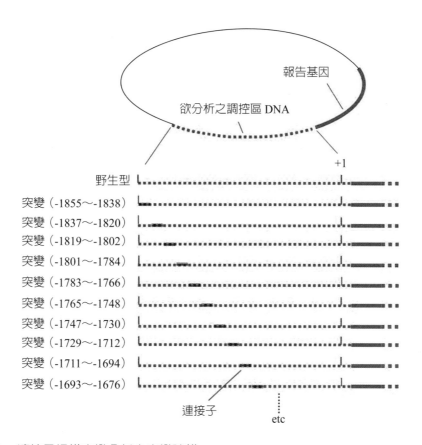

**圖 12.16　連接子掃描突變分析之突變建構**

由野生型調控區序列之上游逐次將約 10～20 鹼基對之序列以一相同連接子（▬）替換，構築一系列
長度相同之突變序列，之後再個別與野生型序列做相對活性比較。

　　其實整個 LSM 最關鍵的是，如何在沒有可利用的限制性酵素切位的情形下，
能將一個連接子逐次去取代原 DNA 之每一個小段序列，建構出這一系列的突變
序列？IPCR 是筆者所知道的一個解決之道，在此，僅以一個突變建構的製備來說
明，其餘的突變建構差別只在 PCR 引子序列的設計及互補位置的差異而已。如圖
12.17A 所示，以一對反向的引子 F 和 R 進行 IPCR，除了長方形框框的序列（25
bp，是即將被連接子置換的序列）外，選殖 DNA 增幅後所生成的雙股 DNA 兩側，
也會被加入預先設計的限制性酵素切位（*Mlu*I 和 *Eco*RI）。此產物經此兩種限制性
酵素切割後，最後可與事先設計的連接子（圖 12.17B）以 DNA 連接酶連接，之後
再轉型細菌即大功告成。其餘的突變建構步驟都一樣，可使用相同連接子，每構築

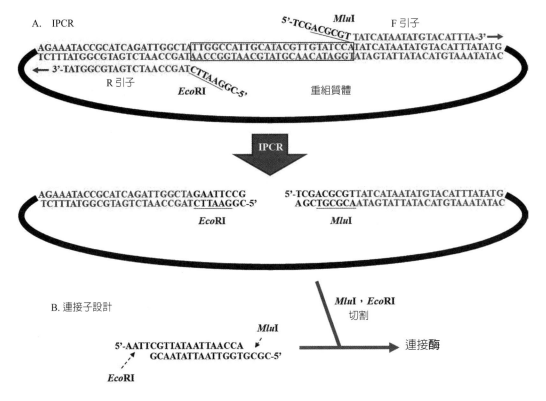

**圖 12.17　利用 IPCR 及連接子來建構突變序列**

A. 根據模板序列設計 F 和 R 引子來進行 IPCR；它們的 3' 端有 20 個鹼基會互補於模板，但 5' 端則分別被加入 MluI 和 EcoRI 限制性酵素序列。所獲得之 PCR 產物將不含被置換的序列（框框之區域），但兩側具有 MluI 和 EcoRI 序列；B. 將 PCR 產物以 EcoRI 及 MluI 切割，再與設計好的連接子連接、轉型細菌。

一個突變序列需設計一對引子，它們的 5' 序列可以保持不變，3' 的序列則設計為都往下或上游位移～25 nt 的序列即可（以上圖來說，就是一起往右或左位移的意思）。

# 12-4 利用 PCR 進行隨機突變（PCR Mediated Random Mutagenesis）

　　隨機突變是一種非特定點的突變方法，也就是讓 DNA 發生突變，但並不去控制這些突變發生的型態或發生的位置。這種做法一般是用來搜尋一段 DNA 中事先無法預知的活性關鍵鹼基對。被研究的 DNA 可以是一個基因的調節序列，也可以

是一個含蛋白解碼區的 cDNA 片段，當然，還包括具其他活性的 DNA。這些關鍵序列（或核酸對）若發生突變，很可能就會使此 DNA 的調節或其他活性改變；當然，若發生在解碼區，其解碼的蛋白質序列及活性也可能連帶發生變異。

早期主要是利用化學試劑（或突變劑）或 UV 光照射 DNA 來創造隨機突變，方法雖簡單，但突變反應的程度及對 DNA 所造成的損傷經常很難控制。目前多半實驗室是藉助於某些特定的 PCR 方法，同時增幅目標 DNA 並造成隨機突變，稱之為「**錯誤傾向 PCR**」（**Error-prone PCR**）。目標 DNA 是以一種較容易出現錯誤的 PCR 條件來增幅，例如本書第四章所敘述的低忠誠度條件，包括使用較高的 [dNTP]、不平衡的四種 dNTP 濃度，以及不具校正活性的熱穩定性 DNA 聚合酶（例如 *Taq* DNA 聚合酶）來進行 PCR。除此之外，先前有一篇文獻報告，PCR 若在高 $Mg^{2+}$ 濃度、循環次數較多，且加入 $Mn^{2+}$ 的情形下，可以有效的增進出錯率。該文獻之研究者以上述 PCR 條件，分別增幅 hMSH2 的 16 個 exons，將 PCR 產物植入質體，最後再以定序決定突變率。結果顯示此方法的突變率可達約 52%（表 12.1），且雖然有頻率高低之差別（A → G 或 T → C 的發生率最高），但 12 種可能的取代突變都會發生。

表 12.1　PCR 隨機突變 hMSH2 基因的 16 個 exon 的突變率

| Exon | 序列長度（bp） | 重組菌落 | | | 突變 | 數量 | 占比（%） |
|---|---|---|---|---|---|---|---|
| | | 總數 | 突變數 | 突變率（%） | | | |
| 1 | 316 | 23 | 12 | 52.2 | A → G | 91 | 32.2 |
| 2 | 320 | 22 | 15 | 68.2 | T → C | 85 | 31.0 |
| 4 | 346 | 20 | 7 | 35.0 | T → A | 24 | 8.8 |
| 5 | 314 | 20 | 10 | 50.0 | A → T | 20 | 7.3 |
| 7 | 358 | 21 | 9 | 42.9 | C → T | 14 | 5.1 |
| 8 | 254 | 17 | 10 | 58.8 | G → A | 12 | 4.4 |
| 9 | 250 | 15 | 11 | 73.3 | T → G | 8 | 2.9 |
| 10 | 292 | 22 | 13 | 59.1 | A → C | 3 | 1.1 |
| 11 | 231 | 14 | 9 | 64.3 | C → A | 5 | 1.8 |
| 12 | 360 | 17 | 12 | 70.6 | G → T | 4 | 1.5 |
| | | | | | C → G | 2 | 0.7 |
| | | | | | G → C | 2 | 0.7 |

| Exon | 序列長度（bp） | 重組菌落 | | | 突變 | 數量 | 占比（%） |
|------|------------|------|------|--------|------|------|--------|
| | | 總數 | 突變數 | 突變率（%） | | | |
| 13 | 385 | 17 | 4 | 23.5 | | | |
| 14 | 366 | 29 | 14 | 48.3 | | | |
| 15 | 293 | 20 | 9 | 45.0 | | | |
| 16 | 262 | 26 | 12 | 46.2 | | | |
| 合計 | | 283 | 147 | 51.9 | 合計 | 274 | 100 |

註：hMSH2 基因的 16 個 exon 分別以 PCR 做隨機突變，PCR 產物經選殖，再以核酸定序分析菌落（e.g. exon 1 分析時定序了 23 個菌落）中之質體 DNA，再與野生型序列比較得出有突變質體之菌落數（e.g. exon 1 分析時有 12 個）。（資料來源：*BioTechniques* 23: 409-12）

　　不同於上述方法，有些 PCR 隨機突變的方法是在 PCR 反應中加入去氧核醣核苷三磷酸的類似物，例如 **dITP**（**deoxyinosine triphosphate**）或 dPTP，它們已被證實是很有效的聚合酶「促突變劑」。當以 *Taq* 聚合酶來做 PCR，若使用不平衡的 dNTP 濃度（四種 dNTP 的濃度不相等，例如，其中一種 dNTP 特別低），同時又添加 dITP，就可以大大的增進突變率（可達 4-6 倍）（表 12.2）。而以 dPTP 來製造隨機突變也是一個很有效的方法，它的類鹼基結構可與腺嘌呤（A）或鳥糞嘌呤（G）形成氫鍵（圖 12.18），可以造成**轉換突變**（**transversion mutation**）。

　　前面所闡述的訣竅，基本上只著重於如何以 PCR 來創造隨機突變，但隨機突變又能為我們做些什麼呢？為此，作者在本章結束前，想占用一點篇幅，以一個實例來仔細說明其應用價值。設若有一個以往未曾被分析研究過的新酵素（或蛋白質），我們知道它有何催化活性，也清楚此活性如何分析定量。最重要的是，我們已成功將其 cDNA 序列選殖於一個細菌表現質體中，並能大量表現出有活性的重

表 12.2　不平衡 PCR 再加 dITP 可以增進 PCR 之突變率

| PCR 反應成分 | 每聚合 104 鹼基對發生的突變鹼基數 |
|------------|------------------------------|
| 標準 PCR（四種 dNTP 各 200 μM, 5 mM $Mg^{2+}$） | 6.3 |
| 一種 dNTP 20 μM，另三種 dNTP 各 200 μM | 8.3 |
| 一種 dNTP 40 μM，另三種 dNTP 各 200 μM + 200 μM dITP | 4.2 |
| 一種 dNTP 20 μM，另三種 dNTP 各 200 μM + 200 μM dITP | 27.1 |
| 一種 dNTP 14 μM，另三種 dNTP 各 200 μM + 200 μM dITP | 37.5 |

註：資料來源 *Nucleic Acid Res*. 21: 777-8.

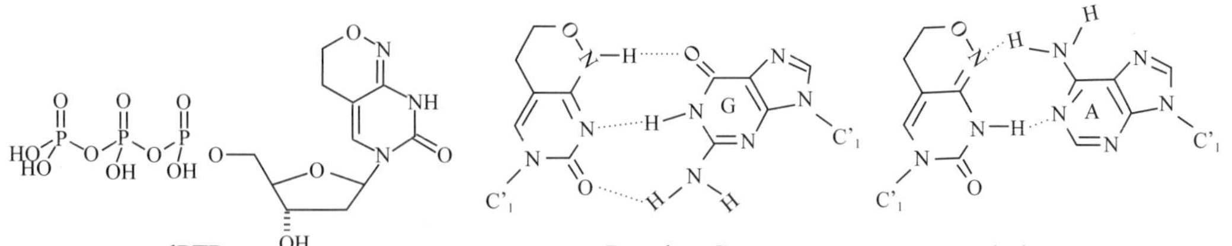

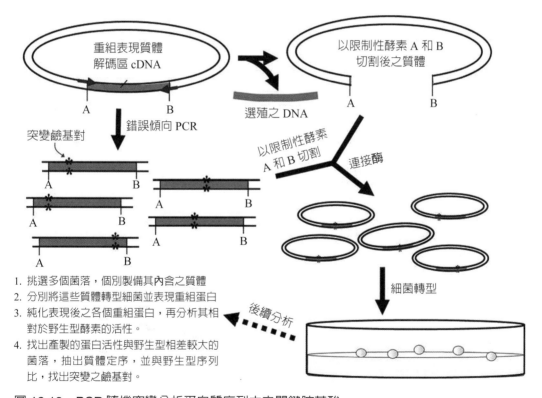

dPTP
P-amino-G
P-imino-A

圖 12.18　dPTP 的結構使其可與 Guanine 或 Adenine 間形成氫鍵

組蛋白；但因爲它是新發現、文獻中未曾記載過的酵素，在基因庫中也查無與其序列高度同源且活性相近的酵素。在沒有相似酵素做比對之下，若想詳細分析此酵素中哪些胺基酸對其活性具有關鍵性之角色，隨機突變就成爲一個很好的選擇。就如圖 12.19，一個基因的**解碼區（coding region）**被選殖於一表現質體，它可以表現

重組表現質體
解碼區 cDNA
以限制性酵素 A 和 B
切割後之質體
選殖之 DNA
錯誤傾向 PCR
突變鹼基對
以限制性酵素
A 和 B 切割
連接酶
細菌轉型
後續分析
1. 挑選多個菌落，個別製備其內含之質體
2. 分別將這些質體轉型細菌並表現重組蛋白
3. 純化表現後之各個重組蛋白，再分析其相對於野生型酵素的活性。
4. 找出產製的蛋白活性與野生型相差較大的菌落，抽出質體定序，並與野生型序列比，找出突變之鹼基對。

圖 12.19　PCR 隨機突變分析蛋白質序列中之關鍵胺基酸

先以一對引子（箭頭）在高錯誤傾向的條件下，以 PCR 增幅被選殖之蛋白質解碼區（灰色線條區域）。所得之突變解碼區 DNA 再以限制性酵素 A 和 B 切割，重新植入原載體，轉型細菌獲得菌落。個別菌落所表現之突變蛋白再與野生型蛋白做相對活性比較。

出大量野生型重組蛋白。我們也可以將此質體中之解碼區以一對引子（短箭頭），利用上述錯誤傾向的 PCR 條件大量增幅。由於 PCR 發生錯誤並沒有**熱點**（**hot spot**），PCR 的產物為隨機突變的 DNA 片段（突變點 * 很可能不同）。然後，我們可以將這些 DNA 片段以限制性酵素切割（圖中之 A 與 B 切位），重新植入原質體，轉型細菌，獲得各種含單一種突變質體的菌落。最後再個別選取不同菌落進行蛋白表現，純化突變蛋白，分析其相對於野生型蛋白的活性。若有哪個菌落所表現的蛋白活性遠高於或遠低於野生型蛋白，我們便製備其所含質體，進行定序，找出突變位置，最後就能將特定胺基酸與此酵素的活性聯繫起來，甚至可以藉此了解其所參與的催化機制。

像這樣的研究也可用於基因啟動子或調節區關鍵元素（**element**）的搜尋，簡單的說，我們可將欲分析的序列先行以錯誤傾向的 PCR 增幅，將這些片段個別接在 shuttle 質體中報告基因（例如 luciferase 基因）的解碼區上游。將轉型後所得各個菌落中之重組質體純化出來，轉染真核細胞，找出可使 luciferase 相對活性改變很大的質體，最後以核酸定序來找出突變位置與樣式。

## 參考文獻

1. Andag, R., and Schütz, E. (2001). General Method for site-directed mutagenesis. *BioTechniques* **30**: 486-8.

2. Horton, R.M., Cai, Z., Ho, S.N., Pease, L.R. (1990). Gene splicing by overlap extension: Tailor-made genes using the polymerase chain reaction. *BiTechniques* **8**: 528-35.

3. Brons-Poulsen, J., Petersen, N.E., Horder, M., and Kristiansen, K. (1998). An improved PCR-based method for site directed mutagenesis using megaprimers. *Mol. Cell. Probes* **12**: 345-8.

4. Colosimo, A., Xu, Z., Novelli, G., Dallapiccola, B., and Gruenert, D.C. (1999). Simple version of "megaprimer" PCR for site-directed mutagenesis. *BioTechniques* **26**: 870-3.

5.  Sarkar, G., and Sommer, S.S. (1990). The "megaprimer" method of site-directed mutagenesis. *BioTechniques* **8**: 404-7.

6.  Ke, S.H.,and Madison, E.L. (1997). Rapid and efficient site-directed mutagenesis by single-tube 'megaprimer' PCR method. *Nucleic Acids Res.* **25**: 3371-2.

7.  Mikaelian, I., and Sergeant, A. (1992). A general and fast method to generate multiple site directed mutations. *Nucleic Acids Res.* **20**: 376.

8.  Stappert, J., Wirsching, J., Kemler, R. (1992). A PCR method for introducing mutants into cloned DNA by joining an internal primer to a tagged flanking primer. *Nucleic Acids Res.* **20**: 624.

9.  Séraphin, B., and Kandels-Lewis, S. (1996). An efficient PCR mutagenesis strategy without gel purificiation step that is amenable to automation. *Nucleic Acids Res.* **24**: 3276-7.

10. Barettino, D., Feigenbutz, M., Valcárcel, R., and Stunnenberg, H.G. (1994). Improved method for PCR-mediated site-directed mutagenesis. *Nucleic Acids Res.* **22**: 541-2.

11. Ho, S.N., Hunt, H.D., Horton, R.M., Pullen, J.K., and Pease, L.R. (1989). Site directed mutagenesis by overlap extension using the polymerase chain reaction. *Gene* **77**: 51-9.

12. Herlitze, S., and Koenen, M. (1990). A general and rapid mutagenesis method using polymerase chain reaction. *Gene* **91**: 143-7.

13. Kammann, M., Laufs, J., Schell, J., and Gronenbom, B. (1989). Rapid insertional mutagenesis of DNA by polymerase chain reaction (PCR). *Nucleic Acids Res.* **17**: 5404.

14. Jones, D.H. and Howard, B.H. (1991). A rapid method for recombination and site-specific mutagenesis by placing homologous ends on DNA using polymerase chain reaction. *BioTechniques* **10**: 62-6.

15. Horton, R.M., Ho, S.N., Pullen, J.K., Hunt, H.D., Cai, Z., and Pease, L.R. (1993). Gene splicing by overlap extension. *Methods Enzymol.* **217**: 270-9.

16. Urban, A., Neukirchen, S., and Jaeger, K.E. (1997). A rapid and efficient method for site-directed mutagenesis using one-step overlap extension PCR. *Nucleic Acids Res.* **25**: 2227-8.

17. Xu, X., Kang, S.-H., Heidenreich, O., Li Q., and Nerenberg, M. (1996). Rapid PCR method for site-directed mutagenesis on double-stranded plasmid DNA. *BioTechniques* **20**: 44-46.

18. Ishii, T.M., Zerr, P., Xia, X.M., Bond, C.T., Maylie, J., and Adelman, J.P. (1998). Site-directed mutagenesis. *Methods Enzymol.* **293**: 53-71.

19. An, Y., Ji, J., Wu, W., Lv, A., Huang, R., and Wei, Y. (2005). A rapid and efficient method for multiple-site mutagenesis with a modified overlap extension PCR. *Appl. Microbiol. Biotechnol.* **68**: 774-8.

20. Xiao, Y.H., and Pei, Y. (2011). Asymmetric overlap extension PCR method for site-directed mutagenesis. *Methods Mol. Biol.* **687**: 277-82.

21. Stemmer, W.P., and Morris, S.K. (1992). Enzymatic inverse PCR: a restriction site independent, single fragment method for high-efficient site-directed mutagenesis. *BioTechniques* **13**: 214-20.

22. Adereth, Y., Champion, K.J., Hsu, T., and Dammai, V. (2005). Site-directed mutagenesis using *Pfu* DNA polymerase and T4 DNA ligase. *BioTechniques* **38**: 864-8.

23. Nagy, Z.B., Felfoldi, F., Tamas, L., and Puskas, L.G. (2004). A one-tube, two step polymerase chain reaction-based site-directed mutagenesis method with simple identification of the mutated product. *Anal. Biochem.* **324**: 301-3.

24. Weiner, M.P., Costa, G.L., Schoettlin, W., Cline, J., Mathur, E., and Bauer, J.C. (1994). Site-directed mutagenesis of double stranded DNA by the polymerase chain reaction. *Gene* **151**: 119-23.

25. Chiu, J., March, P.E., Lee, R., and Tillett, D. (2004). Site-directed, ligase-independent mutagenesis (SLIM): a single-tube methodology approaching 100% efficiency in 4 h. *Nucleic Acids Res.* **32**: e174.

26. Kammann, M., Laufs, J., Schell, J., and Gronenbom, B. (1989). Rapid insertional mutagenesis of DNA by polymerase chain reaction（PCR). *Nucleic Acids Res.* **17**: 5404.

27. Lee, J., Lee, H.J., Shin, M.K., and Ryu, W.S. (2004). Versatile PCR-mediated insertion or deletion mutagenesis. *BioTechniques* **36**: 398-400.

28. Stoynova, L., Solórzano, R., and Collins, E.D. (2004). Generation of large deletion mutants from plasmid DNA. *BioTechniques* **36**: 402-6.

29. Imai, Y., Matsushima, Y., Sugimura, T., and Terada, M. (1991). A simple and rapid method for generating a deletion by PCR. *Nucleic Acids Res.* **19**: 2785.

30. Jones, D.H. and Howard, B.H. (1990). A rapid method for site-specific mutagenesis and directional subcloning by using the polymerase chain reaction to generate recombinant circles. *BioTechniques* **8**: 178-83.

31. Hobson G.M., Harlow P.P., Benfield P.A. (1994) Construction of Linker-Scanning Mutations by Oligonucleotide Ligation. In: Harwood A.J. (eds) Protocols for Gene Analysis. pp. 79-85 Methods in Molecular Biology, vol 31. Humana Press.

32. Li, X.-M., and Shapiro, L.J. (1993). Three-step PCR mutagenesis for 'linker scanning'. *Nucleic Acids Res.* **21**: 3745-8.

33. Gustin, K.E., and Burk, R.D. (1993). A rapid method for generating linker scanning mutants utilizing PCR. *BioTechniques* **14**: 22-3.

34. Harlow, P.P., Hobson, G.M., and Benfield, P.A. (1996). Construction of linker scanning mutations using PCR. *Methods Mol. Biol.* **57**: 287-95.

35. Barnhart, K.M. (1999). Simplified PCR-mediated linker-scanning mutagenesis. *BioTechniques* **26**: 624-6.

36. Leung, D.W., Chen, E., and Goeddel, D.V. (1989). A method for random mutagenesis of a defined DNA segment using a modified polymerase chain reaction. *Technique* **1**: 11-5.

37. Spee, J.H., de Vos, W.M., and Kuipers, O.P. (1993). Efficient random mutagenesis method with adjustable mutation frequency by use of PCR and dITP. *Nucleic Acids Res* **21**: 777-8.

38. Lin-Goerke, J.L., Robbins, D.J., and Burczak, J.D. (1997). PCR-based random mutagenesis using manganese and reduced dNTP concentration. *BioTechniques* **23**: 409-12.

39. Xu, H., Petersen, E.I., Petersen, S.B., and El-Gewely, M.R. (1999). Random mutagenesis libraries: optimization and simplification by PCR. *BioTechniques* **27**: 1102-8.

40. Beckman, R.A., Mildvan, A.S., and Loeb, L.A. (1985). On the fidelity of DNA replication: Manganese mutagenesis *in vitro*. *Biochemistry* **24**: 5810-7.

41. Zaccolo, M., Williams, D.M., Brow, D.M., and Gherardi, E. (1996). An approach to radom mutagenesis of DNA using mixtures of triphosphate derivatives of nucleotide analogues. *J. Mol. Biol.* **255**: 589-603.

42. Pavlov, Y.I., Minnick, D.T., Izuta, S., and Kunkel, T.A. (1994). DNA replication fidelity with 8-oxodeoxyguanosine triphosphate. *Biochemistry* **33**: 4695-701.

43. Petrie, K.L., and Joyce, G.F. (2010). Deep sequencing analysis of mutations resulting from the incorporation of dNTP analogs. *Nucleic Acids Res.* **38**: 2095-104.

# CHAPTER 13

## 結語

以往一些對 PCR 認知不深的人，總以爲 PCR 只是個在特定機器上按幾個鍵就 OK 的簡單技術。但願本書能提供一個機會，使讀者都能對**聚合酶鏈鎖反應**（**polymerase chain reaction; PCR**）有較深入的了解，眞正知道「What is PCR?」。在領悟到它的所有特性，包括**靈敏度**（**sensitivity**）、**專一性**（**specificity**）與**忠誠性**（**fidelity**）之後，每個讀者都有能力，可以爲自己的研究，獨立設計一個簡單的 PCR 實驗，例如以 PCR 增幅一個已選殖於質體的基因。由引子的序列設計，PCR 反應試劑的用量與配製，一直到 PCR 熱循環參數（包括溫度與時間）的設定，都可根據本書所學之原理，自己一手搞定。更重要的是，以往包括作者所指導的學生，都有一些常聽到的實驗問題：〔老師！PCR 沒產物，怎麼辦？〕，〔有好幾個大小不同的 PCR 產物，怎麼回事？〕，他們的 PCR 有問題，卻不知如何做改進。其實，PCR 常見的問題在本書 part I 第二到第四章都有相當仔細的敘述，並提供對各種不太成功的 PCR 問題的緣由與〔troubleshooting〕。有了這些，他們就會知道自己如何去做改進，經過實驗條件的幾次適度調整，相信他們要得到好的 PCR 結果，也就變成是小菜一碟了。

PCR 已是 > 80% 的生技與生醫實驗室不可或缺的研究工具。Why PCR？顯然有很多研究室不僅僅只是將它用來增幅特定 DNA 片段而已，這個多才多藝的研究工具還眞的可以爲我們解決很多核酸研究上的難題，由本書第五至十二章中所描述的就不難發現，有些討論的課題，就剛好是自己所想知道或應用得到的。其實這些 PCR 課題僅只是作者認爲較基本的，也可能是較多研究室會想多了解的。這些應用方法大多是根據典型 PCR 衍生而來，逆向 PCR 就顚覆我們早期對引子必須面對面的認定；而 LMPCR 又讓我們知道，如何僅使用互補於目標 DNA 一側的單一引子來做 PCR？包括這些章節的所有重點應用，除了希望讓讀者了解這些應用的時機外，也希望能使讀者學習到這些方法使用時的特殊條件與設計。當然，作者也樂於加註這些應用方法的參考文獻，以利讀者更清楚它們的精髓。

有些醫學檢驗，例如遺傳與傳染病的檢測，基本上只牽涉到 PCR 模板的製備與特定引子的設計，我們僅需根據本書 Part I 所陳述的基本原則做設計或調整即可，因此沒有另立章節來討論。除此之外，目前在生物醫學或分子生物學方面也有一些較新的 PCR 應用，例如**染色質免疫沉澱**（**chromatin immunoprecipitation,**

ChIP），用於檢測在一特定時間或細胞培養條件下，染色體 DNA 的目標序列與特定的蛋白因子的鍵結；**染色體構型擷取**（**chromosome conformation capture; 3C**）分析，研究染色體中兩段遠距離的 DNA 序列是否可藉由其上的鍵結蛋白之交互作用而**迴彎**（**looping**），用於研究基因於細胞內之調控。在這些方法中，PCR 的步驟都有參一腳，但它僅使用於做最後確認而已，不是整個分析流程的主體，也沒牽涉到新的 PCR 步驟或試劑應用。因此，包括 ChIP 和 3C 等較新生物技術，若其 PCR 的應用無步驟或試劑之特殊性，就不列入本書章節詳細說明。作者感謝您的閱讀、批評與鼓勵，也誠摯希望您給予本書內容之建議與指正，願您研究順利，成果豐碩！

# 英中文索引

基因

end-point PCR 終端 PCR

enhancers 增進劑

error-prone PCR 錯誤傾向的 PCR

ethidium bromide 溴化乙錠

exome 外插子體

exons 外插子

exonuclease 核酸外切酶

extension 延伸

**F**

false negative 偽陰性

false positive 偽陽性

fidelity 忠誠度

final extension 最後延伸

fingerprinting analysis 指紋鑑定

fluorescence group 螢光基團

fluorescence resonance energy transfer,
　FRET 螢光共振能量轉移

fluorescent probes 螢光探針

fluorophore 螢光團

formamide 甲醯胺

frame-shift mutation 框架位移突變

Free [$Mg^{2+}$] 自由的 $Mg^{2+}$ 濃度

full length cDNA 全長 cDNA

**G**

gaunine 鳥糞嘌呤

GC clamp　GC 夾

GC content GC 含量

GC-rich 富含 GC

gene cloning 基因選殖

gene construction 基因建構

gene specific primer 基因專一性引子

gene typing 基因分型

genome 基因體

genomic DNA 基因體 DNA

genomic DNA sequence 基因體 DNA 序列

genomic polymorphism 基因體多型性

genetic polymorphism 基因多型性

genetic codes 遺傳密碼

glycerol 甘油

glycolysis 糖解

gradient PCR 梯度 PCR

**H**

heme 血基質

hemoglobin 血紅素

heparin 肝素

heparinase 肝素酶

heterozygous mutant 異型合子突變

hexokinase 六碳糖激酶

HIV 人類免疫不全病毒

homozygous mutant 同型合子突變

hot spot 熱點

hot start PCR 熱啓動 PCR

molecular beacon 分子信標

molecular inverse probes 分子逆轉探針

molecular marker 分子標記

moloney murine leukemia virus, M-MLV 莫洛尼氏小鼠白血病毒

multimers 多倍體

multiplex PCR 多重引子 PCR

mung bean nuclease 綠豆核酸酶

mutagenic primer 突變引子

**N**

negative control 負面對照組或控制組

nested PCR 巢狀 PCR

nick 缺口

nicked circular double strand 缺口之環狀雙股

nick translation 缺口位移

northern blotting 北方轉漬法

**O**

oligonucleotide 寡核苷酸

oligo(dT)-cellulose oligo(dT)- 纖維素脂

one-step 單一步驟

optimal temperature 適切溫度

overlap extension by PCR 以 PCR 重疊延伸

**P**

partial digestion 部分切割

PCR amplification of specific allele（PASA）

phenotype 表徵型

phosphofructokinase-1；PFK-1 磷酸果糖激酶 -1

plasmid 質體

plus one addition 額外多加一鹼基

point mutation 點突變

Poisson distribution 卜瓦松分布

poly(a) 聚腺嘌呤

polyacrylamide gel electrophoresis 聚丙烯醯胺膠體電泳

polyethylene glycol 聚乙二醇

polymerase chain reaction 聚合酶鏈鎖反應

polyphosphate 聚磷酸

positive control 正面對照組或控制組

preliminary denaturation 先期解鏈

preparative 製備型

primer 引子

primer dimer 引子雙倍體

primer extension 引子延伸

processivity 延續性

profile 圖譜

promoter 啟動子

1,2 propanediol 1, 2 丙二醇

proteinase K 蛋白酶 K

protein kinase 蛋白激酶

protein phosphatase 蛋白去磷酸酶

protocol 反應流程

pulse field gel electrophoresis PFGE 脈衝
電泳

## Q

quench group (quencher) 終結基團

## R

random amplified polymorphic DNA
RAPD 隨機增幅多型性 DNA

random hexamers 六鹼基隨機序列

random mutagenesis 隨機突變

real-time PCR 即時聚合酶鏈鎖反應

reannealing 再黏合

recombinant circle PCR; RCPCR 重組
環形 PCR

recombinant plasmid 重組質體

relative qauntification 相對定量

renaturation 再黏合

restriction fragment length polymer-
phism, RFLP 限制性片段長度多型性

retrotransposons 反轉錄跳躍因子

retrovirus 反轉錄病毒

reversed dot blotting 逆向點轉漬

reverse transcriptase, RT 反轉錄酶

reverse transcription PCR, RT-PCR 反轉
錄 PCR

reverse transcription-quantitative PCR,
RT-qPCR 反轉錄 - 定量 PCR

reverse transcription-real time PCR 反轉
錄 - 即時 PCR

ribonuclease 核酸酶

R-MLV 勞氏肉瘤病毒

RNase protection assay 核酸酶保護性分析

RNA-dependent DNA polymerase RNA-
依賴性 DNA 聚合酶

## S

screening phase 篩選階段

secondary structure 二級結構

self-ligation 自我連接

sense strand 意涵股

sensitivity 靈敏性

specificity 專一性

serotyping 血清型

short interspersed elements, SINEs 短散
布型重複序列

short Tandem Repeats, STRs 短的串聯
重複序列

sickle-cell anemia 鐮刀型貧血

simple sequence repeats, SSR 簡單重複
序列

single nucleotide polymorphism, SNP 單
一核苷酸多型性

single nucleotide primer extension,

SNuPE 單一核苷酸引子延伸

single strand conformation polymorphism, SSCP 單股構型多型性分析

single strand DNA binding protein, SSB 單股 DNA 鍵結蛋白

site-directed mutagenesis 定點突變

snRNAs 小型核 RNA

S1 nuclease S1 核酸酶

Southern blotting 南方轉漬（點墨）法

spermine/spermidine 精胺／亞精胺

spontaneous deamination 自發性去胺反應

sticky end 黏頭端

streptavidin, SA 卵白素

stringency 嚴謹度

structure analog 結構類似物

substitution mutation 取代性突變

substitutive point mutation 取代性點突變

**T**

tandem repeats 串聯重複

tandem repeat sequences 串聯型重複序列

tannic acid 單寧酸

tartrazine 酒石黃

telomerase 端粒酶

telomere 端粒

temperature gradient gel electrophoresis, TGGE 溫度梯度膠體電泳

temperature sensitive 溫度敏感性

tetramethylammonium chloride 四甲基氯化銨

tetramethylene sulfoxide 四甲基環硫氧

thermal cycling 熱循環

thermal stability 熱穩定

three-step PCR 三步驟 PCR

threshold value 門檻值

threshold cycle value Ct 值

thymol blue 溴瑞香草芬蘭

topoisomerases 拓樸酵素

total mRNA 整體 mRNA

total RNA 整體 RNA

touchdown PCR 達陣 PCR

transition mutation 轉移突變

transmission genetics 傳輸遺傳學

transposons 跳躍基因

transversion mutation 轉換突變

trehalose 海藻糖

T-vector T- 載體

two-step 兩步驟

two-step PCR 兩步驟 PCR

**UVWX**

unit 單位

unwinding 解纏繞

variable number tandem repeats, VNTR 變異數目串聯重複

Wallace rule 華勒斯法則

wild type DNA 野生型 DNA

xylene cyanol green 二甲苯藍 3-2

國家圖書館出版品預行編目資料

PCR之原理與應用／吳游源編著. －－二
版. －－臺北市：五南圖書出版股份有限公
司, 2023.06
面； 公分
ISBN 978-626-366-126-4（平裝）

1.CST: 分子生物學 2.CST: 基因

361.5                    112007801

5P40

# PCR之原理與應用

作　　者 ─ 吳游源

發 行 人 ─ 楊榮川

總 經 理 ─ 楊士清

總 編 輯 ─ 楊秀麗

副總編輯 ─ 李貴年

責任編輯 ─ 何富珊

出 版 者 ─ 五南圖書出版股份有限公司

地　　址：106台北市大安區和平東路二段339號4樓

電　　話：(02)2705-5066　　傳　　真：(02)2706-6100

網　　址：https://www.wunan.com.tw

電子郵件：wunan@wunan.com.tw

劃撥帳號：01068953

戶　　名：五南圖書出版股份有限公司

法律顧問　林勝安律師

出版日期　2020年2月初版一刷
　　　　　2023年6月二版一刷

定　　價　新臺幣500元

# 經典永恆·名著常在

## 五十週年的獻禮——經典名著文庫

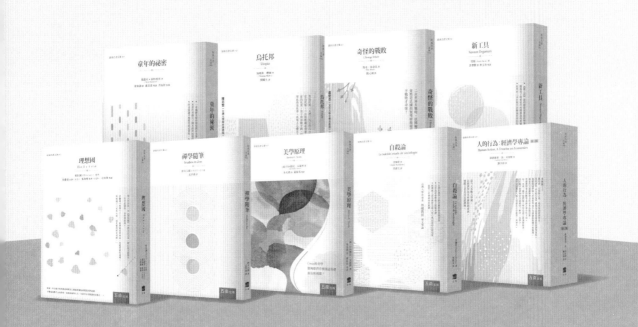

五南，五十年了，半個世紀，人生旅程的一大半，走過來了。

思索著，邁向百年的未來歷程，能為知識界、文化學術界作些什麼？

在速食文化的生態下，有什麼值得讓人雋永品味的？

歷代經典·當今名著，經過時間的洗禮，千錘百鍊，流傳至今，光芒耀人；

不僅使我們能領悟前人的智慧，同時也增深加廣我們思考的深度與視野。

我們決心投入巨資，有計畫的系統梳選，成立「經典名著文庫」，

希望收入古今中外思想性的、充滿睿智與獨見的經典、名著。

這是一項理想性的、永續性的巨大出版工程。

不在意讀者的眾寡，只考慮它的學術價值，力求完整展現先哲思想的軌跡；

為知識界開啟一片智慧之窗，營造一座百花綻放的世界文明公園，

任君遨遊、取菁吸蜜、嘉惠學子！